Ronald A. Hites,
Jonathan D. Raff und
Peter Wiesen

Umweltchemie

Ronald A. Hites, Jonathan D. Raff und Peter Wiesen

Umweltchemie

Eine Einführung mit Aufgaben und Lösungen

Verlag GmbH & Co. KGaA

Autoren

Prof. Dr. Ronald A. Hites
Indiana University
School of Public and Environmental Affairs
702 N. Walnut Grove Ave.
Bloomington, IN, 47405
USA

Prof. Dr. Jonathan D. Raff
Indiana University
School of Public and Environmental Affairs
702 N. Walnut Grove Ave.
Bloomington, IN, 47405
USA

Übersetzung und Bearbeitung der deutschen Ausgabe

Prof. Dr. Peter Wiesen
Bergische Universität Wuppertal
Fakultät für Mathematik &
Naturwissenschaften/Physikalische und
Theoretische Chemie
Gaußstr. 20
42097 Wuppertal

Titel der Originalausgabe

Elements of Environmental Chemistry –
Second edition. Copyright © 2012 by John Wiley
& Sons Inc.

All Rights Reserved. Authorised translation from the English language edition published by John Wiley & Sons Limited. Responsibility for the accuracy of the translation rests solely with Wiley-VCH Verlag GmbH & Co. KGaA and is not responsibility of John Wiley & Sons Limited. No part of this book may be reproduced in any form without the written permission of the original copyright holder, John Wiley & Sons Limited.

■ Alle Bücher von Wiley-VCH werden sorgfältig erarbeitet. Dennoch übernehmen Autoren, Herausgeber und Verlag in keinem Fall, einschließlich des vorliegenden Werkes, für die Richtigkeit von Angaben, Hinweisen und Ratschlägen sowie für eventuelle Druckfehler irgendeine Haftung.

Bibliografische Information der Deutschen Nationalbibliothek
Die Deutsche Nationalbibliothek verzeichnet diese Publikation in der Deutschen Nationalbibliografie; detaillierte bibliografische Daten sind im Internet über http://dnb.d-nb.de abrufbar.

© 2017 WILEY-VCH Verlag GmbH & Co. KGaA, Boschstr. 12, 69469 Weinheim, Germany

Alle Rechte, insbesondere die der Übersetzung in andere Sprachen, vorbehalten. Kein Teil dieses Buches darf ohne schriftliche Genehmigung des Verlages in irgendeiner Form – durch Photokopie, Mikroverfilmung oder irgendein anderes Verfahren – reproduziert oder in eine von Maschinen, insbesondere von Datenverarbeitungsmaschinen, verwendbare Sprache übertragen oder übersetzt werden. Die Wiedergabe von Warenbezeichnungen, Handelsnamen oder sonstigen Kennzeichen in diesem Buch berechtigt nicht zu der Annahme, dass diese von jedermann frei benutzt werden dürfen. Vielmehr kann es sich auch dann um eingetragene Warenzeichen oder sonstige gesetzlich geschützte Kennzeichen handeln, wenn sie nicht eigens als solche markiert sind.

Print ISBN 978-3-527-33523-7
ePDF ISBN 978-3-527-67297-4
ePub ISBN 978-3-527-67296-7
Mobi ISBN 978-3-527-67295-0

Umschlaggestaltung Formgeber, Mannheim, Deutschland
Satz le-tex publishing services GmbH, Leipzig, Deutschland
Druck und Bindung CPI Group (UK) Ltd, Croydon, CR0 4YY

Gedruckt auf säurefreiem Papier.

Inhaltsverzeichnis

Vorwort zur englischen Originalausgabe *IX*

Vorwort zur deutschen Ausgabe *XI*

1 Einfache Werkzeuge oder: Was man weiß – was man wissen sollte *1*
1.1 Umrechnung von Einheiten *1*
1.2 Schätzung *3*
1.3 Das ideale Gasgesetz *5*
1.4 Stöchiometrie *9*
1.5 Übungsaufgaben *10*

2 Massebilanz und chemische Kinetik *13*
2.1 Quasistationäre Massebilanz *13*
2.1.1 Durchsatz, Beladung und Verweilzeiten *13*
2.1.2 Die Berücksichtigung mehrerer Flüsse *19*
2.1.3 Fluss und Flussdichte *21*
2.2 Massebilanz im nicht stationären Zustand *24*
2.2.1 Die Produktbildung *25*
2.2.2 Verbrauch der Edukte *28*
2.2.3 Arbeiten mit realen Messdaten *30*
2.3 Chemische Kinetik *35*
2.3.1 Reaktionen erster Ordnung *35*
2.3.2 Reaktionen zweiter Ordnung *36*
2.3.3 *Michaelis-Menten-Kinetik* *38*
2.4 Übungsaufgaben *41*
Literatur *45*

3 Chemie der Atmosphäre *47*
3.1 Struktur und Aufbau der Atmosphäre *47*
3.2 Licht und Fotochemie *49*
3.3 Oxidantien in der Atmosphäre *53*
3.4 Kinetik der Reaktionen in der Atmosphäre *54*
3.4.1 Das Quasistationaritätsprinzip *54*

3.4.2	Die Arrhenius-Gleichung	56
3.5	Ozon in der Stratosphäre	56
3.5.1	Bildung und Abbau von Ozon in der Atmosphäre	56
3.5.2	Der NO/NO_2-Zyklus	57
3.5.3	Der OH/OOH-Zyklus	58
3.5.4	Der Cl/OCl-Zyklus	58
3.5.5	Die Kinetik der *Chapman*-Reaktionen	61
3.6	Smog	64
3.7	Übungsaufgaben	69
	Literatur	74

4	**Der Klimawandel**	**75**
4.1	Historischer Zusammenhang	75
4.2	Strahlung eines schwarzen Körpers und die Oberflächentemperatur der Erde	77
4.3	Absorption von Infrarotstrahlung	80
4.4	Treibhauseffekt	81
4.5	Strahlungsbilanz der Erde	82
4.5.1	Treibhausgase	82
4.5.2	Albedo	84
4.5.3	Solarkonstante	84
4.5.4	Kombinierte Wirkung	85
4.6	Aerosole und Wolken	85
4.7	Strahlungsantrieb	87
4.8	Treibhauspotenzial	88
4.9	Schlussbemerkung	90
4.10	Übungsaufgaben	91
	Literatur	95

5	**CO_2-Gleichgewichte**	**97**
5.1	Reiner Regen	98
5.2	Verschmutzter Regen	101
5.3	Oberflächengewässer	106
5.4	Die Versauerung der Meere	109
5.5	Übungsaufgaben	113
	Literatur	117

6	**Pestizide, Quecksilber und Blei**	**119**
6.1	Pestizide	120
6.1.1	Diphenylmethananaloga	121
6.1.2	Hexachlorcyclohexan	122
6.1.3	Hexachlorcyclopentadien (HCCPD)	123
6.1.4	Phosphorbasierte Insektizide	126
6.1.5	Carbamate	128
6.1.6	Analoga natürlicher Substanzen	129

6.1.7	Phenoxyessigsäuren	*130*
6.1.8	Nitroaniline	*131*
6.1.9	Triazine	*132*
6.1.10	Chloracetamide	*133*
6.1.11	Fungizide	*134*
6.2	Quecksilber	*135*
6.3	Blei	*138*
6.4	Übungsaufgaben	*140*
	Literatur	*144*

7	**Organische Verbindungen und ihr Abbau in der Umwelt**	*145*
7.1	Dampfdruck	*146*
7.2	Wasserlöslichkeit	*147*
7.3	Henry-Konstante	*148*
7.4	Verteilungskoeffizienten	*148*
7.5	Lipophilie	*149*
7.6	Bioakkumulation	*150*
7.7	Adsorption	*151*
7.8	Phasenübergang Wasser-Luft	*152*
7.9	Reaktiver Abbau organischer Substanzen	*156*
7.10	Verteilung und Persistenz	*157*
7.11	Übungsaufgaben	*160*
	Literatur	*166*

8	**PCB, Dioxine und Flammschutzmittel**	*167*
8.1	Polychlorierte Biphenyle (PCB)	*167*
8.1.1	Nomenklatur der PCBs	*168*
8.1.2	Herstellung und Verwendung	*169*
8.1.3	PCBs im Hudson River	*170*
8.1.4	PCBs in Bloomington, Indiana	*173*
8.1.5	Die Yushō- und Yu-Cheng-Krankheit	*175*
8.1.6	Der Envio-PCB-Skandal	*177*
8.1.7	Schlussfolgerungen	*178*
8.2	Polychlorierte Dibenzo-*p*-Dioxine und Dibenzofurane	*179*
8.2.1	Nomenklatur der Dioxine	*179*
8.2.2	Die Ödemkrankheit bei Hühnerküken	*180*
8.2.3	Agent Orange	*181*
8.2.4	Der Times Beach-Skandal in Missouri	*183*
8.2.5	Der Störfall von Seveso, Italien	*185*
8.2.6	Kieselrot	*188*
8.2.7	Verbrennungsprozesse als Quelle von Dioxinen	*189*
8.2.8	Dioxin – Neubeurteilung	*191*
8.2.9	Dioxin – Schlussfolgerungen	*191*
8.3	Bromierte Flammschutzmittel	*192*
8.3.1	Polybromierte Biphenyle	*192*

8.3.2 Polybromierte Diphenylether *194*
8.4 Lehren *196*
Literatur *197*

Anhang A Eine kurze Einführung in die Struktur und Nomenklatur organischer Verbindungen *199*

Anhang B Lösungen zu den Übungsaufgaben *213*

Anhang C Periodensystem der Elemente *217*

Stichwortverzeichnis *221*

Vorwort zur englischen Originalausgabe

Praktisch alle Chemiestudiengänge und Studiengänge der Umweltwissenschaften verfügen heute bereits über eine oder mehrere Lehrveranstaltungen mit dem Fokus Umweltchemie und es gibt eine Vielzahl von Lehrbüchern, die sich dieser Thematik widmen. Allerdings behandeln diese Bücher häufig sehr unterschiedliche Themen und sind leider auch qualitativ sehr unterschiedlich. Nach unserer Meinung muss ein gutes Lehrbuch – unabhängig vom didaktischen Potenzial des Lehrenden – quantitativ ausgerichtet sein. Das heißt, dass die Studierenden die Themen des Lehrbuches mit zahlreichen realen Problemen erarbeiten sollen.

Folglich zielt dieses Lehrbuch auf eine quantitative Herangehensweise an die Umweltchemie ab. Das vorliegende Buch soll die Studierenden mit den Grundlagen der Umweltchemie vertraut machen und sie gleichzeitig mit den notwendigen Werkzeugen zur Lösung konkreter Probleme versorgen. Diese Fähigkeiten sind dann auch auf andere Bereiche über die Umweltchemie hinaus übertragbar, können aber auch zum Verständnis weitaus komplexerer Umweltprobleme beitragen.

Das vorliegende Buch ist relativ kurz und beinhaltet eine große Zahl konkreter Probleme, deren Lösungen Schritt für Schritt erarbeitet werden. Es ist ein interaktives Lehrbuch, das am besten mit einem Bleistift in der Hand gelesen werden sollte, damit der Leser der Lösung der Probleme und den Berechnungen folgen kann. Das reine Lesen dieses Buches, ohne sich intensiv mit den Problemen zu beschäftigen, wird nicht genügen. Nur durch die intensive Beschäftigung der Studierenden mit den Problemen und deren Lösung wird sich der entsprechende Lernerfolg einstellen.

Zusätzlich zu den Aufgaben in den einzelnen Abschnitten endet jedes Kapitel mit einer Sammlung weiterer Aufgaben. Neben der Vertiefung von Lösungskonzepten, die in dem jeweiligen Kapitel vorgestellt wurden, haben wir versucht, Themen aus der wissenschaftlichen Literatur und aus der „realen Welt" in diese problembezogenen Aufgaben aufzunehmen. Die Lösungen zu den Aufgaben sind in einem Anhang des Buches aufgeführt. Die genauen Lösungsansätze und die Lösungswege sind in einem separaten Lösungsbuch verfügbar. Die meisten der Aufgabensätze beinhalten mindestens ein Problem, dessen Lösung mehr Zeit erfordert und/oder die Anwendung einfacher Computerprogramme. Diese sogenannten *Gemeinschaftsaufgaben* sollen die Studierenden ermutigen, bei der Lösung dieser Aufgaben zusammenzuarbeiten.

Als eigenständiger Text eignet sich dieses Buch für eine einsemestrige Lehrveranstaltung für Studierende in einem Bachelorstudiengang der Chemie oder für Chemieingenieurwissenschaften bzw. Studierende am Anfang eines entsprechenden Masterstudiengangs, wenn diese über nur wenige Physikkenntnisse verfügen. Grundkenntnisse in Differenzial- und Integralrechnung beim Leser wären hilfreich, sind aber nicht zwingend erforderlich.

Die zweite Auflage der englischen Originalausgabe wurde komplett überarbeitet. Aus dem ehemaligen Kapitel über die Chemie der Atmosphäre wurde der Klimawandel herausgenommen. Diesem wichtigen Thema ist jetzt ein eigenes Kapitel gewidmet. Die Reihenfolge der Kapitel über Chemodynamik und Pestizide, Blei und Quecksilber wurde umgekehrt. Ein neues Kapitel über polychlorierte Biphenyle und Dioxine sowie polybromierte Flammschutzmittel wurde am Ende des Buches eingefügt. Ebenso enthält die zweite Auflage des Buches nun im Anhang eine kurze Einführung in die Nomenklatur organischer Verbindungen und ihrer Strukturen.

Wir danken Todd Royer und Jeffery White für ihre hilfreichen Kommentare zu Teilen des Buches. Wir danken auch der großen Zahl von Studierenden, die Teile des Buches bereits während ihres Studiums über mehrere Jahre verwendet haben und die nicht schüchtern waren, uns auf Fehler und Mängel hinzuweisen.

Wir danken auch Robert Esposito, Chefredakteur bei John Wiley & Sons, mit dessen Hilfe es gelungen ist, dieses Buchprojekt fertigzustellen.

Wir würden uns über jedwede Rückmeldung freuen. Vielleicht haben wir ja Ihr Lieblingsthema vergessen oder es war trotz aller Mühen etwas noch immer unklar oder es verstecken sich trotz aller Sorgfalt noch Fehler in den Lösungen der Übungsaufgaben.

Bloomington, Indiana im November 2011

Ronald A. Hites und
Jonathan D. Raff

Vorwort zur deutschen Ausgabe

Fünf Jahre nach Erscheinen der zweiten Auflage des erfolgreichen Buches „Elements of Environmental Chemistry" liegt dieses nun erstmals in einer deutschen Übersetzung vor. Ich habe mich bei der Übersetzung bemüht, den besonderen Charakter der Originalausgabe als „Tutorial" so weit wie möglich zu erhalten. Andererseits wurde die deutsche Ausgabe an verschiedenen Stellen erweitert, aktualisiert und an die Bedürfnisse des deutschsprachigen Raums angepasst.

So wurde neben einer Aktualisierung des Kapitels 4, das sich mit dem Klimawandel beschäftigt, im Kapitel 8 der PCB-Skandal um die Fa. ENVIO und die Dioxinbelastung des Marsberger Kieselrot eingefügt.

Darüber hinaus wurde das Abschn. 6.1/Pestizide auf deren Verwendung in der Europäischen Union erweitert. Soweit möglich, wurden auch die den einzelnen Kapiteln folgenden Übungsaufgaben für den deutschsprachigen Raum geändert.

Mein besonderer Dank gilt meiner Ehefrau Alexandra für die erste Korrekturlesung des Manuskriptes. Bedanken möchte ich mich aber auch bei Herrn Dr. Andreas Sendtko stellvertretend für alle Mitarbeiter des Verlages, ohne dessen Kompetenz, Einsatz, Ermutigung und Geduld das Vorhaben nicht so reibungslos vonstattengegangen wäre.

Wuppertal, im Juni 2017 *Peter Wiesen*

1
Einfache Werkzeuge oder: Was man weiß – was man wissen sollte

In diesem Kapitel werden wir uns mit Grundeinheiten, dem Umrechnen von Einheiten, der Abschätzung von Größen, dem idealen Gasgesetz und der Stöchiometrie chemischer Reaktionen beschäftigen. All dieses wird uns in den folgenden Kapiteln immer wieder begegnen und es ist wichtig, diese grundlegenden Dinge richtig zu beherrschen.

1.1
Umrechnung von Einheiten

Es gibt mehrere wichtige Vorsilben für Maßeinheiten, die Sie kennen sollten:

Präfix	Symbol	Wert	Präfix	Symbol	Multiplier
Yokto	y	10^{-24}	Zenti	c	10^{-2}
Zepto	z	10^{-21}	Dezi	d	10^{-1}
Atto	a	10^{-18}	Kilo	k	10^{3}
Femto	f	10^{-15}	Mega	M	10^{6}
Piko	p	10^{-12}	Giga	G	10^{9}
Nano	n	10^{-9}	Tera	T	10^{12}
Mikro	µ	10^{-6}	Peta	P	10^{15}
Milli	m	10^{-3}	Exa	E	10^{18}

So ist z. B. ein Nanogramm 10^{-9} g und ein Kilometer ist 10^3 m lang. Aber das ist ziemlich trivial.

Obwohl in vielen Ländern inzwischen das SI-Einheitensystem[1] per Gesetz vorgeschrieben ist, gibt es eine Vielzahl von Einheiten, die aus historischen Gründen noch immer verwendet werden. Zur Umrechnung von Einheiten, die in Großbri-

---

[1] Das Internationale Einheitensystem oder SI (französisch: *Système international d'unités*) ist das am weitesten verbreitete Einheitensystem für physikalische Größen. In der Europäischen Union (EU), der Schweiz und den meisten anderen Staaten ist die Benutzung des SI im amtlichen oder geschäftlichen Verkehr gesetzlich vorgeschrieben.

Umweltchemie, 1. Auflage. Ronald A. Hites, Jonathan D. Raff und Peter Wiesen.
© 2017 WILEY-VCH Verlag GmbH & Co. KGaA. Published 2017 by WILEY-VCH Verlag GmbH & Co. KGaA.

tannien und den USA verwendet werden, sind die folgenden Umrechnungsfaktoren hilfreich:

1 Pfund (lb) = 454 Gramm (g)
1 Zoll (in) = 2,54 Zentimeter (cm) = 1 Zoll ($''$)
12 Zoll = 1 Fuß (ft)
1 Meter (m) = 3,28 ft
1 Meile = 5280 ft = 1610 m
3,8 Liter (L) = 1 US-Gallone (gal)

Es gibt einige andere gemeinsame Umrechnungsfaktoren, die Länge, Volumina und Flächen verbinden:

1 Liter (L) = 10^3 cm^3
1 m^3 = 10^3 L
1 km^2 = $(10^3$ m$)^2$ = 10^6 m^2 = 10^{10} cm^2

Eine weitere nützliche Einheitenumrechnung ist

1 Tonne = 1 t = 10^3 kg = 10^6 g

Eine Einheit, die Chemiker häufig verwenden, um Abstände zwischen den Atomen in einem Molekül anzugeben, ist das Ångström[2]. Diese Einheit hat das Symbol Å. Ein Ångström sind 10^{-10} m. Zum Beispiel ist die Länge einer C–H-Bindung in einem organischen Molekül typischerweise 1,1 Å oder $1,1 \times 10^{-10}$ m. Die OH-Bindung in Wasser ist 0,96 Å lang.

Lassen Sie uns nun die Umrechnung von Einheiten an einigen einfachen Beispielen üben. Schreiben Sie sich die Umrechnung der Einheiten immer auf, auch wenn Sie glauben, alles im Kopf ausrechnen zu können.

Nehmen wir an, dass das menschliche Kopfhaar im Monat 0,5 Zoll wächst. Wie viel wächst das Haar in einer Sekunde? Bitte verwenden Sie SI-Einheiten.

Ansatz: Lassen Sie uns Zoll in Meter und Monate in Sekunden konvertieren. Je nachdem wie klein das Ergebnis ist, können wir dann die richtigen Längeneinheiten wählen:

$$v = \left(\frac{0,5 \text{ in}}{\text{Monat}}\right)\left(\frac{2,54 \text{ cm}}{\text{in}}\right)\left(\frac{\text{m}}{10^2 \text{ cm}}\right)\left(\frac{\text{Monat}}{31 \text{ Tage}}\right)\left(\frac{\text{Tag}}{24 \text{ h}}\right)\left(\frac{\text{h}}{60 \text{ min}}\right)\left(\frac{\text{min}}{60 \text{ s}}\right)$$
$$= 4,7 \times 10^{-9} \text{ m/s}$$

Wir werden in diesem Buch fast immer die wissenschaftliche Schreibweise verwenden. Diese ist viel einfacher, wenn man mit sehr kleinen oder sehr großen Zahlen operiert.

---

[2] Anders Ångström (1814–1874), schwedischer Physiker.

Wir können das Ergebnis dann wie folgt schreiben:

$$\text{Wachstumsgeschwindigkeit} = \left(\frac{4{,}7 \times 10^{-9}\,\text{m}}{\text{s}}\right)\left(\frac{10^9\,\text{nm}}{\text{m}}\right) = 4{,}7\,\text{nm/s}$$

Ein Wort zu signifikanten Nachkommastellen. In der Aufgabe wurde die Wachstumsgeschwindigkeit mit einer Nachkommastelle angegeben. Dann sollte das Ergebnis der Berechnung auch nicht mit mehr als einer Nachkommastelle angegeben werden. Bei der Berechnung selber kann man natürlich mit mehr signifikanten Stellen rechnen, aber zum Schluss muss eine entsprechend sinnvolle Rundung vorgenommen werden.

Die Gesamtmenge an Schwefel, die pro Jahr durch die Verbrennung von Kohle in die Atmosphäre eingetragen wird, beträgt etwa 75 Mio. t. Welches Volumen hätte ein Würfel, wenn man annimmt, dass der Schwefel in fester Form vorliegt. Berechnen Sie dazu die Kantenlänge des Würfels in SI-Einheiten und nehmen Sie an, dass Schwefel die doppelte Dichte von Wasser hat.

Ansatz: Nun ja, das ist jetzt ein bisschen mehr als nur das Umwandeln von Einheiten. Zunächst müssen wir das Gewicht in ein Volumen umrechnen. Dazu benötigen wir die Dichte von Schwefel. Die Dichte hat die Einheit Masse pro Volumeneinheit. In unserem Beispiel soll die Dichte des Schwefels doppelt so groß sein wie die des Wassers, die ja $1\,\text{g/cm}^3$ beträgt. Die Dichte des Schwefels können wir daher mit $2\,\text{g/cm}^3$ ansetzen. Wenn wir das Volumen des Schwefels kennen, können wir die Kubikwurzel des Volumens ziehen und erhalten die Seitenlänge des Würfels:

$$V = (7{,}5 \times 10^7\,\text{t})\left(\frac{\text{cm}^3}{2\,\text{g}}\right)\left(\frac{10^6\,\text{g}}{\text{t}}\right) = 3{,}75 \times 10^{13}\,\text{cm}^3$$

$$\text{Seitenlänge} = \sqrt[3]{3{,}75 \times 10^{13}\,\text{cm}^3} = 3{,}35 \times 10^4\,\text{cm}\left(\frac{\text{m}}{10^2\,\text{cm}}\right) = 335\,\text{m}$$

Dieser Würfel ist riesig. Es ist so hoch wie das Empire State Building in New York, aber auch 335 m lang und tief. So veranschaulicht ist die Umweltverschmutzung sehr beängstigend. Natürlich müssen wir aber auch berücksichtigen, dass sich diese Menge nicht an einem Ort befindet, sondern in der gesamten Erdatmosphäre verteilt und somit verdünnt wird.

1.2
Schätzung

Sehr oft ist es sehr hilfreich, vor einer genauen Berechnung eine Größe abzuschätzen. Oftmals reicht es schon, die Größenordnung[3] abzuschätzen. Lassen Sie uns mit ein paar einfachen Beispielen starten.

---
[3] Als *Größenordnung einer physikalischen Größe* bezeichnet man die Zehnerpotenzen bezüglich ihrer Basiseinheit.

Wie viele Autos gibt es in den USA und auf der gesamten Welt?

Ansatz: Ein möglicher Ansatz ist, lokal zu denken. Unter unseren Freunden und Familien scheint es, als ob etwa jeder Zweite ein Auto besitzt. Wenn wir die Bevölkerung der Vereinigten Staaten von Amerika (USA) kennen, dann können wir diese 0,5 Autos pro Person als Umrechnungsfaktor verwenden, um die Zahl der Autos in den USA zu ermitteln. Es wäre aber eindeutig falsch, wenn wir diese 0,5 Autos pro Person für den Rest der Welt verwenden würden. Beispielsweise gibt es in China noch keine 600 Mio. Autos. Wir könnten aber einen Multiplikator verwenden, der sich auf die Größe der Wirtschaft der USA gegenüber dem Rest der Welt ergibt. Wir wissen, dass die US-Wirtschaft etwa ein Drittel der Weltwirtschaft ausmacht. Wir können dann die Anzahl der Fahrzeuge in den USA mit drei multiplizieren, um die Zahl der Autos auf der Welt abzuschätzen.

In den USA leben mittlerweile mehr als 300 Mio. Menschen, und jede zweite Person hat ein Auto. Somit erhält man:

$$3 \times 10^8 \times 0{,}5 = 1{,}5 \times 10^8 \text{ Autos in den USA}$$

Die US-Wirtschaft macht etwa ein Drittel der Weltwirtschaft aus. Daher ist dann die Anzahl der Fahrzeuge auf der Welt

$$3 \times 1{,}5 \times 10^8 \approx 500 \times 10^6 \text{ Autos}$$

Die tatsächliche Zahl ist nicht genau bekannt, aber eine Internetrecherche sagt uns, dass die Zahl der Autos weltweit $1{,}2 \times 10^9$ beträgt. Unsere Schätzung ist zwar etwas niedrig, aber auch nicht völlig falsch.

Es ist hier auch überhaupt nicht wichtig, eine genaue Antwort zu erhalten. Wichtig ist es, eine Abschätzung zu erhalten, die es uns schnell erlaubt, eine Entscheidung zu treffen, ob es sich lohnt, eine genauere Berechnung durchzuführen. Wenn wir z. B. ein Gerät entwickeln wollen, das jedes Auto auf der Welt benötigt, aber unser geschätzter Gewinn nur 1 € je Auto betragen würde, dann könnte man schnell mit der Gesamtzahl der Autos den gesamten Gewinn errechnen, bevor man die Idee aufgibt. Bei einer geschätzten weltweiten Zahl von 500 Mio. Autos würde der Gewinn die stolze Summe von 500 Mio. € ausmachen.

Wie viele Leute arbeiten in Deutschland bei McDonald's?

Ansatz: In Köln, der viertgrößten Stadt Deutschlands, gibt es bei einer Einwohnerzahl von etwa einer Mio. 27 McDonald's Restaurants. Wenn man annimmt, dass diese Zahl der Restaurants auf die deutsche Bevölkerung übertragen werden, dann erhält man:

$$\left(\frac{27 \, \text{McD}}{1 \times 10^6 \, \text{Personen}} \right) 8 \times 10^7 \approx 2{,}2 \times 10^3 \text{ Restaurants in Deutschland}$$

Aufgrund der örtlichen Beobachtungen und der Befragung der Beschäftigten hinter der Theke scheint die Annahme sinnvoll, dass etwa 25 Menschen in jedem dieser Restaurants arbeiten. Man erhält daher:

$$\left(\frac{25 \text{ Angestellte}}{\text{Restaurant}}\right) \times 2200 \text{ Restaurants} \approx 55\,000 \text{ Angestellte}$$

Diese Schätzung könnte viel zu hoch sein, wenn man berücksichtigt, dass die Zahl der Restaurants in Ballungsräumen viel größer ist als auf dem Land. Tatsächlich wohnen in Deutschland etwa 75 % der Bevölkerung in Städten mit mehr als 2000 Einwohnern. Im Jahr 2015 arbeiteten nach Angaben des deutschen Statistischen Bundesamtes bei McDonald's in Deutschland etwa 58 000 Personen. Unsere Schätzung ist also nicht so schlecht. Es zeigt sich aber, dass die Schätzung von vielen Faktoren abhängig sein kann und das Ergebnis damit auch rein zufällig ganz gut stimmen kann.

Wie viele Fußbälle passen in ein Volumen von einem Kubikmeter?

Ansatz: Zunächst benötigen wir den Durchmesser eines normalen Fußballs. Dieser beträgt 22 cm. Die einfachste Überlegung ist nun, dass wir annehmen, dass die Bälle aufgepumpt sind und sich nicht zusammendrücken lassen. Dann berechnen wir das Volumen des Fußballs, in dem wir annehmen, dass er würfelförmig ist und packen diese Würfel dann gleichmäßig in das vorhandene Volumen, das wir uns als Würfel mit 1 m Kantenlänge vorstellen.

Somit passen in das Volumen $4 \times 4 \times 4 = 64$ Bälle. Wir verschenken so aber eine Menge Raum, da vier Bälle nebeneinander gerade einmal 88 cm Platz benötigen und somit 12 cm ungenutzt bleiben.

Wir könnten aber auch einfach das Gesamtvolumen durch das Volumen eines Balles dividieren.

$$\text{Volumen des Fußballs (als Würfel)} = (22 \times 22 \times 22) \, \text{cm}^3 = 10\,648 \, \text{cm}^3$$

$$\text{Anzahl} = \left(\frac{1\,000\,000 \, \text{cm}^3}{10\,648 \, \text{cm}^3}\right) \approx 93 \, \text{Fußbälle}$$

Diese Zahl ist vermutlich zu groß. Sie sehen, dass Schätzungen nicht immer einfach sind und fast immer von vielen Randbedingungen abhängen.

1.3
Das ideale Gasgesetz

Wenn wir uns später mit Luftverschmutzung beschäftigen, sollten wir uns vorher noch einmal an das ideale Gasgesetz erinnern. Das ideale Gasgesetz lautet:

$$pV = nRT$$

mit p = Druck in Atmosphären (atm), Torr (760 Torr = 1 atm) oder Pascal (Pa) als SI-Einheit des Druckes, V = Volumen in Litern (L), n = Anzahl der Mole, R = Gaskonstante (0,082 L atm K^{-1} mol^{-1}), T = Temperatur in Kelvin (K = Grad Celsius + 273,15).

Die Größe Mol mit der Einheit mol bezieht sich auf $6{,}023 \times 10^{23}$ Moleküle oder Atome. In einem Mol gibt es also $6{,}023 \times 10^{23}$ Moleküle oder Atome. Diese Zahl ist im Übrigen bemerkenswert nahe an 2^{79}, die Sie stattdessen verwenden können. Der Begriff Mol tritt häufig auf in Molekulargewichten, die in der Einheit von Gramm pro Mol (oder g/mol) angegeben werden. Zum Beispiel beträgt das Molekulargewicht des molekularen Stickstoffs (N_2) 28 g/mol. Die Zahl $6{,}023 \times 10^{23}$ ist auch als *Avogadro-Konstante*[4] N_A bekannt. Häufig wurde im deutschsprachigen Raum als Synonym für die Avogadro-Konstante der Begriff *Loschmidt-Konstante*[5] benutzt. Tatsächlich gibt die Loschmidt-Konstante N_L aber die Zahl der Teilchen eines idealen Gases pro Volumen (V_0) unter Normalbedingungen ($T_0 = 273{,}15$ K und $p_0 = 101{,}325$ kPa) an. Der Zusammenhang zwischen den beiden Größen ist:

$$N_L = \frac{N_A}{V_0} = N_A \frac{p_0}{RT_0}$$

Wir werden in den folgenden Kapiteln sehr häufig die Zusammensetzung der trockenen Erdatmosphäre benötigen. Die folgende Tabelle gibt deren Zusammensetzung gemeinsam mit dem Molekulargewicht der Gase an. Die Einheiten *ppm* und *ppb* beziehen sich auf Teile pro Million oder Teile pro Milliarde. Dies sind Anteilsbruchteile wie Prozent (%) nur entsprechend kleiner. Um ausgehend von einem dimensionslosen Bruchteil diese relativen Einheiten zu erhalten, müssen wir diese für % mit 100, für ppm mit 10^6 bzw. 10^9 für ppb multiplizieren. Zum Beispiel ist ein Bruchteil von 0,0001 gerade 0,01 % oder 100 ppm bzw. 100 000 ppb. Für die Gasphase werden %, ppm und ppb immer auf Volumen pro Volumen oder Mol pro Mol bezogen. Streng genommen sind diese Einheiten somit keine Konzentrationen, sondern dimensionslose Volumenmischungsverhältnisse. Manchmal benutzt man deshalb auch die Schreibweise ppmV oder ppbV. Beispielsweise enthält die Atmosphäre 78 L Stickstoff pro 100 L Luft oder 78 mol Stickstoff pro 100 mol Luft. Es sind eben nicht 78 g Stickstoff je 100 g Luft. In Wasser, Feststoffen oder Biota bezieht man dagegen die Mischungsverhältnisse auf Gewicht pro Gewicht.

Gas	Symbol	Mischungsverhältnis	Molekulargewicht (g/mol)
Stickstoff	N_2	78 %	28
Sauerstoff	O_2	21 %	32
Argon	Ar	1 %	40
Kohlendioxid	CO_2	390 ppm	44
Neon	Ne	18 ppm	20
Helium	He	5,2 ppm	4
Methan	CH_4	1,5 ppm	16

---

[4] Amadeo Avogadro (1776–1856), italienischer Chemiker.
[5] Josef Loschmidt (1821–1895), österreichischer Physiker und Chemiker.

Wie groß ist das Molekulargewicht trockener Luft?

Ansatz: Der Wert, den wir suchen, erhält man als gewichteten Mittelwert der Hauptkomponenten in der Luft, also Stickstoff mit 28 g/mol, Sauerstoff 32 g/mol und vielleicht ein bisschen Argon mit 40 g/mol. Somit ist

$$MW_{\text{trockene Luft}} = 0{,}78 \times 28 + 0{,}21 \times 32 + 0{,}01 \times 40 = 29\,\text{g/mol}$$

Welches Volumen besitzt 1 mol eines Gases bei 1 atm und 0 °C bzw. bei 1 atm und 15 °C? Diese letztere Temperatur ist wichtig, weil sie gegenwärtig die durchschnittliche Lufttemperatur auf der Erdoberfläche ist.

Ansatz: Wir suchen das Volumen pro Mol und erhalten das Ergebnis, indem wir das ideale Gasgesetz $pV = nRT$ neu anordnen:

$$\frac{V}{n} = \frac{RT}{p} = \left(\frac{0{,}082\,\text{L atm}}{\text{K mol}}\right)\left(\frac{273\,\text{K}}{1\,\text{atm}}\right) = 22{,}4\,\text{L/mol}$$

Für 15 °C erhält man mit dem Verhältnis der *absoluten* Temperaturen (Boyle-Gesetz):

$$\left(\frac{V}{n}\right)_{\text{bei 25 °C}} = 22{,}4\,\text{L/mol}\left(\frac{288}{273}\right) = 23{,}6\,\text{L/mol}$$

Bitte beachten Sie, dass wir hier immer mit der absoluten Temperatur und nicht mit der Celsius-Temperatur rechnen müssen.

Wie groß ist die Dichte der Erdatmosphäre bei 15 °C und 1 atm Druck?

Ansatz: Denken Sie daran, dass die Dichte der Quotient aus der Masse eines Körpers und seinem Volumen ist. Aus dem mittleren Molekulargewicht der trockenen Luft und dem Molvolumen erhalten wir dann nach Umstellen des idealen Gasgesetzes $pV = nRT$:

$$\frac{n(MW)}{V} = \left(\frac{\text{mol}}{23{,}6\,\text{L}}\right)\left(\frac{29\,\text{g}}{\text{mol}}\right) = 1{,}23\,\text{g/L} = 1{,}23\,\text{kg/m}^3$$

Wie groß ist die Masse der Erdatmosphäre?

Ansatz: Diese Frage ist ein bisschen schwieriger zu beantworten, da wir zunächst eine andere Größe bestimmen müssen. Wir benötigen nämlich den durchschnittlichen Luftdruck, also die Masse der Luft pro Flächeneinheit. Sobald wir den Druck bestimmt haben, können wir ihn mit der Oberfläche der Erde multiplizieren und das Gesamtgewicht der Atmosphäre erhalten.

Wir erinnern uns an die TV-Wetterberichte, in denen manchmal der Luftdruck noch in Torr – das sind mm Quecksilbersäule – angegeben wird. Das ist zwar keine SI-Einheit, aber im Gegensatz zur SI-Einheit Pascal (Pa) anschaulich. Der Normaldruck sind 760 Torr, also 76 cm Quecksilber. Diese Länge der Quecksilbersäule kann in einen „wahren" Druck umgewandelt werden, indem man sie mit der Dichte von Quecksilber, die 13,5 g/cm³ beträgt, multipliziert:

$$p_{\text{Erde}} = (76\,\text{cm})\left(\frac{13,5\,\text{g}}{\text{cm}^3}\right) = 1030\,\text{g/cm}^2$$

Als Nächstes benötigen wir die Oberfläche der Erde. Diese können wir leicht herausfinden. Sie beträgt $5{,}11 \times 10^8\,\text{km}^2$. Daher beträgt das Gesamtgewicht der Atmosphäre:

$$\begin{aligned}\text{Masse} &= p_{\text{Erde}} A \\ &= \left(\frac{1030\,\text{g}}{\text{cm}^2}\right)\left(\frac{5{,}11 \times 10^8\,\text{km}^2}{1}\right) \times \left(\frac{10^{10}\,\text{cm}^2}{\text{km}^2}\right)\left(\frac{\text{kg}}{10^3\,\text{g}}\right) \\ &= 5{,}3 \times 10^{18}\,\text{kg}\end{aligned}$$

Dies entspricht $5{,}3 \times 10^{15}\,\text{t}$.

Wie groß wäre das Volumen der Erdatmosphäre (in Litern) bei 1 atm Druck und 15 °C.

Ansatz: Da wir in der vorherigen Frage das Gewicht der Atmosphäre berechnet haben, können wir das Volumen durch Division des Gewichtes durch die Dichte von 1,23 kg/m³ bei 15 °C erhalten:

$$V = \frac{\text{Masse}}{\rho} = 5{,}3 \times 10^{18}\,\text{kg}\left(\frac{\text{m}^3}{1{,}23\,\text{kg}}\right)\left(\frac{10^3\,\text{L}}{\text{m}^3}\right)$$

$$V_{T=288\,\text{K},\,p=1\,\text{atm}} = 4{,}3 \times 10^{21}\,\text{L}$$

Versuchen Sie bitte, diese Zahl zu behalten.

Eine Luftprobe aus einer geschlossenen Garage enthält mit 0,9 % eine vermutlich tödliche Menge Kohlenmonoxid (CO). Wie groß ist die CO-Konzentration in dieser Probe in Einheiten von g/m³ bei 20 °C und 1 atm Druck? CO hat ein Molekulargewicht von 28 g/mol.

Ansatz: Da die Konzentration pro 100 mol Luft 0,9 mol CO ist, müssen wir die Mole von CO in ein Gewicht konvertieren. Dazu benutzen wir das Molekulargewicht von CO, das 28 g/mol beträgt. Wir müssen aber auch die 100 mol Luft in ein Volumen umrechnen. Dazu benutzen wir das Molvolumen von 22,4 L/mol, das wir noch für die Temperatur korrigieren müssen:

$$\begin{aligned}c &= \left(\frac{0{,}9\,\text{mol CO}}{100\,\text{mol Luft}}\right)\left(\frac{28\,\text{g CO}}{\text{mol CO}}\right)\left(\frac{\text{mol Luft}}{22{,}4\,\text{L Luft}}\right)\left(\frac{273}{293}\right) \times \left(\frac{10^3\,\text{L}}{\text{m}^3}\right) \\ &= 10{,}5\,\text{g/m}^3\end{aligned}$$

Beachten Sie den Faktor 273/293, den wir benötigen, um die Änderung des Volumens bei der Temperaturänderung von 0 auf 20 °C zu berücksichtigen.

1.4 Stöchiometrie

Bei chemischen Reaktionen reagieren Substanzen immer in molaren Masseverhältnissen, wie z. B.

$$C + O_2 \rightarrow CO_2$$

Dies bedeutet, dass 1 mol Kohlenstoff mit einer Masse von 12 g mit 1 mol Sauerstoff mit einer Masse von 32 g zu 1 mol Kohlendioxid mit einer Masse von 44 g reagiert.

In der folgender Tabelle sind einige Atomgewichte aufgelistet, die Sie kennen sollten. Das komplette Periodensystem der Elemente finden Sie im Anhang C.

Element	Symbol	Atomgewicht (g/mol)
Wasserstoff	H	1
Kohlenstoff	C	12
Stickstoff	N	14
Sauerstoff	O	16
Schwefel	S	32
Chlor	Cl	35,5

Angenommen, dass Benzin nur aus Oktan (C_8H_{18}) besteht. Wie viel Gramm Sauerstoff werden benötigt, um 1 g des Kraftstoffs zu verbrennen?

Ansatz: Zunächst stellen wir die Reaktionsgleichung auf:

$$C_8H_{18} + 12{,}5\,O_2 \rightarrow 8\,CO_2 + 9\,H_2O$$

Die Stöchiometrie zeigt, dass 1 mol ($8 \times 12 + 18 \times 1 = 114$ g) des Kraftstoffs mit 12,5 mol [$12{,}5 \times (2 \times 16) = 400$ g] Sauerstoff reagieren und 8 mol [$8 \times (12 + 2 \times 16) = 352$ g] Kohlendioxid und 9 mol [$9 \times (2 + 16) = 162$ g] Wasser gebildet werden. Daraus ergibt sich als Antwort auf die Frage:

$$\frac{M_\text{Sauerstoff}}{M_\text{Brennstoff}} = \left(\frac{400\,\text{g}}{114\,\text{g}}\right) = 3{,}51$$

Nehmen wir an, dass ein sehr schlecht eingestellter Rasenmäher so betrieben wird, dass die Verbrennungsreaktion jetzt $C_9H_{18} + 9\,O_2 \rightarrow 9\,CO + 9\,H_2O$ ist. Wie viel Gramm CO entstehen aus jedem Gramm verbranntem Kraftstoff?

Ansatz: Wir benutzen wieder die Molekulargewichte der verschiedenen Verbindungen. Der Kraftstoff hat ein Molekulargewicht von 126 g/mol. Für jedes Mol verbranntem Kraftstoff werden 9 mol CO erzeugt. Daher ergibt sich:

$$\frac{M_{CO}}{M_{Brennstoff}} = \left(\frac{9\,\text{mol CO}}{1\,\text{mol C}_9\text{H}_{18}}\right)\left(\frac{28\,\text{g}}{\text{mol}}\right)\left(\frac{\text{mol}}{126\,\text{g}}\right) = 2,0$$

1.5
Übungsaufgaben

1.1 Wie groß ist der durchschnittliche Abstand zwischen den Kohlenstoffatomen im Diamant, wenn dessen Dichte 3,51 g/cm³ beträgt?

1.2 In Nikel in Nordwestrussland in der Nähe von Murmansk beträgt die durchschnittliche jährliche Konzentration von Schwefeldioxid bei 1 atm und 15 °C 50 µg/m³. Welchem SO_2-Mischungsverhältnis [ppbV] entspricht dies?

1.3 Moderne Autos werden neuerdings zum Teil ohne aufgeblasenen Ersatzreifen ausgeliefert. Der Reifen ist zusammengefaltet und muss aufgeblasen werden, wenn er am Fahrzeug montiert ist. Um den Reifen aufzublasen, befindet sich im Fahrzeug eine Druckdose mit Kohlendioxid, deren Inhalt ausreicht, um drei Reifen damit aufzublasen. Bitte schätzen Sie ab, wie viel Kohlendioxid in der Druckdose ist.

1.4 Der Luftqualitätsstandard für NO_2 in der Europäischen Union liegt im Jahresdurchschnitt bei 40 ppbV. Wie groß ist die Konzentration in µg/m³?

1.5 Wie groß wäre der Gewichtsunterschied (in Gramm) zweier Basketbälle, wenn einer mit Luft und einer mit Helium gefüllt wäre? Die Basketbälle haben einen Umfang von 749 mm und werden auf 0,55 bar aufgepumpt.

1.6 Saurer Regen war vor einiger Zeit ein wichtiger Streitpunkt zwischen den USA und Kanada. Der saure Regen wurde zu einem großen Teil durch die Emission von Schwefeldioxid aus Kohlekraftwerken im südlichen Indiana und Ohio verursacht. Das Schwefeldioxid löste sich im Regenwasser, bildete Schwefelsäure und damit „sauren Regen". Wie viele Tonnen Kohle mit einem durchschnittlichen Schwefelgehalt von 3,5 Gew.% (Gewichtsprozent) müssen verbrannt werden, um so viel H_2SO_4 zu emittieren, dass eine Niederschlagshöhe von 3 cm und einem pH-Wert von 3,90 eine Fläche von 20 000 km² bedeckt?

1.7 Ein Kraftwerk verbraucht zur Stromerzeugung 3,5 Mio. L Öl pro Tag. Nehmen Sie an, das Öl besteht aus $C_{18}H_{32}$ mit einer Dichte von 0,85 g/cm³. Im Abgaskamin des Kraftwerks misst man 45 ppmV NO. Wie viel NO wird pro Tag ausgestoßen?

1.8 Stellen Sie sich vor, dass 300 kg trockener Klärschlamm in einen kleinen See mit einem Volumen von 300 Mio. L Wasser eingebracht werden. Wie viel Kilogramm Sauerstoff werden benötigt, um den Klärschlamm abzubauen? Nehmen Sie der Einfachheit halber an, dass der Klärschlamm die elementare Zusammensetzung $C_6H_{12}O_6$ hat.

1.9 Angenommen ein falsch eingestellter Rasenmäher wird in einer geschlossenen Garage betrieben, die für zwei Autos vorgesehen ist. Die Verbrennungsreaktion im Motor ist $C_8H_{14} + 15/2\, O_2 \rightarrow 8\, CO + 7\, H_2O$ ist. Schätzen Sie ab, wie viel Gramm Benzin verbrannt werden müssen, um das CO-Volumenmischungsverhältnis in der Garage auf 1000 ppmV zu erhöhen?

1.10 Die durchschnittliche atmosphärische Konzentration an polychlorierten Biphenylen (PCB) rund um die Großen Seen in Nordamerika beträgt etwa $2\,ng/m^3$. Rechnen Sie diese Konzentration in Moleküle/cm^3 um. Das mittlere Molekulargewicht von PCB beträgt 320 g/mol.

1.11 In einer Zeitschrift erschien folgendes Zitat: „Ein Baum kann etwa 6 kg CO_2 pro Jahr assimilieren, was in etwa der CO_2-Menge entspricht, die von einem Auto bei einer Fahrstrecke von 42 000 km emittiert wird." Ist diese Aussage korrekt? Begründen Sie Ihre Antwort quantitativ. Nehmen Sie an, dass Benzin die Zusammensetzung C_9H_{16} hat, dass seine Verbrennung vollständig ist und dass der Wagen 10 L Benzin auf 100 km verbraucht.

1.12 Wenn morgen jeder Mensch auf der Welt einen Baum pflanzen würde, wie lange würde es dauern, bis diese Bäume die atmosphärische CO_2-Konzentration um 1 ppm gesenkt hätten? Nehmen Sie für die Berechnung an, dass die Weltbevölkerung sieben Mrd. Menschen beträgt und dass ein Baum, unabhängig von seinem Alter, pro Jahr 9 kg O_2 produziert. Durch den Prozess der Fotosynthese entstehen aus CO_2 und Wasser $C_6H_{12}O_6$ und O_2.

1.13 Auf der Welt gibt es momentan etwa $1,5 \times 10^9$ Altreifen, was zu einem großen Entsorgungsproblem führt.

a) Wenn diese Reifen komplett verbrannt würden, wie viel Kohlendioxid (in Tonnen) würde dann emittiert?
b) Vergleichen Sie dies mit der aktuellen jährlichen CO_2-Menge, die durch Menschen in die Atmosphäre eingetragen wird. Nehmen Sie für die Berechnung an, dass Kautschuk die Zusammensetzung $C_{200}H_{400}$ hat, jeder Altreifen 8 kg wiegt, einen einen Durchmesser von 48 cm hat und zu 85 % aus Gummi besteht.

1.14 Schätzen Sie ab, wie viele Zahnärzte in Deutschland arbeiten.

1.15 Sie sind Umweltchemiker und wurden zu einer Dinnerparty in Berlin mit einflussreichen Bundestagsabgeordneten eingeladen, die gerade ein neues Emissionsschutzgesetz auf den Weg bringen wollen. Während Sie mit einer Abgeordneten bei einem Prosecco über Ihre Forschung diskutieren, bemerken Sie, dass diese überhaupt nicht versteht, wenn Sie die Schadstoffkonzentrationen im Hinblick auf die Mischungsverhältnisse beschreiben. Bitte erklären Sie der Abgeordneten die Mischungsverhältnisse ein Teil pro Million (ppm) und ein Teil pro Milliarde (ppb) am Beispiel von Tropfen Holundersaft in einer Badewanne voll Prosecco.

1.16 Wasser ist in der Atmosphäre allgegenwärtig und haftet praktisch an allen Oberflächen, die man in der Umwelt findet (Boden, Vegetation, Fenster, Gebäude etc.). Wie groß wäre der Bedeckungsgrad (Moleküle/cm^2), wenn man eine Fensterscheibe gleichmäßig mit einer Monoschicht Wasser belegen würde?

1.17 Während der Deepwater-Horizon-Ölpest im Jahr 2010 wurden etwa 800 Mio. L Öl in den Golf von Mexiko eingetragen. Wie groß müsste ein würfelförmiger Container sein, um diese Ölmenge aufzunehmen? Schätzen Sie ab, welche Fläche man bedecken würde, wenn diese Ölmenge in einer Monoschicht gleichmäßig auf der Wasseroberfläche verteilt würde?

2
Massebilanz und chemische Kinetik

In der Umweltchemie sind wir häufig daran interessiert, Änderungen eines Systems als Funktion der Zeit zu untersuchen und zu verstehen. Zum Beispiel könnten wir uns dafür interessieren, wie schnell die Konzentration eines Schadstoffs in einem See abnimmt oder ansteigt. Oder wir wollen wissen, wie schnell sich ein Schadstoff in einem Haus ausbreitet oder aus diesem wieder verschwindet.

Zur Beantwortung dieser und anderer Fragen müssen wir uns mit Massebilanzen beschäftigen. Dabei sind prinzipiell zwei Systeme zu unterscheiden. In dem einem ist der Fluss eines Stoffes in ein Umweltkompartiment[1] hinein genauso groß wie der Fluss aus diesem Kompartiment heraus. In diesem Fall sprechen wir von einer quasistationären Massebilanz. Im anderen Fall ist der Fluss in das Kompartiment ungleich dem Fluss aus dem Kompartiment heraus und wir sprechen von einer nicht stationären Massebilanz. Wir können das System frei wählen, solange wir die Grenzen des Systems definieren können und wir etwas darüber wissen, was in das System hinein und heraus fließt. Zum Beispiel kann ein Umweltsystem die gesamte Atmosphäre, der Bodensee, eine Kuh, ein Haus oder eine Garage oder aber auch die Luft über einer großen Stadt sein.

2.1
Quasistationäre Massebilanz

2.1.1
Durchsatz, Beladung und Verweilzeiten

Stellen wir uns vor, dass wir ein Umweltsystem haben, in das eine bestimmte Menge Wasser hinein und wieder heraus fließt. Dies könnte z. B. ein See sein, in den ein Fluss hinein und ein anderer heraus fließt. Wir könnten also schreiben:

$$F_{ein} \rightarrow \text{Umweltsystem} \rightarrow F_{aus}$$

[1] Der Begriff Umweltkompartiment wird in der Umweltchemie häufig bei der Beschreibung der Verteilung eines Stoffes in der Umwelt verwendet. Er bezeichnet einen homogenen Bereich in der Umwelt, wie z. B. Boden, Wasser, Luft.

Umweltchemie, 1. Auflage. Ronald A. Hites, Jonathan D. Raff und Peter Wiesen.
© 2017 WILEY-VCH Verlag GmbH & Co. KGaA. Published 2017 by WILEY-VCH Verlag GmbH & Co. KGaA.

wobei F die Durchflussmenge pro Zeiteinheit (z. B. L/Tag für den See als Beispiel) ist. Die Gesamtmenge des Materials im System wird als *Vorrat* oder *Bestand*, häufig auch als *Beladung* bezeichnet. Wir verwenden dafür das Symbol M. Dies könnte dann z. B. die Gesamtmenge des Wassers in unserem See sein, die wir in Litern oder Kubikmetern (m³) angeben könnten.

Ist nun $F_{\text{ein}} = F_{\text{aus}}$, dann bezeichnen wir das System als stationär oder quasistationär.

Die durchschnittliche Zeit, die ein Stoff in unserem System verbringt, bezeichnen wir als *Verweilzeit* oder als *Lebensdauer*, für die wir das Symbol τ (tau) verwenden. Der Kehrwert von τ ist eine Geschwindigkeitskonstante mit der Dimension einer inversen Zeit (z. B. s^{-1}); Geschwindigkeitskonstanten werden in der Regel mit k bezeichnet:

$$k = \frac{1}{\tau}$$

Es ist einleuchtend, dass die Verweilzeit, die Beladung und die Durchflussmenge/Strömung wie folgt verknüpft sind:

$$\tau = \frac{M}{F_{\text{ein}}} = \frac{M}{F_{\text{aus}}} \quad \text{bzw.}$$

$$F = \frac{M}{\tau} = Mk$$

Behalten Sie die letzte Gleichung im Gedächtnis. Wir beschäftigen uns nun mit einigen Beispielen.

Stellen Sie sich eine Garage mit einem Volumen von 40 m³ vor. Die Luft in dieser Garage habe eine Verweilzeit von 3,3 h. Mit welcher Geschwindigkeit strömt die Luft in und aus der Garage?

Ansatz: Die Beladung bzw. der Vorrat ist in diesem Fall das Gesamtvolumen der Garage und die Verweilzeit 3,3 h. Daher ist die *Leckrate* (in Einheiten: Volumen pro Zeiteinheit) also die Strömung durch unsere Garage als System:

$$F = \left(\frac{M}{\tau}\right) = \left(\frac{40 \, \text{m}^3}{3,3 \, \text{h}}\right) = 12 \, \text{m}^3/\text{h}$$

Natürlich können wir diese *Leckrate* in einen Durchfluss in den Einheiten von Masse pro Zeiteinheit umwandeln, indem wir die Dichte der Luft mit 1,3 kg/m³ berücksichtigen:

$$F = \left(\frac{12 \, \text{m}^3}{\text{h}}\right)\left(\frac{1,3 \, \text{kg}}{\text{m}^3}\right) = 16 \, \text{kg/h}$$

Methan (CH$_4$) ist ein wichtiges Treibhausgas (siehe Kapitel 4), das in die Erdatmosphäre mit etwa 500 Mio. t/Jahr eingetragen wird. Wie viel Methan ist zu jedem Zeitpunkt in der Atmosphäre, wenn man annimmt, dass Methan eine atmosphärische Lebensdauer (Verweilzeit) von zehn Jahren hat?

Ansatz: Da wir den Durchfluss (F) und die Verweilzeit (τ) kennen, können wir leicht die Beladung (M) der Atmosphäre berechnen:

$$M = F\tau = \left(\frac{500 \times 10^6 \, \text{t}}{\text{Jahr}}\right)\left(\frac{10 \, \text{Jahre}}{1}\right) = 5 \times 10^9 \, \text{t}$$

5 Mrd. t Methan sind schon eine ganze Menge. Aber natürlich muss man berücksichtigen, dass diese Menge über die gesamte Atmosphäre verteilt wird. Das Mischungsverhältnis von Methan in der Atmosphäre liegt gegenwärtig bei ca. 1,8 ppmV.

Ein großes Problem bei diesem Ansatz ist, dass wir oft die Beladung (M) in einem Kompartiment nicht kennen, sondern nur die Konzentration (C) des Stoffes, der uns interessiert. Oder wir kennen die Beladung, wollen aber tatsächlich die Konzentration wissen. Die Konzentration wird definiert als:

$$C = \frac{M}{V}$$

wobei V das Volumen des Kompartiments ist. Natürlich können wir dann einfach die Beladung berechnen mit:

$$M = CV$$

Somit ist dann

$$F = \frac{CV}{\tau} = CVk$$

Der Fluss von Sauerstoff in die und aus der Erdatmosphäre beträgt 3×10^{14} kg/Jahr. Wie groß ist die Verweilzeit des Sauerstoffs in der Atmosphäre?

Ansatz: Da wir den Durchsatz in und aus dem Kompartiment – nämlich der Erdatmosphäre – kennen, müssen wir die Beladung – in unserer Schreibweise M – berechnen, sodass wir dann die beiden Größen teilen können und damit die Verweilzeit ($\tau = M/F$) erhalten. Obwohl wir die Beladung nicht kennen, wissen wir doch immerhin, dass die Atmosphäre zu 21 % aus Sauerstoff besteht. Um den Vorrat an Sauerstoff in der Erdatmosphäre zu berechnen, benutzen wir einfach das Volumen der Atmosphäre bei 15 °C und bei 1 atm Druck, das wir bereits vorher schon mit $4,3 \times 10^{21}$ L bestimmt hatten, und multiplizieren dies mit der Konzentration. Achten Sie auch dabei unbedingt auf die Einheiten, die wir entsprechend konvertieren müssen, um die Masse von Sauerstoff in Kilogramm zu bekommen.

$$M = VC = (4,3 \times 10^{21} \, \text{L})(0,21)\left(\frac{\text{mol}}{23,6 \, \text{L}}\right)\left(\frac{32 \, \text{g}}{\text{mol}}\right)\left(\frac{\text{kg}}{10^3 \, \text{g}}\right) = 1,2 \times 10^{18} \, \text{kg}$$

Somit ist die Verweilzeit/Lebensdauer von Sauerstoff in der Atmosphäre:

$$\tau = \frac{M}{F} = \frac{1{,}2 \times 10^{18}\,\text{kg Jahr}}{3 \times 10^{14}\,\text{kg}} = 0{,}41 \times 10^4\,\text{Jahre} = 4100\,\text{Jahre}$$

Die Sauerstoffkonzentration in der Erdatmosphäre ist also erstaunlich konstant.

Carbonylsulfid oder Kohlenstoffoxisulfid (COS) ist ein Spurengas und kommt in der Atmosphäre in einem Mischungsverhältnis von 0,51 ppbV vor. Seine Hauptquelle sind die Ozeane, aus denen es mit einer Geschwindigkeit von 6×10^8 kg/Jahr frei gesetzt wird. Wie groß ist die Verweildauer von COS in der Atmosphäre in Jahren?

Ansatz: Beachten Sie, dass das Volumenmischungsverhältnis von 0,51 ppb bedeutet, dass 0,51 L oder mol COS in 1 Mrd. (10^9)\,L oder mol Luft vorliegen. Wir können dieses Mischungsverhältnis auch als $0{,}51 \times 10^{-9}$ schreiben und bei unserer Berechnung benutzen. Wären die Einheiten *parts per million* (ppm), könnten wir das Mischungsverhältnis als $0{,}51 \times 10^{-6}$, oder im Fall von Prozent als 0,0051 % schreiben.

Doch zurück zu unserem Problem und achten Sie wieder auf die richtige Verwendung der Einheiten:

$$\tau = \frac{CV}{F} = (0{,}51 \times 10^{-9})(4{,}3 \times 10^{21}\,\text{L})$$

$$\times \left(\frac{\text{Jahr}}{6 \times 10^8\,\text{kg}}\right)\left(\frac{60\,\text{g COS}}{\text{mol}}\right)\left(\frac{\text{mol}}{23{,}6\,\text{L}}\right)\left(\frac{\text{kg}}{10^3\,\text{g}}\right)$$

$$= 9{,}3\,\text{Jahre}$$

Die Verweilzeit von COS in der Atmosphäre ist somit viel kürzer als die des Sauerstoffs.

Stellen Sie sich vor, eine deutsche Gemeinde hat beschlossen, das Wasser des kleinen örtlichen Sees auf Dauer grün zu färben. Die Stadtväter haben beschlossen, dazu einen grünen Farbstoff, der stark wasserlöslich, nicht flüchtig, chemisch stabil und ungiftig ist, mit einer Geschwindigkeit von 6 kg Farbstoff/Tag in den See einzuleiten. Der See hat ein Volumen von $2{,}8 \times 10^6$ m³ und die durchschnittliche Wassermenge des in den See mündenden Flusses liegt bei $6{,}9 \times 10^3$ m³/Tag. Schätzen Sie die Farbstoffkonzentration im See unter der Annahme ab, dass das Wasser im See gut durchmischt ist.

Ansatz: Um dieses Problem zu vereinfachen, vernachlässigen wir zunächst die mögliche Verdunstung des Wassers von der Seeoberfläche und gehen davon aus, dass der See nach der Durchmischung des Farbstoffs in einem stationären Zustand ist. Dies bedeutet, dass Zu- und Abfluss des Farbstoffs gleich sind.

Wir nehmen zunächst an, dass die Wassermenge, die in den See fließt, genau so groß ist wie die, die aus dem See wieder heraus fließt. Diese Annahme wäre nur dann nicht sinnvoll, wenn es z. B. starke Regenfälle im Einzugsgebiet des Sees gibt, die zu einem schnellen Ansteigen des Wasserspiegels im See führen würden. Wir erinnern uns, dass

$$C = \frac{M}{V}$$
$$M = F\tau$$

Somit ist

$$C = \frac{F\tau}{V}$$

Wir kennen F und V; berechnen sollen wir die Verweilzeit des Farbstoffs im See. Da er sehr wasserlöslich ist, muss die Verweilzeit gleich der Verweildauer des Wassers im See sein. Diese ist gegeben durch:

$$\tau = \frac{M_{\text{Wasser}}}{F_{\text{Wasser}}} = \frac{2{,}8 \times 10^6 \, \text{m}^3 \, \text{Tag}}{6{,}9 \times 10^3 \, \text{m}^3} = 406 \, \text{Tage}$$

Somit erhält man für das Mischungsverhältnis des Farbstoffs:

$$C = \frac{F\tau}{V} = (406 \, \text{Tage}) \left(\frac{1}{2{,}8 \times 10^6 \, \text{m}^3} \right) \left(\frac{\text{m}^3}{10^3 \, \text{kg}} \right) (10^6 \, \text{ppm}) = 0{,}87 \, \text{ppm}$$

Beachten Sie, dass wir die Dichte von Wasser ($1000 \, \text{kg/m}^3 = 1 \, \text{g/cm}^3$) verwendet haben.
Es gibt aber noch einen anderen Weg, um dieses Problem zu lösen. Beachten Sie, dass

$$C = \left(\frac{V}{F_{\text{Wasser}}} \right) \left(\frac{F_{\text{Schadstoff}}}{V} \right) = \frac{F_{\text{Schadstoff}}}{F_{\text{Wasser}}}$$

Das ist nur die Verdünnung des Schadstoffflusses durch die Wasserströmung. Somit ist

$$C = \frac{F_{\text{Schadstoff}}}{F_{\text{Wasser}}} = \left(\frac{6{,}0 \, \text{kg/Tag}}{6{,}9 \times 10^3 \, \text{m}^3/\text{Tag}} \right) \left(\frac{\text{m}^3}{10^3 \, \text{kg}} \right) (10^6 \, \text{ppm}) = 0{,}87 \, \text{ppm}$$

Was wäre nun, wenn die gleiche Menge an Farbstoff in Lösung (und nicht als Feststoff) mit $2{,}1 \times 10^3 \, \text{m}^3/\text{Tag}$ in den See geleitet würde? Wie hoch wäre in diesem Fall die Konzentration?

Ansatz: In diesem Fall wird der gesamte Fluss $9{,}0 \times 10^3 \, \text{m}^3/\text{Tag}$ sein, nämlich $6{,}9 \times 10^3 \, \text{m}^3/\text{Tag}$ Wasser zzgl. $2{,}1 \times 10^3 \, \text{m}^3/\text{Tag}$ Farbstofflösung. Daher würde sich jetzt für die Verweilzeit des Wassers und des Schadstoffs ergeben:

$$\tau = \frac{M_{\text{Wasser}}}{F_{\text{Wasser}}} = \frac{2{,}8 \times 10^6 \, \text{m}^3 \times \text{Tag}}{9{,}0 \times 10^3 \, \text{m}^3} = 311 \, \text{Tage}$$

Und für die Konzentration erhält man dann:

$$C = \frac{F\tau}{V} = \left(\frac{6{,}0 \, \text{kg}}{\text{Tag}} \right) (311 \, \text{Tage}) \left(\frac{1}{2{,}8 \times 10^6 \, \text{m}^3} \right) \left(\frac{\text{m}^3}{10^3 \, \text{kg}} \right) (10^6 \, \text{ppm})$$
$$= 0{,}67 \, \text{ppm}$$

Oder durch Verdünnung:

$$C = \frac{F_{\text{Schadstoff}}}{F_{\text{Wasser}}} = \left(\frac{6{,}0\,\text{kg/Tag}}{(6{,}9 + 2{,}1) \times 10^3\,\text{m}^3/\text{Tag}}\right)\left(\frac{\text{m}^3}{10^3\,\text{kg}}\right)(10^6\,\text{ppm})$$
$$= 0{,}67\,\text{ppm}$$

Was wäre, wenn nun auch noch 10 % des Wassers verdampfen würden? Würde dies die Konzentration des Farbstoffs im See ändern? Was wäre dann die Konzentration?

Ansatz: Da der Farbstoff nicht flüchtig ist, wird die Konzentration des Farbstoffs bei der Verdampfung des Wassers ansteigen. Die Flussrate für das Wasser mit Farbstoff beträgt 90 % des gesamten Wasserflusses. Dadurch ändert sich die Verweilzeit des Wassers mit dem Schadstoff von 311 auf 346 Tage, wie die folgende Berechnung zeigt:

$$\tau = \frac{M_{\text{Wasser}}}{F_{\text{Wasser}}} = \frac{2{,}8 \times 10^6\,\text{m}^3 \times \text{Tag}}{0{,}90 \times 9{,}0 \times 10^3\,\text{m}^3} = 346\,\text{Tage}$$

Die Konzentration wäre dann entsprechend:

$$C = \frac{F\tau}{V} = \left(\frac{6{,}0\,\text{kg}}{\text{Tag}}\right)(346\,\text{Tage})\left(\frac{1}{2{,}8 \times 10^6\,\text{m}^3}\right)\left(\frac{\text{m}^3}{10^3\,\text{kg}}\right)(10^6\,\text{ppm})$$
$$= 0{,}74\,\text{ppm}$$

Wir können dieses Problem auch lösen, indem wir die Konzentration aus der Verdünnung berechnen, so wie es bereits vorher gezeigt wurde:

$$C = \frac{F_{\text{Schadstoff}}}{F_{\text{Wasser}}} = \left(\frac{6{,}0\,\text{kg/Tag}}{0{,}90 \times 9{,}0 \times 10^3\,\text{m}^3/\text{Tag}}\right)\left(\frac{\text{m}^3}{10^3\,\text{kg}}\right)(10^6\,\text{ppm})$$
$$= 0{,}74\,\text{ppm}$$

Das ist das gleiche Ergebnis, als wenn wir direkt 0,67 ppm durch 0,90 teilen. Wir müssen hier dividieren, anstatt zu multiplizieren, da die Konzentration des Farbstoffs ansteigt, wenn ein Teil des Wassers verdunstet.

Beachten Sie, dass diese Berechnungen ausnahmslos für stationäre Bedingungen vorgenommen wurden. Die Konzentration des Farbstoffs ändert sich also *nicht* als Funktion der Zeit. Diese Vorgehensweise kann *nicht* verwendet werden, um z. B. die Konzentration des Farbstoffs bei Beginn der Einleitung in den See zu berechnen oder unmittelbar nach Beendigung der Einleitung. Wir verfügen aber über andere Werkzeuge, um auch solche Probleme zu lösen.

Eine Kläranlage ist so konzipiert, dass sie täglich $9{,}3 \times 10^6$ L Abwasser verarbeitet. Welchen Durchmesser muss der Tank für die Vorklärung haben, wenn die Verweilzeit im Tank 7 h sein muss? Gehen Sie davon aus, dass der Tank zylindrisch und 2 m hoch ist.

Ansatz: Der einzige Weg, um die notwendige Größe des Tanks zu erhalten, ist die erforderliche Fläche zu berechnen und dann damit den Durchmesser des

Tanks zu ermitteln. Um die Fläche zu erhalten, müssen wir zunächst das erforderliche Volumen berechnen und dieses dann durch die vorgegebene Höhe von 2 m teilen. In diesem Fall ist das Volumen die Menge an Wasser (M in unserer Notation), die bei einer Verweilzeit (τ) von 7 h und bei einer Strömungsgeschwindigkeit (F) von $9{,}3 \times 10^6$ L/Tag benötigt wird:

$$V = F\tau = \left(\frac{9{,}3 \times 10^6 \, \text{L}}{\text{Tag}}\right)(7\,\text{h}) = \left(\frac{\text{Tag}}{24\,\text{h}}\right)\left(\frac{\text{m}^3}{10^3\,\text{L}}\right) = 2712\,\text{m}^3$$

$$A = \frac{V}{\text{Höhe}} = \frac{2712\,\text{m}^3}{2\,\text{m}} = 1356\,\text{m}^2$$

Da der Tank ein zylindrischer Behälter ist, ergibt sich der Radius des Tanks zu:

$$r = \sqrt{\frac{A}{\pi}} \left(\frac{1356\,\text{m}^2}{3{,}141\,59}\right)^{1/2} = 20{,}78\,\text{m}$$

Somit erhält man für den Durchmesser des Tanks die beachtliche Größe von 41,56 m.

2.1.2
Die Berücksichtigung mehrerer Flüsse

Wenn es mehrere Prozesse gibt, durch die ein Stoff aus einem Kompartiment verloren gehen kann, dann hat jeder dieser Prozesse seine eigene Durchflussmenge, die durch die Beladung (M) multipliziert mit der Geschwindigkeitskonstante (k) für den entsprechenden Prozess gegeben ist. Stellen wir uns zunächst einfach ein Kompartiment vor, das der Schadstoff durch drei verschiedene Prozesse verlassen kann. Der Gesamtdurchsatz aus dem Kompartiment ist dann:

$$M_{\text{gesamt}} k_{\text{gesamt}} = k_1 M_1 + k_2 M_2 + k_3 M_3$$

Wenn sich nun jeder der drei Prozesse auf die gesamte Beladung M_{gesamt} bezieht, dann gilt folglich $M_1 = M_2 = M_3 = M_{\text{gesamt}}$ und man erhält:

$$k_{\text{gesamt}} = k_1 + k_2 + k_3$$

Entsprechend ist dann die gesamte Verweilzeit des Schadstoffs in unserem Kompartiment gegeben durch:

$$\frac{1}{\tau_{\text{total}}} = \frac{1}{\tau_1} + \frac{1}{\tau_2} + \frac{1}{\tau_3}$$

Lassen Sie uns nun noch einmal zurückkommen zu unserer geschlossenen Garage mit einem Volumen von 40 m³, in der durch einen schlecht eingestellten Rasenmäher pro Stunde 11 g Kohlenmonoxid (CO) emittiert werden. Wir nehmen nun an, dass das Kohlenmonoxid aus dieser Garage durch zwei Prozesse verschwindet:

1. durch einfaches Einmischen von (sauberer) Luft, wie sie in und aus der Garage strömt und
2. durch den chemischen Abbau des CO.

Die Verweilzeit der Luft in der Garage beträgt 3,3 h und die Geschwindigkeitskonstante des chemischen Abbaus des Kohlenmonoxids $5{,}6 \times 10^{-5}$ s^{-1}. Wie hoch wird unter diesen Bedingungen die durchschnittliche Steady-State-Konzentration (quasistationäre Konzentration) von CO in der Garage sein?

Ansatz: Es gibt zwei Prozesse, durch die CO aus der Garage verschwindet. Zum einen durch einfache Belüftung der Garage durch die normale Luftbewegung, und zum anderen durch den chemischen Abbau. Die Geschwindigkeitskonstante für den CO-Verlust ergibt sich aus der Summe der Geschwindigkeitskonstanten für diese beiden Prozesse. Wenn wir uns daran erinnern, dass die Geschwindigkeitskonstante der Kehrwert der Verweilzeit (und umgekehrt) ist, können wir nun die Geschwindigkeitskonstante k_{gesamt} bestimmen. Die Geschwindigkeitskonstante für den chemischen CO-Abbau ist $5{,}6 \times 10^{-5}$ s^{-1}. Somit ergibt sich für die Gesamtgeschwindigkeitskonstante:

$$k_{gesamt} = k_{Luft} + k_{chem} = \left(\frac{1}{3{,}3\,h}\right) + \left(\frac{5{,}6 \times 10^{-5}}{s}\right) \times \left(\frac{3600\,s}{h}\right)$$
$$= 0{,}303\,h^{-1} + 0{,}202\,h^{-1} = 0{,}505\,h^{-1}$$

Für die Verweilzeit des Kohlenmonoxids erhält man dann:

$$\tau = \frac{1\,h}{0{,}505} = 1{,}98\,h$$

Die CO-Konzentration ergibt sich dann aus der Durchflussrate F multipliziert mit der Verweilzeit dividiert durch das Volumen der Garage:

$$C = \frac{M}{V} = \frac{F\tau}{V} = \left(\frac{11\,g}{h}\right)(1{,}98\,h)\left(\frac{1}{40\,m^3}\right) = 0{,}545\,g/m^3$$

Wenn wir schon einmal dabei sind, können wir das auch in ein Volumenmischungsverhältnis umrechnen:

$$C = \left(\frac{0{,}545\,g}{m^3}\right)\left(\frac{mol}{28\,g}\right)\left(\frac{23{,}6\,L}{mol}\right)\left(\frac{m^3}{10^3\,L}\right) \times (10^6\,ppm) = 460\,ppm$$

Das ist schon ziemlich viel und liegt deutlich über den zulässigen CO-Grenzwerten für Innenräume. Ein längerer Aufenthalt in einem derart belasteten Raum ist nicht zu empfehlen.

Gelegentlich haben Trinkwasseraufbereitungsanlagen Geschmacks- und Geruchsprobleme, die dann häufig zu Beschwerden von Verbrauchern führen. Die Verbindung, die dieses Problem verursacht, wird als Geosmin[2] bezeichnet und ist ein bizyklischer Alkohol. Die Substanz besitzt einen ausgeprägt erdig-muffigen Geruch

---

2) Geosmin ist ein Trivialname für 2,6-Dimethylbicyclo[4.4.0]decan-1-ol.

und Geschmack und ist mit verantwortlich für den typischen Bodengeruch oder den Geruch von Schimmelpilzen. Der menschliche Geruchssinn reagiert auf Geosmin hochsensibel. Die Geruchsschwelle liegt bei 0,1 ppb. Mit welchem Durchfluss könnte eine Aufbereitungsanlage mit einem Tankvolumen von 2500 m³ und einer Verweilzeit des Wassers von 10 min betrieben werden, wenn die Geschwindigkeitskonstante für den Abbau der Verbindung $6{,}6 \times 10^{-3}$ s^{-1} beträgt?

Ansatz: Aus der Verweilzeit des Wassers in der Anlage ($\tau = 10$ min) können wir eine Geschwindigkeitskonstante für die Strömung des Wassers ($k = 0{,}1$ min^{-1}) berechnen. Die Geschwindigkeitskonstante für den Abbau beträgt $6{,}6 \times 10^{-3}$ s^{-1}. Damit ist die Gesamtgeschwindigkeitskonstante:

$$k_{\text{gesamt}} = k_{\text{Wasser}} + k_{\text{chemisch}}$$

$$k_{\text{gesamt}} = \left(\frac{1}{10\,\text{min}}\right) + \left(\frac{6{,}6 \times 10^{-3}}{\text{s}}\right)\left(\frac{60\,\text{s}}{\text{min}}\right) = 0{,}5\,\text{min}^{-1}$$

Somit ergibt sich für die Durchflussrate:

$$F = Mk = \left(\frac{2500\,\text{m}^3}{1}\right)\left(\frac{0{,}5}{\text{min}}\right)\left(\frac{60 \times 24\,\text{min}}{\text{Tag}}\right)$$
$$= 1{,}8 \times 10^6\,\text{m}^3/\text{Tag}$$

Dies ist eine typische Durchflussrate einer solchen Anlage.

2.1.3
Fluss und Flussdichte

Der Fluss einer Substanz aus einem Kompartiment bezogen auf die Flächeneinheit, durch welche die Substanz strömt, wird als *Flussdichte* bezeichnet. Wir benutzen Flussdichten deshalb so gerne, da sie sich leicht berechnen lassen. Man benötigt dazu die Konzentration eines Stoffes in einem Kompartiment und die Geschwindigkeit mit der dieser Stoff das Kompartiment verlässt. Dies kann man durch eine simple Einheitenbetrachtung zeigen:

$$\text{Flussdichte} = \frac{\text{Menge}}{\text{Zeit} \times \text{Fläche}} = \frac{\text{Konzentration} \times \text{Volumen}}{\text{Zeit} \times \text{Fläche}}$$
$$= \frac{\text{Konzentration} \times \text{Fläche} \times \text{Höhe}}{\text{Zeit} \times \text{Fläche}} = \frac{\text{Konzentration} \times \text{Höhe}}{\text{Zeit}}$$
$$= \text{Konzentration} \times \text{Geschwindigkeit}$$

Ein typisches Beispiel für den Geschwindigkeitsterm in der oberen Gleichung ist die Depositionsgeschwindigkeit. Dies ist die Geschwindigkeit mit der kleine Teilchen aus der Atmosphäre verschwinden. So ist z. B. die Flussdichte für die Deposition von Blei (Pb) aus der Atmosphäre:

$$\text{Flussdichte} = v_d C_p$$

Hier ist C_p die Konzentration von Blei im atmosphärischen Aerosol pro Volumen (z. B. ng/m³) und v_d die Depositionsgeschwindigkeit der mit Blei beladenen Partikel (z. B. cm/s). Für dieses Beispiel erhält man die Flussdichte in folgenden Einheiten:

$$\text{Flussdichte} = \left(\frac{\text{cm}}{\text{s}}\right)\left(\frac{\text{ng}}{\text{m}^3}\right)\left(\frac{\text{m}}{10^2\,\text{cm}}\right) = \text{ng}\,\text{m}^{-2}\,\text{s}^{-1}$$

Häufig werden *Flussdichte* und *Fluss* selbst von erfahrenen Wissenschaftlern verwechselt oder in Lehrbüchern falsch dargestellt. Diese beiden Begriffe sind keine Synonyme und können daher auch nicht gegeneinander einfach ausgetauscht werden! Es gelten immer die folgenden Zusammenhänge, die man nicht vergessen darf:

$$\text{Fluss} = \text{Flussdichte} \times \text{Fläche}$$
$$\text{Flussdichte} = \text{Fluss}/\text{Fläche}$$

Die nordamerikanischen Großen Seen sind eine wichtige Ressource für die Natur und die Industrie, aber auch für Freizeitaktivitäten der Anwohner. Die durchschnittliche Bleikonzentration in der Luft über dem Eriesee ist 11 ng/m³. Der jährliche Fluss von Blei aus der Atmosphäre in den Eriesee beträgt 21 000 kg/Jahr. Der Eriesee nimmt eine Fläche von 25 700 km² ein. Berechnen Sie die Depositionsgeschwindigkeit für Blei in diesen See.

Ansatz: Es gilt:

$$\text{Flussdichte} = \frac{F}{A} = v_d C_p$$

Wir stellen diese Gleichung nach v_d um und erhalten:

$$v_d = \frac{F}{AC_p} = \left(\frac{2{,}1 \times 10^4\,\text{kg}}{\text{Jahr}}\right)\left(\frac{1}{2{,}57 \times 10^4\,\text{km}^2}\right)$$
$$\times \left(\frac{\text{m}^3}{11\,\text{ng}}\right)\left(\frac{10^{12}\,\text{ng}}{\text{kg}}\right)\left(\frac{\text{km}^2}{10^6\,\text{m}^2}\right) = 7{,}43 \times 10^4/\text{Jahr}$$

und nach Umrechnung der Einheiten:

$$v_d = \left(\frac{7{,}43 \times 10^4\,\text{m}}{\text{Jahr}}\right)\left(\frac{\text{Jahr}}{60 \times 60 \times 24 \times 365\,\text{s}}\right)\left(\frac{10^2\,\text{cm}}{\text{m}}\right) = 0{,}24\,\text{cm/s}$$

Dies ist ein typischer Wert für Depositionsgeschwindigkeiten in der Atmosphäre.

Angesichts der geringen Masse von Wasserstoff (H_2) ist es nicht überraschend, dass die Erde seit Urzeiten H_2 mit einer Flussdichte von ca. 3×10^8 Moleküle pro Quadratzentimeter und Sekunde verliert. Bitte schätzen Sie die Masse (in Tonnen) von Wasserstoff ab, die die Atmosphäre in jedem Jahr verliert.

Ansatz: Die Lösung der Aufgabe ist überaus einfach, da wir nur die Flussdichte mit der Fläche multiplizieren und dann noch die Umwandlung in die gewünschte Masseeinheit vornehmen müssen:

$$F = \text{Flussdichte} \times A = \left(\frac{3 \times 10^8 \text{ Moleküle}}{\text{cm}^2 \text{ s}}\right)\left(\frac{5{,}1 \times 10^8 \text{ km}^2}{1}\right)$$
$$\times \left(\frac{10^{10} \text{ cm}^2}{\text{km}^2}\right)\left(\frac{\text{mol}}{6{,}023 \times 10^{23} \text{ Moleküle}}\right)\left(\frac{2 \text{ g}}{\text{mol}}\right)\left(\frac{\text{t}}{10^6 \text{ g}}\right)$$
$$\times \left(\frac{60 \times 60 \times 24 \times 365 \text{ s}}{\text{Jahr}}\right) = 1{,}6 \times 10^5 \text{ t/Jahr}$$

Dies ist schon eine beträchtliche Menge. Trotzdem scheint auch nach so langer Zeit immer noch genügend Wasserstoff vorhanden zu sein, um diese Menge jährlich ins Weltall abzugeben.

Benzo[a]pyren, oder auch BaP genannt, kommt in fossilen Brennstoffen vor und ist ein Produkt der unvollständigen Verbrennung organischer Materialien. Es findet sich beispielsweise in Auto- und Industrieabgasen, Tabakrauch, aber auch in gegrilltem Fleisch. Es ist nur gering flüchtig und liegt in der Atmosphäre partikelgebunden vor. In Böden und Gewässer gelangt es über trockene und nasse Deposition. Benzo[a]pyren ist toxisch, und im Tierversuch ist es kanzerogen. Es steht im Verdacht auch bei Menschen Krebs auszulösen. BaP gelangt in den größten der nordamerikanischen Seen, den Oberen See[3], auf zwei Wegen, nämlich nasse Deposition durch Regen und Schnee sowie trockene Deposition. Die Konzentration von partikelgebundenem BaP in der Luft über dem Oberen See beträgt 5 pg/m³, und seine Konzentration im Regen über dem See beträgt 2 ng/L. Der Obere See bedeckt eine Fläche von 8,21 × 10⁴ km². Wie groß ist der gesamte BaP-Durchsatz aus der Atmosphäre in den Oberen See?

Ansatz für nasse Deposition: Der Gesamteintrag von BaP ergibt sich aus der Konzentration im Regen (C_r) multipliziert mit der Regenmenge (V). Letztere erhält man aus der Niederschlagshöhe multipliziert mit der vom Regen bedeckten Fläche ($d \times A$). Für die Flussdichte erhält man dann:

$$\text{Flussdichte} = \frac{C_r A d}{A t} = C_r \left(\frac{d}{t}\right)$$

Beachten Sie, dass sich die Fläche A herauskürzt. Was nun noch fehlt ist die mittlere Niederschlagshöhe.[4] Im Nordosten der USA beträgt diese etwa 80 cm/Jahr.

---

[3] Der Obere See (englisch: Lake Superior; französisch: Lac Supérieur) ist mit einer Fläche von 82 100 km² der größte der fünf Großen Seen Nordamerikas. Es ist nach dem Kaspischen Meer flächenmäßig das zweitgrößte Binnengewässer der Erde.

[4] Die Niederschlagshöhe gibt an, wie hoch flüssiger Niederschlag eine horizontale Erdbodenfläche in einer Betrachtungszeitspanne bedecken würde, wenn nichts von dieser Fläche abfließen, verdunsten oder versickern könnte. Die Messgenauigkeit beträgt ein Zehntel Millimeter. Wird z. B. eine Niederschlagshöhe von 1 mm gemessen, so entspricht dieser Wert einer Niederschlagsmenge von 1 L/m².

Nun können wir den Fluss berechnen:

$$F_{nass} = \text{Flussdichte} \times A = C_r \left(\frac{d}{t}\right) A = \left(\frac{2\,\text{ng}}{\text{L}}\right)\left(\frac{80\,\text{cm}}{\text{Jahr}}\right)$$

$$\times \left(\frac{\text{m}}{10^2\,\text{cm}}\right)\left(\frac{10^3\,\text{L}}{\text{m}^3}\right)\left(\frac{\text{kg}}{10^{12}\,\text{ng}}\right)\left(\frac{8{,}21 \times 10^4\,\text{km}^2}{1}\right)$$

$$\times \left(\frac{10^6\,\text{m}^2}{\text{km}^2}\right) = 130\,\text{kg/Jahr}$$

Ansatz für trockene Deposition: Für diesen Fall ist die Flussdichte die Depositionsgeschwindigkeit multipliziert mit der atmosphärischen Konzentration von BaP auf den Partikeln. Für eine Depositionsgeschwindigkeit verwenden wir die Zahl, die wir zuvor berechnet haben, nämlich 0,24 cm/s. Daher erhält man für den Fluss:

$$F_{trocken} = \text{Flussdichte} \times A = C_p v_d A = \left(\frac{5\,\text{pg}}{\text{m}^3}\right)\left(\frac{0{,}24\,\text{cm}}{\text{s}}\right)$$

$$\times \left(\frac{\text{m}}{10^2\,\text{cm}}\right)\left(\frac{\text{kg}}{10^{15}\,\text{pg}}\right)\left(\frac{60 \times 60 \times 24 \times 365\,\text{s}}{\text{Jahr}}\right)$$

$$\times \left(\frac{8{,}21 \times 10^4\,\text{km}^2}{1}\right)\left(\frac{10^6\,\text{m}^2}{\text{km}^2}\right) = 31\,\text{kg/Jahr}$$

Der Gesamtfluss von BaP in diesen See ergibt sich dann als Summe:

$$F_{gesamt} = F_{nass} + F_{trocken} = 130 + 31 \approx 160\,\text{kg/Jahr}$$

2.2
Massebilanz im nicht stationären Zustand

Was passiert eigentlich, wenn der Fluss in das Kompartiment nicht gleich dem Fluss aus dem Kompartiment heraus ist? Dies ist z. B. der Fall, wenn man beginnt, einen Schadstoff in einen sauberen See einzuleiten, der See aber noch nicht einen stabilen stationären Zustand erreicht hat. Es wird somit einige Zeit dauern, bis sich der Fluss aus dem See auf die neue, höhere, dann aber konstante Schadstoffkonzentration eingestellt hat. Wie lange das dauert, hängt von der Verweilzeit des Schadstoffs im See ab. Bei einer langen Verweilzeit wird es auch lange dauern, bis die Konzentration diesen Wert erreicht haben wird.

Die Differenzialgleichung, die das beschreibt, ist einfach:

$$\frac{dM}{dt} = F_{ein} - F_{aus}$$

wobei M die Beladung des Sees mit dem Schadstoff und t die Zeit ist. Wenn $F_{ein} = F_{aus}$ ist, wird folglich dM/dt, die sogenannte Rate, gleich null und die Zeit spielt keine Rolle mehr, da das System einen stabilen Zustand erreicht hat. Wenn die Flüsse nicht gleich sind, dann müssen wir die Differenzialgleichung lösen.

2.2.1
Die Produktbildung

Lassen Sie uns zunächst ein System betrachten, in dem die Konzentration eines Stoffes bei null startet und dann nach einer gewissen Zeit einen konstanten Wert erreicht. Zum Beispiel beginnt jemand in einen sauberen See Schadstoffe mit einer konstanten Rate einzuleiten. Zu Beginn der Einleitung ist der Fluss des Schadstoffes in den See größer als aus dem See. Der Fluss in den See ist konstant. Die Konzentration des Schadstoffs zum Zeitpunkt $t = 0$ ist null, und nach einer bestimmten Zeit erreicht die Konzentration des Schadstoffs eine konstante bzw. stationäre Konzentration. Wir wollen aber nun den Verlauf der Konzentration des Schadstoffs zwischen diesen beiden Punkten beschreiben. Dazu benutzt man eine einfache Differenzialgleichung.

Nehmen wir an, dass die Austrittsgeschwindigkeit des Schadstoffs aus dem See proportional zur Menge des Schadstoffs im See ist. Das heißt mit anderen Worten, dass wenn die Schadstoffkonzentration im See niedrig ist, der Fluss des Schadstoffs aus dem See klein ist, und wenn die Schadstoffkonzentration hoch ist, auch der Fluss aus dem See hoch ist. In der Regel ist das eine gute Annahme. Die Proportionalitätskonstante ist eine Geschwindigkeitskonstante (üblicherweise abgekürzt k) mit der Einheit der reziproken Zeit (z. B. Tage^{-1}). Somit gilt:

$$F_{aus} = kM = \frac{M}{\tau}$$

Für unsere Differenzialgleichung erhält man also

$$\frac{dM}{dt} = F_{ein} - kM$$

wo F_{ein} konstant ist. Dividieren wir beide Seiten dieser Gleichung durch V, das Volumen des Sees, so erhalten wir:

$$\frac{dC}{dt} = \frac{F_{ein}}{V} - kC$$

Hier ist C die Konzentration (Menge pro Volumen). Man beachte, dass zum Zeitpunkt $t = 0$ die Konzentration $C = 0$ ist und zum Zeitpunkt $t = \infty$ die Konzentration $C = C_{max}$ wird. Dies ist dann die stationäre Konzentration. Wir können nun die Differenzialgleichung lösen und erhalten das folgende Ergebnis:

$$C = C_{max}[1 - \exp(-kt)]$$

Beachten Sie, dass $\exp(x)$ gleich e^x ist, wobei $e = 2{,}718$. Erinnern Sie sich, dass der natürliche Logarithmus von $\exp(x) = x$ oder $\ln(e^x) = x$ ist. Wir werden von nun an häufig mit Logarithmen zu tun haben. Sie sollten also mit Logarithmen umgehen können. Falls Sie dies vergessen haben, studieren Sie noch einmal das entsprechende Mathematikbuch aus Ihrer Schulzeit.[5]

---

5) Als Logarithmus einer Zahl bezeichnet man den Exponenten, mit dem eine vorher festgelegte Zahl, die *Basis*, potenziert werden muss, um die gegebene Zahl zu erhalten. Logarithmen

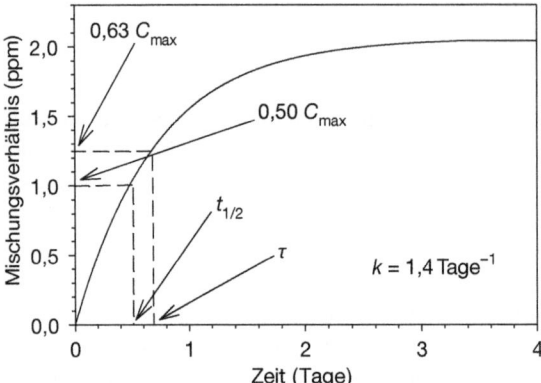

Abb. 2.1 Konzentration eines Schadstoffes in einem Umweltkompartiment als Funktion der Zeit. Zum Zeitpunkt $t = 0$ war die Konzentration des Schadstoffs gleich null, und es wurde begonnen, den Schadstoff mit einer konstanten Rate einzuleiten, sodass sich nach einer gewissen Zeit ein stationärer Zustand einstellen kann. In diesem Beispiel ist die stationäre Konzentration 2 ppm und die Geschwindigkeitskonstante 1,4 Tage^{-1}.

Die grafische Darstellung dieser Gleichung zeigt die Abb. 2.1. Beachten Sie, dass die Konzentration mit der Zeit ansteigt und gegen einen Maximalwert läuft. Dieser Grenzwert ist die stationäre Konzentration C_{max}, die in der Abbildung etwa 2 ppm beträgt.

Beschäftigen wir uns nun mit einigen wichtigen Kenngrößen dieser Kurve.

Wie lange dauert es, bis die Konzentration genau die Hälfte der stationären Konzentration erreicht hat? Wir nennen diese Zeit *Verdopplungszeit*.

Ansatz: Wir bezeichnen diese Zeit mit $t_{1/2}$. Zu diesem Zeitpunkt ist $C = C_{max}/2$. Wenden wir die Lösung unserer Differenzialgleichung auf das Problem an, so erhalten wir:

$$\frac{C_{max}}{2} = C_{max}[1 - \exp(-kt_{1/2})]$$

Kürzt man nun C_{max} auf beiden Seiten der Gleichung, dann erhält man als Lösung für $t_{1/2}$:

$$\frac{1}{2} = \exp(-kt_{1/2})$$

sind nur für positive reelle Zahlen definiert, auch die Basis muss positiv sein. Anwendungen des Logarithmus finden sich vielfach in der Wissenschaft, wenn der Wertebereich viele Größenordnungen umfasst. Daten werden dann entweder mit einer logarithmischen Skala dargestellt, oder es werden logarithmisch definierte Größen verwendet, wie z. B. beim pH-Wert. Als *natürlichen Logarithmus* bezeichnet man den Logarithmus zur Basis e, wobei e die Euler'sche Zahl (e = 2,718 281 828 459 045 2 ....) ist. Dieser Logarithmus wird häufig im Zusammenhang mit Exponentialfunktionen verwendet. Dagegen wird der dekadische Logarithmus auch als Zehnerlogarithmus bezeichnet. Als Logarithmus zur Basis 10 wird er bei numerischen Rechnungen im Dezimalsystem verwendet.

Nach Logarithmieren der Gleichung[6] ergibt sich:

$$\ln 1 - \ln 2 = -kt_{1/2}$$

Da $\ln 1 = 0$ folgt:

$$t_{1/2} = \frac{\ln(2)}{k}$$

wobei $\ln 2 = 0{,}693$ (benutzen Sie Ihren Taschenrechner; beachten Sie, dass $e^{0{,}693} = 2$ ist. Das ist die Definition eines Logarithmus!). Diese Gleichung müssen Sie sich unbedingt merken! Beachten Sie auch, dass $k = 1/\tau$, also

$$t_{1/2} = \ln(2)\tau$$

ist.

In unserem Beispiel in Abb. 2.1 ist $k = 1{,}4\,\text{Tage}^{-1}$ und daher $t_{1/2} = 0{,}5\,\text{Tage}$.

Wie groß ist die Konzentration in unserem Umweltkompartiment nach der Verweilzeit τ?

Ansatz: Für $t = \tau$ erhält man aus der Lösung der Differenzialgleichung:

$$\frac{C}{C_{max}} = 1 - \exp(-k\tau)$$

Da aber natürlich $\tau k = 1$ ist, ergibt sich:

$$\frac{C}{C_{max}} = 1 - \exp(-1) = 1 - 0{,}386 = 0{,}632$$

Dies ist somit etwa zwei Drittel der Maximalkonzentration C_{max}, siehe Abb. 2.1.

Ein schlecht gewarteter Rasenmäher wird in einem geschlossenen Schuppen mit einem Volumen von $8\,\text{m}^3$ betrieben. Der Motor erzeugt 0,7 g CO pro Minute. Der Luftaustausch im Schuppen beträgt 0,2 Luftwechsel pro Stunde. Nehmen Sie an, dass die Luft im Schuppen gut gemischt ist und zu Beginn zunächst kein CO im Schuppen war. Wie lange würde es dauern, bis die CO-Konzentration auf 8000 ppmV gestiegen ist?

Ansatz: Natürlich können wir auch hier wieder die Lösung unserer Differenzialgleichung verwenden. Wenn wir die Steady-State-Konzentration (C_{max}) kennen, können wir mit den angegebenen Werten für C (8000 ppm) und k (0,2 h^{-1}) die gefragte Zeit (t) ausrechnen. Die Steady-State- oder maximale Konzentration ist gegeben durch:

$$C_{max} = \frac{F\tau}{V} = \frac{F}{Vk} = \left(\frac{0{,}7\,\text{g}}{\text{min}}\right)\left(\frac{1}{8\,\text{m}^3}\right)\left(\frac{\text{h}}{0{,}2}\right) \times \left(\frac{60\,\text{min}}{\text{h}}\right)\left(\frac{\text{mol}}{28\,\text{g}}\right)$$

$$\times \left(\frac{23{,}6\,\text{L}}{\text{mol}}\right)\left(\frac{\text{m}^3}{10^3\,\text{L}}\right) \times (10^6\,\text{ppm}) = 22\,100\,\text{ppm}$$

---

[6] Man beachte, dass Rechenoperationen bei Anwendung des Logarithmus „erniedrigt" werden. Aus einer Multiplikation wird eine Addition, aus einer Division eine Subtraktion, aus einer Potenzierung eine Multiplikation und aus dem Ziehen einer Wurzel eine Division.

Diesen Wert setzen wir jetzt in die Lösung unserer Differenzialgleichung ein:

$$C = C_{max}[1 - \exp(-kt)]$$
$$8000 = 22\,100[1 - \exp(-0{,}2t)]$$
$$\ln\left(1 - \frac{8000}{22\,100}\right) = \ln(0{,}638) = -0{,}2t$$
$$\frac{0{,}449}{0{,}2} = t = 0{,}22\,\text{h}$$

Die Berechnung ist hier im Detail angegeben, um die Verwendung von Logarithmen und Potenzierung zu demonstrieren. Der Einfachheit halber haben wir nicht alle Einheiten aufgeschrieben. Es muss aber klar sein, dass die Konzentrationen (C und C_{max}) in den gleichen Einheiten angegeben werden müssen! Gleiches gilt für die Einheiten von k und t, die reziprok sein müssen. In unserem Beispiel erhalten wir dann das Ergebnis in der Einheit Stunden. Es dauert also etwas mehr als 2 h, bis die CO-Konzentration im Schuppen auf 8000 ppmV angestiegen ist. Diese CO-Konzentration ist für einen Menschen beim Einatmen innerhalb von 10 min tödlich.

2.2.2
Verbrauch der Edukte

Was ist, wenn der Fluss einer Substanz in ein Umweltkompartiment null ist ($F_{ein} = 0$) und der Fluss aus diesem Kompartiment nur proportional zu der Menge der Substanz in diesem Kompartiment ist? In diesem Fall wäre $F_{aus} = kC$. Die Konzentration in unserem Kompartiment würde mit der Zeit abnehmen und sich mit der folgenden Differenzialgleichung beschreiben lassen:

$$\frac{dM}{dt} = F_{ein} - F_{aus} = -F_{aus} = -kM$$

Oder wir schreiben dies in Konzentrationseinheiten:

$$\frac{dC}{dt} = -\frac{F_{aus}}{V} = -\frac{M}{\tau V} = -kC$$

Nach Umformung erhält man:

$$\frac{dC}{C} = -k\,dt$$

Unter der Annahme, dass zum Zeitpunkt $t = 0$ die Konzentration $C = C_0$ ist, erhält man die Lösung dieser Differenzialgleichung:

$$\ln C = -kt + \ln(C_0)$$

Dies ist eine Geradengleichung mit der Steigung $-k$ und dem Achsenabschnitt $\ln(C_0)$. Wir können diese Gleichung auch Entlogarithmieren und erhalten

$$C = C_0 \exp(-kt)$$

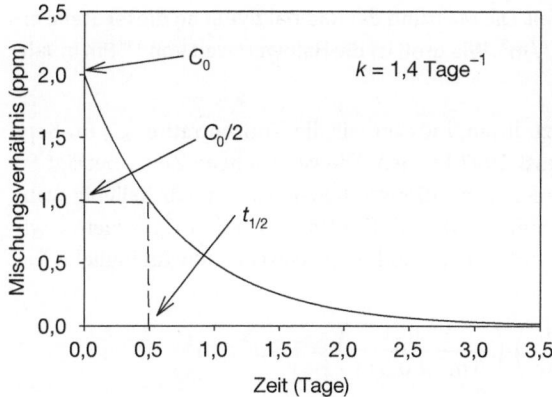

Abb. 2.2 Konzentration eines Schadstoffs als Funktion der Zeit in einem Umweltkompartiment. Die Anfangskonzentration ist C_0. In diesem Beispiel ist die Anfangskonzentration 2 ppm und die Geschwindigkeitskonstante 1,4 Tage^{-1}. Die Halbwertszeit beträgt dementsprechend 0,5 Tage.

Es liegt in diesem Fall also eine exponentielle Konzentrationsabnahme vor, die in der Abb. 2.2 dargestellt ist.

Der wichtigste Punkt entlang dieser Kurve ist die *Halbwertszeit*. Das ist die Zeit, die vergangen ist, bis die Hälfte der Substanz aus dem Kompartiment verschwunden ist. Es gilt somit:

$$\frac{1}{2} C_0 = C_0 \exp(-k t_{1/2})$$

Oder anders formuliert:

$$t_{1/2} = \frac{\ln(2)}{k}$$

Beachten Sie die Einheiten von k und $t_{1/2}$ und merken Sie sich diese Gleichung! In diesem Beispiel ergibt sich die Halbwertszeit zu:

$$t_{1/2} = \frac{\ln(2)}{1{,}4\,\text{Tage}^{-1}} = 0{,}5\,\text{Tage}$$

Im Zuge der Herstellung von Atomwaffen hatte ein ungenanntes Land im September 1989 eine kleine Leckage von Promethium-147 (^{147}Pm). Die ausgetretene Substanz hatte eine Aktivität von 4,5 Mikrocurie[7] (µCi) und bedeckte eine Fläche von 5 m². Die Substanz drang bis zu einer Tiefe von 0,5 m in den Boden ein. Im August 1997 untersuchte die Internationale Atomenergiebehörde (IAEA) im Auftrag der

---

[7] *Curie* ist die veraltete Einheit für die Aktivität eines radioaktiven Stoffes mit dem Einheitenzeichen Ci. Die heute gebräuchliche Einheit ist Becquerel (Bq). Dabei entspricht ein Becquerel einem radioaktiven Zerfall pro Sekunde. 1 Ci entspricht einem Wert von 3,7×10^{10} Bq (37 GBq).

Vereinten Nationen den Vorfall. Die Messung der Radioaktivität an dieser Stelle ergab einen Wert von 0,222 µCi/m^3. Wie groß ist die Halbwertszeit von ^{147}Pm in Jahren?

Ansatz: Um das Problem zu lösen, müssen wir die Konzentration C_0 im September 1989 und C im August 1997 kennen. Die verstrichene Zeit t beträgt 95 Monate oder 7,92 Jahre. Die Konzentrationseinheiten können wir beliebig wählen, da diese bei der Berechnung wegfallen. Die Konzentration C_0 beziehen wir auf das betroffene Volumen des Bodens und die entsprechende anfängliche Radioaktivität:

$$C_0 = \left(\frac{\text{Radioaktivität}_0}{\text{Fläche} \times \text{Höhe}}\right)\left(\frac{4{,}5\,\mu\text{Ci}}{5\,\text{m}^2 \times 0{,}5\,\text{m}}\right) = 1{,}8\,\mu\text{Ci/m}^3$$

Analog können wir nun C in den gleichen Einheiten – aber 7,92 Jahre später – berechnen und dann die Geschwindigkeitskonstante k bestimmen:

$$C = C_0 \exp(-kt)$$
$$0{,}222 = 1{,}8 \exp(-7{,}92k)$$
$$\ln\left(\frac{0{,}222}{0{,}8}\right) = -2{,}093 = -7{,}92k$$
$$k = 0{,}26\,\text{Jahre}^{-1}$$

Somit ergibt sich für die Halbwertszeit:

$$t_{1/2} = \frac{\ln(2)}{k} = \frac{\ln(2)}{0{,}26} = 2{,}6\,\text{Jahre}$$

Dies entspricht exakt dem Literaturwert, was aber auch nicht weiter verwunderlich ist, da wir uns die Daten ausgedacht haben.

2.2.3
Arbeiten mit realen Messdaten

Oftmals ist es erforderlich, eine Geschwindigkeitskonstante oder eine Halbwertszeit aus Messdaten abzuleiten. Früher, als es noch keine Computer mit entsprechenden Programmen gab, war es schwierig, Messdaten so wie in den oben gezeigten Graphen darzustellen und daraus eine Geschwindigkeitskonstante abzuleiten. Die gekrümmten Linien zeichnete man damals mithilfe sogenannter Kurvenlineale meist nach Augenmaß in die Abbildung ein. Daher versuchte man, wenn möglich, die Daten zu linearisieren und dann eine lineare Regression durchzuführen. Für die Funktion, die die Abnahme einer Konzentration beschreibt (siehe Abschn. 2.2.2) können wir dies durch Logarithmieren der Gleichung erreichen. Wir erhalten dann:

$$\ln(C) = \ln(C_0) - kt$$

Die Auftragung von $\ln(C)$ gegen t ergibt dann eine Gerade mit der Steigung k und einem Achsenabschnitt von $\ln(C_0)$. Da jeder Messwert in der Auftragung mit einem Fehler behaftet ist, müssen wir durch lineare Regression die sogenannte Ausgleichsgerade bestimmen. Die Ausgleichsgerade ist die, die am besten zu unseren Messwerten passt und die dann die „besten" Werte von C_0 und k liefert. Die Technik ist einfach: Man wandelt die Konzentrationen in ihre natürlichen Logarithmen um, trägt diese Werte gegen die Zeit auf und bestimmt die Ausgleichsgerade. Oft können Sie die lineare Regression direkt mit einer Funktion Ihres Computers durchführen.

Da heute praktisch jeder einen leistungsfähigen Computer im Rucksack oder auf dem Schreibtisch stehen hat, ist es ziemlich einfach, eine Gerade oder sogar eine gekrümmte Linie z. B. mit der Excel-Funktion „Trendlinie" an die Daten anzupassen. Als Beispiel arbeiten wir mit echten Daten zur DDT-Belastung von Forellen im Michigansee, einem der fünf großen Seen im Norden der USA. Die chemische Strukturformel für DDT finden Sie im Kapitel 6 des Buches.

Tab. 2.1 DDT-Belastung im Michigansee im Zeitraum 1970–2002.

Jahr	Mischungsverhältnis (ppm)	Jahr	Mischungsverhältnis (ppm)
1970	19,19	1981	3,22
1971	13,00	1982	2,74
1972	11,31	1984	2,22
1973	9,96	1988	1,44
1974	8,42	1990	1,39
1975	7,50	1992	1,16
1976	5,65	1994	1,622
1977	6,34	1996	1,087
1978	4,58	1998	1,067
1979	6,91	2000	1,056
1980	4,74	2002	0,660

Es ist leicht, diese Werte in eine Excel-Tabelle einzugeben mit den Jahren in Spalte A und den Konzentrationen in Spalte B. Weiter können Sie die natürlichen Logarithmen der Konzentrationen in Spalte C mithilfe der Excel-Funktion „LN" berechnen. Zeichnen Sie nun die Spalte C (y-Werte) als Funktion der Spalte A (x-Werte) mit der entsprechenden Darstellungsoption in Excel als Punktdiagramm. Sie sollten dann eine Darstellung wie in der Abb. 2.3 erhalten. Aktivieren Sie nun die Daten mit der rechten Maustaste und wählen Sie die Option „Trendlinie". Wählen Sie die lineare Trendlinie und geben Sie unter dem Menüpunkt „Optionen" an, dass die Regressionsgerade und der Korrelationskoeffizient in der Abbildung angezeigt werden. Jetzt sollten Sie eine Auftragung von $\ln(C)$ gegen die Zeit mit den Daten zur Regressionsgerade wie in der Abb. 2.3 vorliegen haben. Geübten Anwendern von Regressionsverfahren und Excel ist es auch möglich, die statistischen Fehler von Steigung und Achsenabschnitt zu bestimmen.

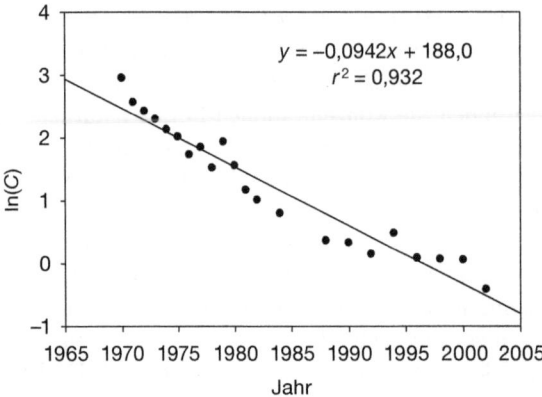

Abb. 2.3 DDT-Konzentration in Forellen des Michigansees (USA) als Funktion der Zeit (siehe Tabelle 2.1). Die durchgezogene Linie ist die Ausgleichsgerade, die mithilfe der Excel-Funktion „Trendlinie" berechnet wurde.

Da die Steigung und der Achsenabschnitt aus fehlerbehafteten Daten abgeleitet werden, müssen auch diese einen statistischen Fehler besitzen. Sehr kompliziert wird es, wenn man bei der Berechnung der Ausgleichsgerade berücksichtigt, dass sowohl x- und y-Werte in der Darstellung fehlerbehaftet sind.

Die statistischen Ergebnisse unserer einfachen Anpassung sind $r^2 = 0{,}932$ und für die Steigung $-0{,}0942\,\text{Jahr}^{-1}$. Die Steigung ist $-k$ und somit $t_{1/2} = \ln(2)/0{,}0942 = 7{,}4$ Jahre.

Wir können aber genauso die gemessenen Konzentrationen (nicht ihre Logarithmen) gegen die Zeit auftragen und wählen dann in Excel die entsprechende Anpassung mit einer Exponentialfunktion (siehe Abb. 2.4). Die r^2- und k-Werte sind exakt die gleichen, unabhängig davon, ob wir die lineare Anpassung oder die exponentielle Anpassung auswählen. So kann man also genauso gut mit der exponentiellen Kurvenanpassung arbeiten, wenn ein Programm wie Excel zur Verfügung steht.

Wenn Ihnen dagegen nur Papier, ein Bleistift und ein Taschenrechner zur Verfügung steht, dann konvertieren Sie die Konzentrationen in ihre natürlichen Logarithmen und tragen diese dann als Funktion der Zeit auf. Danach legen Sie nach Augenmaß eine gerade Linie durch diese Daten. Sie sollten die Daten in jedem Fall grafisch darstellen.

In den großen nordamerikanischen Seen wurde die Konzentration von Octachlorstyrol in Forellen als Funktion der Zeit gemessen. Es ergaben sich die folgenden Daten: 1986: 26 ppb; 1988: 18 ppb; 1992: 13 ppb; 1995: 12 ppb; 1998: 6,2 ppb; 2005: 1,8 ppb. Wie groß ist die Halbwertszeit dieser Substanz (in Jahren) in diesen Fischen?

Ansatz: Man trägt die Daten mit Excel gegeneinander auf und führt mit der Funktion „Trendlinie" die Anpassung einer Exponentialfunktion durch. Wir erhalten dann die Darstellung in Abb. 2.5. Beachten Sie, dass die Geschwindigkeits-

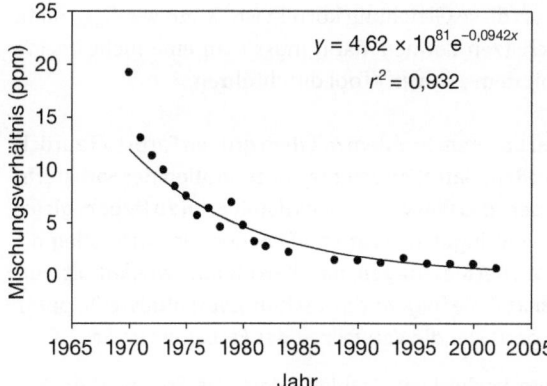

Abb. 2.4 DDT-Konzentration in Forellen aus dem Michigansee (siehe Tabelle 2.1) als Funktion der Zeit. Die durchgezogene Linie zeigt eine Anpassung an die Messwerte mit einer Exponentialfunktion, die mithilfe der Excel-Funktion „Trendlinie" berechnet wurde.

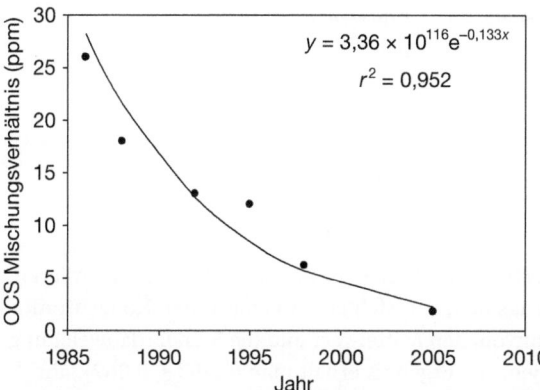

Abb. 2.5 Konzentration von Octachlorstyrol (OCS) in Forellen der Großen Seen als Funktion der Zeit. Die durchgezogene Linie zeigt eine Anpassung an die Messwerte mit einer Exponentialfunktion, die mithilfe der Excel-Funktion „Trendlinie" berechnet wurde. Aus dem Exponent ergibt sich die Geschwindigkeitskonstante des Abbaus.

konstante 0,133 Jahre^{-1} ist. Somit ergibt sich für die Halbwertszeit $\ln(2)/0{,}133 = 5{,}2$ Jahre.

Die Gleichung, die wir für die Konzentrationszunahme erhalten hatten, können wir leider nicht einfach linearisieren, so wie wir das für den Fall der Konzentrationsabnahme getan hatten. Dies gelingt nur für den Fall, und wirklich nur dann, wenn wir die maximale Konzentration C_{max} kennen oder diese mit guter Näherung abschätzen können. In diesem Fall gilt

$$k = \frac{\ln[C_{max}/(C_{max} - C)]}{t}$$

Bitte überprüfen Sie selbst, dass diese Gleichung korrekt ist. Wenn wir C_{max} nicht kennen oder auch nicht abschätzen können, dann muss man eine nicht lineare Kurvenanpassung in Excel mit dem „Solver"-Tool durchführen.

Kehren wir nun noch einmal zu unserem Problem mit dem grünen Farbstoff zurück, den wir in den See einleiten wollen. Natürlich war die Konzentration des Farbstoffs, bevor die Stadtväter beschlossen, das Wasser des Sees damit grün zu färben, gleich Null. Nachdem man mit dem Einbringen des Farbstoffs begonnen hatte, stieg die Konzentration des Farbstoffs an. Bei Messungen, die alle 6 Monate wiederholt wurden, ergaben sich für den Farbstoff die folgenden Mischungsverhältnisse (in ppm): 0,33, 0,50, 0,66 und 0,70. Wie groß war die Verweilzeit des Farbstoffs im See?

Ansatz: Wir wissen aus dem vorherigen Problem, dass das Steady-State-Mischungsverhältnis des Farbstoffs 0,87 ppm war. Dies ist das gleiche wie C_{max} in der obigen Gleichung. Somit können wir nun für jeden Zeitpunkt t den entsprechenden k-Wert berechnen:

Zeit (Jahr)	Mischungsverhältnis (ppm)	k (berechnet) (Jahr^{-1})
0,5	0,33	0,954
1,0	0,50	0,855
1,5	0,66	0,948
2,0	0,70	0,816

Beachten Sie, dass die berechneten k-Werte im Bereich 0,816–0,954 variieren. Diese Schwankung resultiert aus dem Messfehler der gemessenen Konzentrationen. Es ist an dieser Stelle sinnvoll, den Mittelwert und die Standardabweichung dieser vier Werte zu berechnen. Als Ergebnis erhält man $(0{,}893 \pm 0{,}069)$ Jahr^{-1}. Dies entspricht einer Verweildauer von 410 Tagen und ist damit praktisch identisch mit dem Wert, den wir zuvor für den grünen Farbstoff in diesem See berechnet hatten.

Diejenigen, die die maximale Konzentration nicht abschätzen wollen, oder in Situationen, in denen das betrachtete System noch weit entfernt von der quasistationären Konzentration ist, kann eine nicht lineare Kurvenanpassung mit der „Solver"-Funktion von Excel (siehe Abb. 2.4) erfolgen. Für unser Beispiel mit dem grünen Farbstoff zeigt die Abb. 2.6 das Ergebnis dieser nicht linearen Anpassung. Der Wert der angepassten maximalen Konzentration C_{max} ist mit 0,82 ppm etwas kleiner als der Wert, den wir aus der obigen Berechnung mit 0,87 ppm erhalten hatten. Die resultierende Geschwindigkeitskonstante ist mit 1,00 Jahre^{-1} gegenüber 0,89 Jahre^{-1} etwas größer. Tatsächlich kann man die angepassten Kurven nicht voneinander unterscheiden.

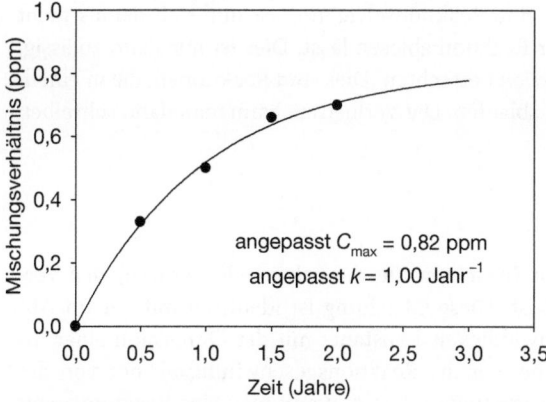

Abb. 2.6 Konzentrationen eines grünen Farbstoffs in einem See als Funktion der Zeit nach Beginn der Einleitung. Mithilfe der Excel-„Solver"-Funktion wurde eine Anpassung an die Funktion $C = C_{max}(1 - e^{-kt})$ vorgenommen. Die Ergebnisse der Anpassung sind in der Abbildung angegeben.

2.3
Chemische Kinetik

Viele Chemikalien, die in die Umwelt eingetragen werden, können durch chemische Reaktionen in mehr oder weniger schädliche Substanzen umgewandelt werden. Die Geschwindigkeit dieser Reaktionen bestimmt oft die Lebensdauer einer Chemikalie in der Luft, dem Boden oder im Wasser. Die Lebensdauer sagt uns, ob eine Chemikalie in der Umwelt akkumuliert und zu einem Problem werden kann, wenn sie freigesetzt wird. Zum Beispiel kann eine Chemikalie wie Formaldehyd aus einer chemischen Fabrik in die Luft eingetragen werden. Es dauert dann aber nur wenige Minuten, bis diese Substanz mit den wichtigsten atmosphärischen Oxidationsmitteln, den Hydroxylradikalen, abreagiert. Dagegen ist eine Chemikalie wie Dioxin (siehe Kapitel 8) nicht sehr reaktiv und wird im Laufe der Zeit in der Umwelt akkumulieren. Aufgrund seiner Toxizität will man aber die Akkumulation von Dioxin gerade vermeiden. Die chemische Kinetik ist die Methode mit der wir quantifizieren, wie schnell eine Reaktion abläuft. Sie ist eine spezielle Form der nicht stationären Massebilanz.

2.3.1
Reaktionen erster Ordnung

Die Reaktionsgeschwindigkeiten der meisten Prozesse, die wir bislang besprochen haben, hängen nur von der Konzentration eines Stoffes in dem betrachteten Umweltkompartiment ab. Beispielsweise hängt die Rate, mit der die Verbindung A aus einem System verschwindet, nur von der Konzentration dieser Verbindung in diesem System ab. Die Reaktionsgleichung lautet dann:

$$A \rightarrow \text{Produkte}$$

Denken Sie daran, dass dies eine Reaktionsgleichung ist und sich daraus nicht unmittelbar die Ordnung der Reaktion ablesen lässt. Dies ist nur dann zulässig, wenn wir eine *Elementarreaktion* betrachten. Dies sind Reaktionen, die in einem Schritt ohne Zwischenstufen ablaufen. Die Verlustrate kann man dann schreiben als

$$-\frac{d[A]}{dt} = k[A]$$

wobei [A] die Konzentration (beachten Sie die eckigen Klammern) der Verbindung A zum Zeitpunkt t ist. Diese Gleichung ist identisch mit der im Abschnitt 2.2.2 mit k als Geschwindigkeitskonstante mit der Dimension einer inversen Zeit. Eine Reaktion, bei der die Reaktionsgeschwindigkeit nur von der Konzentration eines Reaktionspartners abhängt, nennt man eine Reaktion erster Ordnung. Für solche Reaktionen gibt es viele Beispiele wie:

- der Zerfall radioaktiver Isotope,
- die Hydrolyse eines Pestizids in einem See,
- die thermische Zersetzung von N_2O_5 in der Atmosphäre oder
- die Fotolyse von NO_3^- in NO_2 und O^- in Flusswasser.

Um die Reaktionsgeschwindigkeitskonstante einer Reaktion erster Ordnung zu erhalten, misst man die Konzentration des Reaktanden A als Funktion der Zeit und passt diese Daten an eine Geradengleichung der Form $\ln[A] = \ln[A_0] - kt$ an. Diese Gleichung erhält man auf einfache Weise durch Separation der Variablen in der obigen Gleichung und deren Integration. Die Steigung der Regressionsgeraden ist dann die Geschwindigkeitskonstante erster Ordnung, $-k$.

2.3.2
Reaktionen zweiter Ordnung

Viele chemische Reaktionen erfordern zwei Reaktanden, und die Geschwindigkeit solcher Reaktionen hängt dann oft auch von den beiden Reaktandenkonzentrationen ab. Diese Reaktionen nennt man dann Reaktionen zweiter Ordnung. Zum Beispiel erfolgt die Reaktion von OH-Radikalen mit Naphthalin (NAP) in der Atmosphäre

NAP + OH → Produkte

in der Gasphase, und die Geschwindigkeit der Reaktion hängt von den Konzentrationen beider Reaktanden ab. Die atmosphärische Abbaurate des Naphthalins ist dann

$$-\frac{d[NAP]}{dt} = k_2[NAP][OH]$$

Beachten Sie, dass die Geschwindigkeitskonstante zweiter Ordnung, k_2, die Einheit einer inversen Konzentration und Zeit hat, also z. B. cm^3 Molekül^{-1} s^{-1} oder

L mol^{-1} s^{-1}. Es ist verständlich, dass die Reaktionsrate sehr klein wird, wenn Naphthalin oder OH in sehr niedrigen Konzentrationen vorliegen.

Die Lösung dieser Differenzialgleichung in Bezug auf die Konzentration eines der Reaktionspartner als Funktion der Zeit ist etwas schwierig, aber wir können häufig eine Vereinfachung vornehmen. Wenn nämlich ein Reaktionspartner in großem Überschuss vorliegt, d. h. in einer mehr als zehnmal höheren Konzentration oder wenn sich wie in unserem Beispiel die Konzentration der OH-Radikale nicht ändert, da die verbrauchten Radikale immer wieder neu in der Atmosphäre gebildet werden, dann können wir die konstante Konzentration mit der Geschwindigkeitskonstante zweiter Ordnung multiplizieren und erhalten dann eine Geschwindigkeitskonstante *pseudo*-erster Ordnung. In unserem konkreten Beispiel wäre dies

$$-\frac{d[NAP]}{dt} = k_2[NAP][OH] = k'[NAP]$$

wobei k' die Geschwindigkeitskonstante *pseudo*-erster Ordnung ist. Der Vorteil dieses Ansatzes ist, dass wir nun in einem System zweiter Ordnung alles das anwenden können, was wir zuvor für eine Kinetik erster Ordnung gelernt haben.

Lassen Sie uns die Naphthalinreaktion mit OH-Radikalen im Detail ansehen. Die Geschwindigkeitskonstante zweiter Ordnung für diese Reaktion ist

$$k_2 = 24 \times 10^{-12} \text{ cm}^3 \text{ Molekül}^{-1} \text{ s}^{-1}$$

Beachten Sie nochmals, dass die Einheiten dieser Geschwindigkeitskonstante die einer reziproken Konzentration und einer reziproken Zeit sind.

Wenn man weiß, dass die atmosphärische Konzentration von OH-Radikalen im Mittel fast immer etwa 9×10^5 Moleküle cm^{-3} ist, dann kann man für die Umsetzung von Naphthalin mit OH die Geschwindigkeitskonstante *pseudo*-erster Ordnung berechnen:

$$k' = k_2[OH] = \left(\frac{24 \times 10^{-12} \text{ cm}^3}{\text{Moleküle s}}\right)\left(\frac{9 \times 10^5 \text{ Moleküle}}{\text{cm}^3}\right) = 2{,}16 \times 10^{-5} \text{ s}^{-1}$$

Diese Geschwindigkeitskonstante hat nun wiederum die Einheit einer inversen Zeit.

Mithilfe dieses Wertes kann man nun z. B. die Lebensdauer von Naphthalin in der Atmosphäre in Bezug auf den Abbau durch OH-Radikale berechnen:

$$\tau = \frac{1}{k'} = \left(\frac{s}{2{,}16 \times 10^{-5}}\right)\left(\frac{h}{3600 \text{ s}}\right) = 13 \text{ h}$$

Die Umwandlung von Geschwindigkeitskonstanten zweiter Ordnung, die schwer zu bestimmen sind, in Geschwindigkeitskonstanten *pseudo*-erster Ordnung, die einfach zu bestimmen sind, ist eine wichtige Strategie in der Umweltchemie.

Also noch einmal zur Wiederholung: Sie können fast immer eine Geschwindigkeitskonstante zweiter Ordnung in eine Geschwindigkeitskonstante erster

Ordnung überführen, wenn einer der beteiligten Reaktanden im großen Überschuss vorliegt oder sich dessen Konzentration während der Reaktion praktisch nicht ändert. Man multipliziert dann die Geschwindigkeitskonstante zweiter Ordnung mit der Konzentration dieses Reaktionspartners und erhält dadurch die Geschwindigkeitskonstante *pseudo*-erster Ordnung.

Die atmosphärische Methankonzentration beträgt im Mittel 1,74 ppm (bei 15 °C und 1 atm). Die Geschwindigkeitskonstante zweiter Ordnung für die Reaktion von CH_4 mit OH-Radikalen ist $3{,}6 \times 10^{-15}$ cm³ Moleküle^{-1} s^{-1}. Wie viel Methan (in Tg/Jahr) wird durch diese Reaktion in der Atmosphäre zerstört? Nehmen Sie für die Berechnung an, dass [OH] = 9×10^5 Moleküle cm^{-3}.

Ansatz: Lassen Sie uns zunächst die Reaktionsgeschwindigkeitskonstante *pseudo*-erster Ordnung bestimmen, um daraus dann den Umsatz auszurechnen:

$$k' = k_2[\text{OH}] = \left(\frac{3{,}6 \times 10^{-15} \text{ cm}^3}{\text{Moleküle s}}\right) \left(\frac{9 \times 10^5 \text{ Moleküle}}{\text{cm}^3}\right) = 3{,}24 \times 10^{-9} \text{ s}^{-1}$$

$$F = \frac{M}{\tau} = k'CV = \left(\frac{3{,}24 \times 10^{-9}}{\text{s}}\right) \left(\frac{1{,}74 \text{ L CH}_4}{10^6 \text{ L Luft}}\right) \left(\frac{4{,}3 \times 10^{21} \text{ L}}{1}\right)$$
$$\times \left(\frac{16 \text{ g}}{\text{mol}}\right) \left(\frac{60 \times 60 \times 24 \times 365 \text{ s}}{\text{Jahr}}\right) \left(\frac{\text{mol}}{23{,}6 \text{ L}}\right) \left(\frac{\text{Tg}}{10^{12} \text{ g}}\right)$$
$$= 520 \text{ Tg/Jahr}$$

Das ist ziemlich viel. Aber bitte denken Sie daran, dass es viele Methanquellen in der Atmosphäre gibt, darunter Kühe, Termiten und methanogene Bakterien.

2.3.3
Michaelis-Menten-Kinetik

Viele chemische Umwandlungen erfolgen in mehreren Schritten, die eine Serie von erster und/oder zweiter Ordnungsreaktionen beinhalten können. Ein Beispiel für einen komplexen Mechanismus ist die Reaktion eines Enzyms (E) mit einem Substrat (S), die wichtig ist, um z. B. in Böden und Gewässern den mikrobiellen Abbau von Schadstoffen zu quantifizieren. Da das Enzym ein Katalysator ist und bei der Reaktion somit nicht verbraucht wird, kann man die chemische Umwandlung nicht einfach schreiben als:

$$E + S \rightarrow \text{Produkte}$$

Die Reaktion ist viel komplizierter, da das Enzym und das Substrat zunächst einen Komplex bilden, einen Enzym-Substrat-Komplex (ES). Dieser Komplex steht im Gleichgewicht mit den Ausgangsstoffen (Edukte):

$$E + S \rightleftarrows ES \rightarrow E + \text{Produkte}$$

Der Komplex kann entweder in die Edukte zerfallen oder zu Produkten unter Freisetzung des Enzyms reagieren. Der Mechanismus besteht also aus drei Reaktionen mit entsprechenden Geschwindigkeitskonstanten:

$$E + S \rightarrow ES \qquad k_1$$
$$ES \rightarrow E + S \qquad k_{-1}$$
$$ES \rightarrow \text{Produkte} \qquad k_2$$

Beachten Sie, dass sich k_2 hier auf die Reaktion 2 bezieht. Es ist hier *nicht* eine Geschwindigkeitskonstante zweiter Ordnung!

Mithilfe dieser drei Reaktionen können wir nun einen Ausdruck für die Geschwindigkeit schreiben, mit der das Produkt (P) im Reaktionssystem gebildet wird:

$$\frac{d[P]}{dt} = k_2[ES]$$

Normalerweise schreiben wir eine Massebilanzgleichung, in der wir die Geschwindigkeiten, durch die P verloren geht, von den Bildungsraten von P abziehen. Doch in den oben beschriebenen Reaktionen haben wir nur einen Term für die Bildung von P. Wir wenden diesen Ansatz nun auf den ES-Komplex an:

$$\frac{d[ES]}{dt} = k_1[E][S] - k_{-1}[ES] - k_2[ES]$$

Nachdem die Reaktion ein wenig in Gang gekommen ist, erreicht die Konzentration des ES-Komplexes einen konstanten Wert und wir können die Geschwindigkeit in der obigen Gleichung gleich null setzen und nach [ES] auflösen. Somit erhält man für [ES] die folgende Steady-State-Gleichung:

$$[ES] = \frac{k_1[E][S]}{k_{-1} + k_2}$$

Es ist in der Regel schwierig, die Konzentration des freien Enzyms [E] als Funktion der Zeit zu messen. Wir wissen jedoch, dass zu einem bestimmten Zeitpunkt ein Teil des Enzyms frei oder an das Substrat gebunden ist. Somit ist die gesamte Menge des Enzyms im System:

$$[E]_{tot} = [E] + [ES]$$

Wir stellen diese Gleichung nach [E] um und setzen das Ergebnis in die Steady-State-Gleichung für [ES] ein und erhalten:

$$[ES] = \frac{k_1[S]([E]_{tot} - [ES])}{k_{-1} + k_2}$$

Nach Auflösen der Klammer im Zähler ergibt sich:

$$[ES] = \frac{k_1[S][E]_{tot}}{k_{-1} + k_2 + k_1[S]}$$

Setzt man diesen Ausdruck in die Gleichung für d[P]/dt ein, erhalten wir

$$\frac{d[P]}{dt} = \frac{k_1 k_2 [E]_{tot}[S]}{k_{-1} + k_2 + k_1[S]} = \frac{k_2 [E]_{tot}[S]}{K_S + [S]}$$

Den Ausdruck $K_S = (k_{-1} + k_2)/k_1$ bezeichnet man als *Michaelis-Konstante* und die obige Gleichung als *Michaelis-Menten-Gleichung*.

In der Enzymkinetik bestimmt man oft die anfängliche Geschwindigkeit einer Reaktion. In diesem Fall hat sich die Substratkonzentration S noch nicht viel verändert und die *Michaelis-Menten-Gleichung*[8] wird:

$$v_0 = \left(\frac{V_S}{1 + K_S/[S]_0}\right) = \left(\frac{V_S[S]_0}{[S]_0 + K_S}\right)$$

In der Gleichung ist v_0 die Anfangsgeschwindigkeit der Reaktion, V_S die maximale Geschwindigkeit der Reaktion bei hohen Substratkonzentrationen (beachte: $V_S = k_2[E]_{tot}$) und $[S]_0$ ist die anfängliche Substratkonzentration. Wenn man nun v_0 als Funktion von $[S]_0$ aufträgt, erhält man einen ansteigenden Graphen, indem die Rate der Reaktion mit $[S]_0$ steigt und sich asymptotisch V_S nähert. Ein kleines Problem mit dieser Gleichung ist ihre Nichtlinearität in Bezug auf [S]. Man löst dieses Problem, indem man den Kehrwert der Gleichung bildet und dann jede Seite mit $[S]_0$ multipliziert. Man erhält dann die lineare Gleichung:

$$\frac{[S]_0}{v_0} = \frac{1}{V_S}[S]_0 + \frac{K_S}{V_S}$$

Trägt man nun in einem Diagramm $[S]_0/v_0$ gegen $[S]_0$ auf, dann erhält man eine Gerade mit dem Achsenabschnitt K_S/V_S und der Steigung $1/V_S$. Aus diesen Werten kann man dann leicht V_S und K_S berechnen. Es ist auch hilfreich zu beachten, dass für $[S]_0 = K_S$ dann $v_0 = V_S/2$ wird.

Es ist natürlich auch möglich, die Werte von V_S und K_S direkt mit einer nicht linearen Kurvenanpassung z. B. mit Excel [1] zu berechnen. Dies ist in der Tat der Ansatz der von echten Statistikern bevorzugt wird.

Die folgende Tabelle zeigt simulierte Michaelis-Menten-Daten für die durch Carboanhydrase katalysierte Umwandlung von CO_2 zu H_2CO_3 aus der Publikation von Kemmer und Keller [1].

Trägt man die Daten nun entsprechend auf, dann erhält man für die maximale Geschwindigkeit (V_S) etwa 550–600 mmol/(L s) und für die Substratkonzentration bei der Hälfte der maximalen Geschwindigkeit (das ist K_S) etwa 5–10 mmol/L.

Passt man an die Daten eine Gerade mit der Methode der kleinsten Fehlerquadrate an – man trägt $[S]_0/v_0$ gegen $[S]_0$ auf – dann erhält man eine Steigung von 0,00167 und einen Achsenabschnitt von 0,0128, siehe Abb. 2.7. Somit ist V_S = 1/0,00167 = 599 mmol/(L s) und K_S = 0,0128 × 599 = 7,67 mmol/L. Die nicht lineare Anpassung mit Excel ergibt V_S = 598 mmol/(L s) und K_S = 7,61 mmol/L. In

---

[8] Leonor Michaelis (1875–1949), deutscher Biochemiker; Maud Menten (1879–1960), kanadische Biochemikerin.

Tab. 2.2 Simulierte Michaelis-Menten-Daten für die durch Carboanhydrase katalysierte Umwandlung von CO_2 zu H_2CO_3 aus der Publikation von Kemmer und Keller [1].

$[S]_0$ (mmol/L)	v_0 (mmol/(L s))	$[S]_0/v_0$ (s)
10	342	0,0292
15	396	0,0379
20	438	0,0457
30	467	0,0642
40	505	0,0792
50	523	0,0956
60	523	0,1147
70	539	0,1299
80	548	0,1460
90	555	0,1622
100	554	0,1805

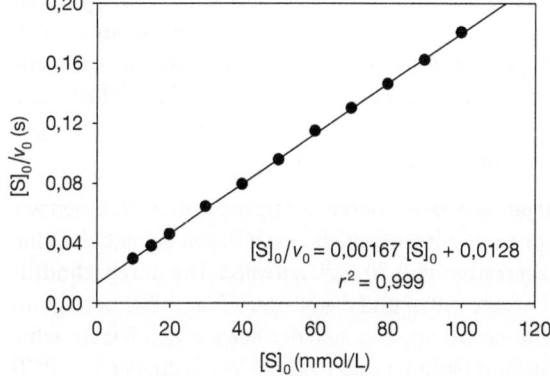

Abb. 2.7 Linearisierte Michaelis-Menten-Auftragung der Daten für die Umwandlung von CO_2 zu H_2CO_3 durch Carboanhydrase (siehe Tabelle 2.2), mit der Regressionsgerade.

diesem Beispiel sind die Ergebnisse für beide Anpassungen somit praktisch identisch. Dies ist aber nicht notwendigerweise immer so! Für den Fall, dass Daten mit größeren Fehlern behaftet sind, ist die nicht lineare Anpassung zu bevorzugen.

2.4
Übungsaufgaben

2.1 Am 30. September 1996 veröffentlichte die Tageszeitung USA Today einen Artikel über eine große Reifendeponie in Smithfield, Rhode Island. 5,5 ha des Geländes wurden im Durchschnitt 7,5 m hoch mit Reifen abgedeckt. Schätzen Sie ab, wie viele Reifen in dieser Deponie gelagert wurden. Wie groß ist der Anteil der jährlichen Reifenproduktion in den USA, die in der Deponie gelagert wurden, wenn Sie annehmen, dass ein Reifen im Mittel drei Jahre an einem typischen Auto verwendet wird.

2.2 Ein Rechtsanwalt wollte einen Richter mit der hohen Zahl von PCB-Molekülen beeindrucken, die eine normale Person mit jedem Atemzug einatmet. Da er diese Zahl nicht bestimmen konnte, fragte er einen Wissenschaftler um Rat, der die Frage aber nicht sofort beantworten konnte. Bei einer Literaturrecherche fand der Wissenschaftler heraus, dass der PCB-Fluss aus der Atmosphäre in den Boden an diesem Ort im Mittel 50 µg m^{-2} Jahr^{-1} betrug. Nehmen Sie an, dass der Ort eine Fläche von 160 m^2 hat und dass die Depositionsgeschwindigkeit von PCBs 0,3 cm/s beträgt. Das Molekulargewicht des PCB ist 320 g/mol. Welche Antwort geben Sie dem Rechtsanwalt?

2.3 Nehmen Sie an, dass in einen geschichteten See[9] ein Schadstoff in die obere Schicht durch einen Fluss mit einer Rate von 35 kg/Jahr eingeleitet wird. In die unterste Schicht des Sees werden durch Einsickern von Grundwasser 4 kg/Jahr eingetragen. Durch Sedimentation ist die Verweilzeit des Schadstoffs in der unteren Schicht des Sees 1,5 Jahre. Die durchschnittliche Konzentration im gesamten See beträgt 80 ng/L. Der See hat ein Volumen von 10^9 m^3 und ist in einem stabilen Zustand. Zeichnen Sie ein Diagramm des Systems. Wie groß ist die Gesamtmenge des Schadstoffs im See? Tragen Sie in das Diagramm die Beladung, Flüsse und Verweilzeiten ein und leiten Sie für die Größen die entsprechenden Gleichungen her. Wie groß ist die Verweilzeit in der oberen Schicht?

2.4 PCBs werden aus der Gasphase in den Oberen See transportiert. Nehmen wir an, dass der PCB-Eintrag in den See ausschließlich durch Regen erfolgt, der eine durchschnittliche PCB-Konzentration von 30 ng/L aufweist. Die durchschnittliche Tiefe des Lake Superior beträgt 150 m und die Niederschlagshöhe beträgt im Durchschnitt 80 cm/Jahr. Nehmen wir an, dass sich der See seit den letzten Jahrzehnten in einem stabilen Zustand befindet und dass die Verweildauer von PCB im See drei Jahre beträgt. Wie groß ist die PCB-Konzentration im Oberen See, wenn man eine Ablagerung der PCBs im Sediment vernachlässigt?

2.5 Die PCB-Konzentration in einem typischen Haus beträgt 400 ng/m^3. Die Austauschrate der Luft beträgt im Mittel 10 h. Die PCBs werden im Haus durch einen undichten Kondensator freigesetzt. Wie viel wird durch diesen Kondensator im Jahr emittiert?

2.6 Vor einigen Jahren wurden fast 40 % der weltweit jährlich neu produzierten 110 Mio. Fahrräder in China hergestellt. Nach wie vielen Jahren bekommt der durchschnittliche Bürger in China ein neues Fahrrad?

---

9) Unter einem geschichteten See versteht man ein Gewässer mit verschiedenen Temperatur- bzw. Konvektionsebenen.

2.7 Ein Kodiakbär, das größte an Land lebende Raubtier, frisst 20 Fische pro Tag, die mit einem Schadstoff belastet sind. Die Schadstoffbelastung beträgt 30 ppb. Im Durchschnitt bleibt der Schadstoff für zwei Jahre in den Bären. Wie groß ist die Steady-State-Konzentration (in ppm) des Schadstoffs in diesem Bären?

2.8 Ein Haus hat ein Volumen von 400 m^3. Bei geschlossenen Türen und Fenstern finden 0,3 Luftwechsel pro Stunde statt. Während einer Fotosmogepisode beträgt die Konzentration von Peroxyacetylnitrat (PAN) in der Außenluft 75 ppb. Im Inneren des Hauses beträgt die PAN-Konzentration zu Beginn der Smogepisode 9 ppb. Wie lange dauert es, bis die PAN-Konzentration im Inneren des Hauses auf 40 ppb angestiegen ist?

2.9 Ein löslicher Schadstoff wird in einen sauberen See ab dem Zeitpunkt $t = 0$ eingeleitet. Die Geschwindigkeitskonstante des Konzentrationsanstiegs ist 0,069 Tage^{-1}. Skizzieren Sie in einem Diagramm die relative Konzentration des Schadstoffs vom Zeitpunkt $t = 0$ bis $t = 60$ Tage. Vergessen Sie nicht, die Achsen im Diagramm mit den richtigen Zahlen und Einheiten zu beschriften. Welcher Bruchteil der Steady-State-Konzentration wird nach 35 Tagen erreicht?

2.10 Sie erhalten die Aufgabe, das Volumen eines kleinen Sees zu bestimmen. Sie leiten dazu 5,0 L einer 2,0-molaren Lösung eines Farbstoffs ein, der mit einer Halbwertszeit von 3,0 Tagen abgebaut wird. Sie warten genau eine Woche bis der See gut durchmischt ist. Während dieser Zeit geht kein Wasser verloren. Nachdem Sie dann 100 mL Seewasser entnommen haben, ergibt eine Messung eine Farbstoffkonzentration von $2,9 \times 10^{-6}$ mol/l in dieser Probe. Wie groß ist das Volumen des Sees?

2.11 In einen sauberen See wird am dem 1. Juli 2000 ein Schadstoff mit einer konstanten Rate eingeleitet. Die Einleitung wird in dem Moment gestoppt, als die Schadstoffkonzentration 90 % des stationären Wertes erreicht hat. An welchem Datum wird die Konzentration des Schadstoffs auf 1 % der maximalen Konzentration gefallen sein? Nehmen Sie für die Berechnung an, dass die Geschwindigkeitskonstanten der Konzentrationszunahme und -abnahme 0,35 Jahre^{-1} sind.

2.12 Die Verweilzeit des Wassers im Bodensee beträgt 3,5 Jahre. Wie lange dauert es, bis die Phosphatkonzentration im Seewasser um 10 % gefallen ist, wenn man die Phosphateinleitung in den See halbiert?

2.13 DDT wurde auf ein Feld aufgebracht, das dann zweimal gepflügt wurde. Die Ausgangskonzentration betrug 49 ppm. Die DDT-Konzentration im Boden wurde dann in 30-tägigen Intervallen mit den folgenden Resultaten gemessen: 49, 36, 26, 18, 14, 10, 7,3, 5,5 und 3,9 ppm. Wie groß ist die Halbwertszeit von DDT in diesem speziellen Beispiel?

2.14 Die durchschnittlichen Konzentrationen (in ppt) von 2,3,7,8-Tetrachlordibenzo-p-dioxin (2,3,7,8-TCDD) in Menschen aus den USA, Kanada, Deutschland und Frankreich betrugen: 1972: 19,8; 1982: 7,1; 1987: 4,1; 1992: 3,2; 1996: 2,1 und

1999: 2,4 [2]. Wie groß ist die Halbwertszeit von 2,3,7,8-TCDD in diesen Menschen? Welche Konzentration konnte man im Jahr 2008 erwarten?

2.15 Dicofol ist ein Akarizid, das aus DDT hergestellt wird und heute in Europa nicht mehr verwendet werden darf. Durch UV-Licht wird Dicofol zu Dichlorbenzophenon (DCBP) umgewandelt. Während Dicofol nur schwierig zu messen ist, kann DCBP sehr einfach nachgewiesen werden. In einem Experiment in einer landwirtschaftlichen Versuchsanstalt wurden die folgenden Daten (Zeit in Wochen, Konzentrationen in ppm) erhalten: 6, 19; 9, 26; 12, 32; 14, 36; 18, 41; 22, 45; 26, 48; 30, 50 und 150, 58. Wie groß ist die Halbwertszeit von Dicofol in diesem Experiment?

2.16 In den 1960er-Jahren begann in den großen nordamerikanischen Seen die PCB-Konzentration in Fischen stetig zu steigen. Die PCB-Konzentrationen in Süßwasserheringen des Lake Michigan als Funktion der Zeit (Jahr, Konzentration in ppm) betrugen: 1958: 0,03; 1960: 2,32; 1962: 4,37; 1964: 5,51; 1966: 6,60; 1968: 7,03 und 1972: 7,26. Wie groß ist die Geschwindigkeitskonstante für die Akkumulation von PCB in diesen Fischen?

2.17 Ein Mensch nimmt heute am Tag durchschnittlich 0,8 pg Dioxin pro kg Körpergewicht auf. Die mittlere Konzentration von Dioxin im Menschen beträgt 0,7 ppb. Wie groß ist Halbwertszeit von Dioxin im Menschen?

2.18 Stärke wird durch das Enzym Amylase hydrolysiert. In einer klassischen Arbeit von Hanes [3] wurde die Anfangsgeschwindigkeit dieser Reaktion als Funktion der Stärkekonzentration gemessen. Die Daten dieser Arbeit sind in der folgenden Tabelle dargestellt. Was sind die maximale Geschwindigkeit und die *Michaelis-Konstante* für diese Reaktion? Führen Sie die Berechnungen mit einer linearen und einer nicht linearen Regression durch und vergleichen Sie die Ergebnisse.

Stärkekonzentration (%)	Geschwindigkeit (mg/min)	Stärkekonzentration (%)	Geschwindigkeit (mg/min)
0.030	0,135	0,216	0,334
0,040	0,154	0,431	0,386
0,050	0,175	0,647	0,433
0,086	0,238	1,078	0,438
0,129	0,300		

2.19 Gemeinschaftsaufgabe: Bestimmen Sie die entsprechenden Parameter für die Daten der Abb. 2.4, 2.6 und 2.7 sowie den Aufgaben 14, 15 und 16 in diesem Kapitel mithilfe einer nicht linearen Kurvenanpassung. Benutzen Sie dazu die „Solver"-Funktion von Excel oder ein anderes Statistiksoftwarepaket). Vergleichen Sie Ihre Ergebnisse mit den Ergebnissen der linearen Kurvenanpassung im Buch (Abb. 2.4, 2.6 und 2.7) bzw. den Lösungen der Aufgaben 14, 15 und 16 dieses Kapitels im Lösungsbuch.

2.20 Gemeinschaftsaufgabe: Polybromierte Flammschutzmittel (siehe Kapitel 8) sind durch ihre Persistenz inzwischen ubiquitär. Zum Beispiel findet man in Großbritannien seit mindestens 1992 polybromierte Diphenylether (PBDE) im Fett von Schweinswalen [4]. Bitte lesen Sie die angegebene Literaturstelle und überprüfen Sie statistisch die Schlussfolgerungen der Autoren. Die Lösung der folgenden Aufgaben ist dafür sehr hilfreich:

a) Tragen Sie die Daten aus der Tabelle 1 der Publikation [4] in eine Excel-Tabelle ein. Ignorieren Sie die Spalte mit der Angabe der Zahl der untersuchten Tiere.
b) Um spätere Rundungsfehler zu vermeiden, fügen Sie eine neue Spalte in der Tabelle ein, in der Sie von den Jahreszahlen jeweils 1990 abziehen.
c) Tragen Sie die Mittelwerte und Mediane der Konzentrationen gegen die skalierte Jahreszahl in zwei getrennten Diagrammen auf.
d) Passen Sie ein Polynom zweiten Grades an die gezeichneten Daten mit der Option „Trendlinie" von Excel an.
e) Bestimmen Sie nun mithilfe der erhaltenen Gleichungen die Jahre, in denen die Konzentration maximal wird. Benutzen Sie dazu die Ableitung der angepassten Gleichungen.
f) Bestimmen Sie mithilfe der Maxima und der angepassten Kurve die Konzentration im Jahr 2008. Um wie viel hat die Konzentration nach dem Durchschreiten des Maximums abgenommen (in %)?
g) Wie groß sind die Geschwindigkeitskonstanten, mit denen man die Konzentrationsabnahme beschreiben kann? Wie groß sind die entsprechenden Halbwertszeiten?
h) Stimmen Ihre Ergebnisse und Schlussfolgerungen mit denen der Publikation überein?

Literatur

1 Kemmer, G. und Keller, S. (2010) Nonlinear least-squares data fitting in Excel spreadsheets. *Nature Protocols*, **5**, 267–281.
2 Aylward, L.L. und Hays, S.M. (2002) Temporal trends in human TCDD body burden: Decreases over three decades and implications for exposure levels. *Journal of Exposure Analysis and Environmental Epidemiology*, **12**, 319–328.
3 Hanes, C.S. (1932) Studies on plant amylases. The effect of starch concentration upon the velocity of hydrolysis by the amylase of germinated barley. *Biochemistry Journal*, **26**, 1406–1421.
4 Law, R.J. *et al.* (2010) Levels and trends of brominated diphenyl ethers in blubber of harbor porpoises. (*Phocoena phocoena*) from the UK, 1992–2008. *Environmental Science and Technology*, **44**, 4447–4451.

3
Chemie der Atmosphäre

Bereits seit vielen Jahrzehnten ist die Chemie der Atmosphäre ein wichtiges und aktuelles Thema und war vermutlich einer der ersten Bereiche der Umweltchemie, die genauer systematisch und wissenschaftlich untersucht wurden. Ursächlich für diese Untersuchungen waren Probleme der Luftreinhaltung, wie z. B. im Tal der Maas Anfang der 30er-Jahre des 20. Jahrhunderts, der London-Smog 1952, mit verheerenden, unmittelbaren Folgen für die Bevölkerung sowie der fotochemische Smog in Los Angeles. Die Chemie der Atmosphäre widmet sich auch Themen wie der Zerstörung der stratosphärischen Ozonschicht und dem Klimawandel. Dieses Kapitel gibt einen kurzen Einstieg in einige wichtige Bereiche der Chemie der Atmosphäre. Weitergehende Informationen findet man in den Lehrbüchern von Finlayson-Pitts und Pitts [1] sowie Seinfeld und Pandis [2].

3.1
Struktur und Aufbau der Atmosphäre

Die Abb. 3.1 zeigt die Temperatur und den Druck der Erdatmosphäre als Funktion der Höhe. Von der Erdoberfläche bis etwa 15 km Höhe sinkt die Temperatur mit etwa 6,5 K/km, dem sogenannten atmosphärischen Temperaturgradienten. Bei etwa 15 km Höhe beginnt die Temperatur dann wieder zu steigen. Die Höhe wird als Tropopause bezeichnet.

Den Bereich zwischen der Erdoberfläche und der Tropopause nennt man Troposphäre. Der Temperaturanstieg in der Atmosphäre setzt sich fort bis in eine Höhe von etwa 50 km, der Stratopause. Der Bereich der Atmosphäre zwischen der Tropopause und der Stratopause heißt Stratosphäre. Der Druck der Atmosphäre nimmt exponentiell mit der Höhe ab (siehe Abb. 3.1). Der Druck in einer bestimmten Höhe (z, in km) ist gegeben durch:

$$p_z = p_0 \exp\left(\frac{-h}{7,4}\right)$$

wobei p_0 der Druck auf Meereshöhe (1 atm oder 760 Torr oder 1013 hPa) ist.

Wegen der Rotation der Erde und der warmen, äquatorialen und kühlen, polaren Regionen wird die Atmosphäre in sechs Zonen eingeteilt, die etwa den Klima-

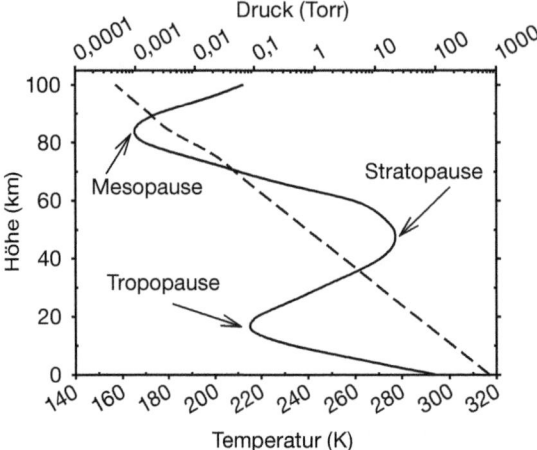

Abb. 3.1 Temperatur (—) und Druck (- - -) der Atmosphäre als Funktion der Höhe über der Erdoberfläche nach Finlayson-Pitts und Pitts [1].

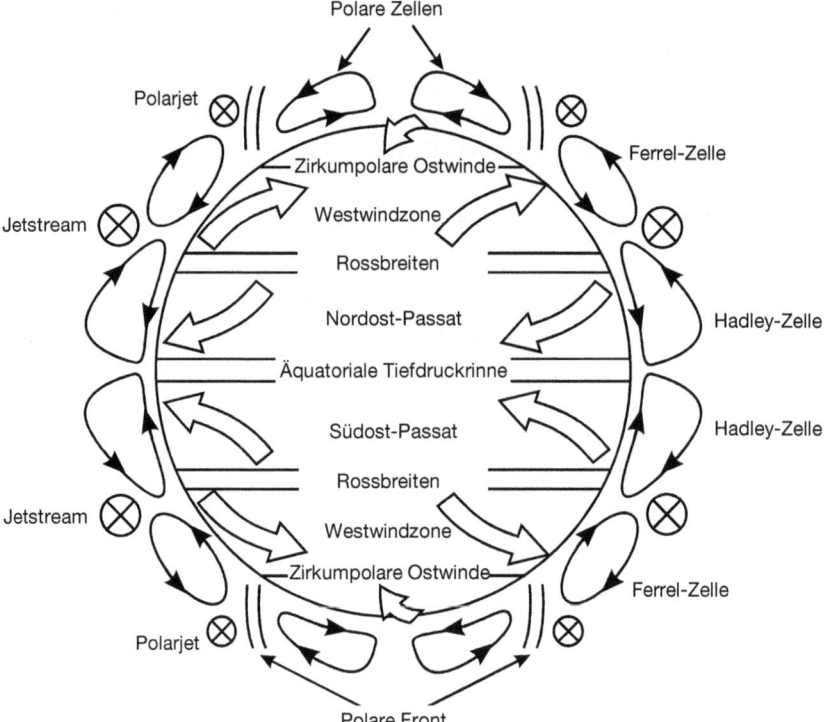

Abb. 3.2 Schematische Darstellung des globalen Zirkulationsmusters der Erdatmosphäre.

zonen entsprechen. Diese Regionen sind die nördlichen und südlichen Polarzellen, die Ferrel- und Hadley-Zellen, siehe Abb. 3.2. Die Ausbildung dieser Zellen verlangsamt die Verteilung von Schadstoffen, wenn z. B. ein Schadstoff in einer Zelle emittiert wird und in eine andere Zelle transportiert werden soll. So dauert es ein bis zwei Jahre bis Schadstoffe, die in der nördlichen Hemisphäre emittiert werden, in die südliche Hemisphäre eingetragen werden. Andererseits dauert die horizontale Durchmischung in der Atmosphäre nicht sehr lange. Zum Beispiel liegen die Transportzeiten von Schadstoffen aus asiatischen Quellen über den Pazifik nach Nordamerika im Bereich von fünf bis zehn Tagen.

3.2
Licht und Fotochemie

Licht spielt in der Atmosphärenchemie eine wichtige Rolle. Häufig ist Energie in Form von Licht notwendig, um chemische Reaktionen in der Atmosphäre zu initiieren. So gäbe es z. B. ohne Sonnenlicht kein Ozon in der Stratosphäre. Die wichtigen Kenngrößen von Licht als Reaktionspartner in einer chemischen Reaktion sind seine Wellenlänge, Intensität und ob es von einem Molekül absorbiert werden kann. Es ist wichtig anzumerken, dass Licht sowohl Wellen- als auch Teilcheneigenschaften hat (Welle-Teilchen-Dualismus). Die Lichtteilchen nennt man Photonen.

Mithilfe der Wellenlänge teilt man das sogenannte elektromagnetische Spektrum ein. Die folgende Tabelle zeigt mehrere Bereiche des elektromagnetischen Spektrums, in der Reihenfolge abnehmender Energie.

Spektraler Bereich	Wellenlänge	Anregung
Röntgenstrahlen	0,01–100 Å	Innere Elektronen
UV	100–400 nm	Valenzelektronen
Sichtbares Licht	400–700 nm	Valenzelektronen
IR	2,5–50 m	Molekülschwingungen
Mikrowellen	0,1–100 cm	Molekülrotationen

Der Zusammenhang zwischen der Energie der Photonen und ihrer Wellenlänge ist gegeben durch:

$$E = h\nu = \frac{hc}{\lambda}$$

wobei E = Energie in Joule (J), h = Planck[1]-Konstante (*Planck'sches* Wirkungsquantum) = $6{,}63 \times 10^{-34}$ J s/Molekül, ν = Frequenz des Lichts in s^{-1} ($\nu = c/\lambda$), c = Lichtgeschwindigkeit = 3×10^8 m/s und λ = Wellenlänge des Lichts in Metern (m).

[1] Max Planck (1858–1947), deutscher Physiker und Nobelpreisträger.

Mithilfe dieser Gleichung können wir nun Wellenlängen oder Frequenzen elektromagnetischer Strahlung in Energie umrechnen.

Die Bindungsenergie der Sauerstoff-Sauerstoff-Bindung in molekularem Sauerstoff (O_2) ist 4,92 × 10^5 J/mol. Welche Wellenlänge muss das Licht mindestens haben, um diese Bindung zu brechen?

Ansatz: Wir stellen die obige Gleichung nach der Wellenlänge um und setzen ein:

$$\lambda = \frac{hc}{E} = \left(\frac{6{,}63 \times 10^{-34}\,\text{J s}}{\text{Molekül}}\right)\left(\frac{3 \times 10^8\,\text{m}}{\text{s}}\right)\left(\frac{\text{mol}}{4{,}92 \times 10^5\,\text{J}}\right)$$

$$\times \left(\frac{6{,}02 \times 10^{23}\,\text{Moleküle}}{\text{mol}}\right)\left(\frac{10^9\,\text{nm}}{\text{m}}\right) = 243\,\text{nm oder weniger}$$

Diese Wellenlänge liegt im UV-Bereich des elektromagnetischen Spektrums und gelangt bis in die Stratosphäre.

Unabhängig davon, wie viel Energie die Photonen besitzen, können Reaktionen nur initiiert werden, wenn die Photonen tatsächlich von einem Reaktionspartner absorbiert werden. Die Lichtabsorption wird durch die Durchlässigkeit (Transmission, T) beschrieben. Dies ist der Anteil des Lichts, der das lichtabsorbierende Medium ungehindert passiert:

$$T = \frac{I}{I_0} = \exp(-ac\ell)$$

Dabei ist I_0 die Lichtintensität der Lichtquelle (z. B. die Sonne), c die Konzentration des absorbierenden Mediums, ℓ die Wegstrecke, die das Licht im absorbierenden Medium zurücklegt und I die Intensität des Lichts nach der Absorption durch das absorbierende Medium. Die Konstante a in dieser Gleichung ist der *Absorptionsquerschnitt* oder der *molare Extinktionskoeffizient*. Diese Größe ist ein Maß dafür, wie stark ein Molekül Licht bei einer bestimmten Wellenlänge absorbiert. Die Transmission kann Werte von 0 (alles Licht wird absorbiert) bis 1,0 (kein Licht wird absorbiert) annehmen. Oft ist es sinnvoller, die obige Gleichung in der Form

$$\ln\left(\frac{I_0}{I}\right) = ac\ell$$

zu verwenden. Die Größe $\ln(I_0/I)$ nennt man *optische Dichte* und ist ein Maß für die Lichtabsorption. Die logarithmierte Gleichung ist auch als *Lambert-Beer'sches Gesetz* bekannt. Die Lichtabsorption ist proportional zur Konzentration und Weglänge unserer Probe.

Lichtabsorption hilft uns erklären, welche Wellenlängen des Sonnenlichts in der Atmosphäre zur Verfügung stehen, um chemische Reaktionen zu initiieren. Die Sonne strahlt Licht über einen großen Wellenlängenbereich ab, der vom fernen UV bis in den IR-Bereich des elektromagnetischen Spektrums reicht. Betrachtet man allerdings das Spektrum des Sonnenlichts als Funktion der Höhe über der Erdoberfläche (Abb. 3.3), so erkennt man, dass das energiereiche UV-Licht ($\lambda < 295$ nm) in der Stratosphäre absorbiert wird und nicht die Erdoberfläche er-

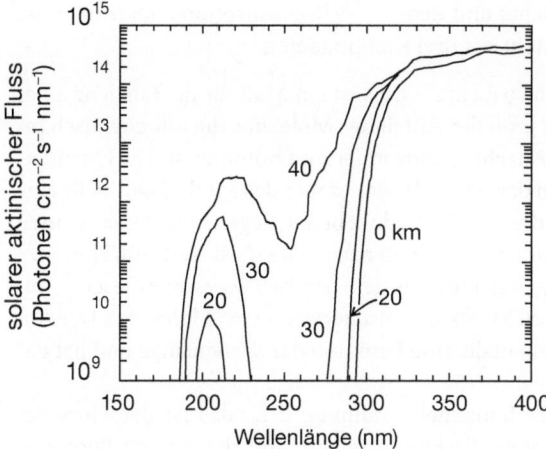

Abb. 3.3 Solare Strahlung als Funktion der Wellenlänge für verschiedene Höhen (in km) über der Erdoberfläche.

reicht. Dies ist für das Leben auf der Erde von größter Bedeutung. Die Absorption der energiereichen UV-Strahlung in der Stratosphäre wird durch molekularen Sauerstoff (O_2) und Ozon (O_3) verursacht.

Dennoch erreichen einige Photonen mit geringer Wellenlänge (295–325 nm) und relativ hoher Energie die Erdoberfläche und initiieren dort chemische Reaktionen. Manchmal ist die Energie der Photonen hinreichend groß, um ein Elektron in Molekülen anzuregen, und damit ein Molekül in einem höheren, angeregten Energiezustand zu erzeugen. Ist die Energie größer als die Bindungsenergie des Moleküls, tritt eine fotochemische Reaktion ein. Das Molekül zerfällt und bildet dann neue Produkte. Aus diesem Grund verblassen z. B. häufig Farben oder Farbstoffe, wenn sie über längere Zeit direkter Sonneneinstrahlung ausgesetzt sind. Die fotochemische Reaktion eines Moleküls in Gegenwart von Licht beschreibt man häufig als

$$\text{Reaktand} + h\nu \rightarrow \text{Produkte}$$

Hier bedeutet $h\nu$ Licht einer bestimmten Frequenz oder Wellenlänge ($\nu = c/\lambda$). Diese Reaktion ist erster Ordnung (siehe Kapitel 2) und hat eine Geschwindigkeitskonstante k_p, die wie alle Geschwindigkeitskonstanten erster Ordnung die Dimension einer inversen Zeit (s^{-1}) hat. Diese Geschwindigkeitskonstante wird auch Fotolysefrequenz genannt und wird definiert durch

$$k_p = \int_\lambda \Phi(\lambda)a(\lambda)F(\lambda)\,d(\lambda) \approx \sum_\lambda \Phi(\lambda)a(\lambda)F(\lambda)$$

Diese Gleichung ist nicht so kompliziert, wie sie auf den ersten Blick aussieht. Man integriert oder summiert über alle Wellenlängen, typischerweise von etwa 300–500 nm. Im Wesentlichen repräsentiert die Gleichung die Überlappung zwischen dem Spektrum des Sonnenlichts und dem UV-VIS-Absorptionsspektrum eines Moleküls. Die Gleichung besteht aus drei Komponenten:

1. $\Phi(\lambda)$ nennt man „Quantenausbeute". Dies ist ein Maß für die Effizienz einer Reaktion. Sie gibt an, wie groß der Anteil der Moleküle, die fotochemisch reagieren, in Bezug auf die Anzahl der absorbierten Photonen ist. Die Quantenausbeute ist eine Funktion der Wellenlänge – daher das Symbol $\Phi(\lambda)$. Für eine fotochemische Reaktion, die nur ein Produkt bildet, liegen Quantenausbeuten zwischen 0 und 1. Die Einheit der Quantenausbeute Φ ist Molekül/Photon.
2. $a(\lambda)$ ist der Absorptionsquerschnitt aus dem *lambert-beerschen* Gesetz[2], mit der Einheit einer Fläche pro Molekül, typischerweise cm^2 Molekül^{-1}. Der Absorptionsquerschnitt ist ebenfalls eine Funktion der Wellenlänge und hat daher das Symbol $a(\lambda)$.
3. $F(\lambda)$ ist die Intensität der Sonneneinstrahlung, d. h., das ist der Fluss der Photonen, die von der Sonne die Erde erreichen mit der Einheit Photonen cm^{-2} s^{-1}. Dieser Photonenfluss ist nicht nur eine Funktion der Wellenlänge, sondern auch abhängig von der Höhe über dem Boden, der geografischen Breite und der Position der Sonne am Himmel. Letztere ist nun wiederum abhängig von der Tages- und Jahreszeit. Zur Beschreibung der letzteren Abhängigkeit wird der solare Zenitwinkel oder Vertikalwinkel verwendet. Diese Größen sind leicht in Datenbanken zu finden.

Stickstoffdioxid (NO$_2$) fotolysiert in der Troposphäre zu NO und O-Atomen. Berechnen Sie die Fotolysegeschwindigkeitskonstante von Stickstoffdioxid bei 298 K am Mittag an einem wolkenlosen Tag und am Boden.

Ansatz: Zur Bestimmung der Geschwindigkeitskonstante k_p verwenden wir die obige Gleichung. Wir benötigen die Photonenflüsse am Mittag, den Absorptionsquerschnitt und die Quantenausbeuten für NO$_2$ als Funktion der Wellenlänge. Die Quantenausbeuten und Absorptionsquerschnitte von NO$_2$ als Funktion der Wellenlänge zeigt die folgende Tabelle.

λ (nm)	Φ	a	F	$\Phi \times a \times F$
300–320	1,0	$1,9 \times 10^{-19}$	$0,6 \times 10^{14}$	$0,1 \times 10^{-4}$
320–340	1,0	$3,4 \times 10^{-19}$	$7,3 \times 10^{14}$	$2,5 \times 10^{-4}$
340–360	1,0	$4,7 \times 10^{-19}$	$9,1 \times 10^{14}$	$4,3 \times 10^{-4}$
360–380	1,0	$5,7 \times 10^{-19}$	11×10^{14}	$6,3 \times 10^{-4}$
380–400	0,9	$6,2 \times 10^{-19}$	13×10^{14}	$7,3 \times 10^{-4}$
400–410	0,4	$6,0 \times 10^{-19}$	21×10^{14}	$5,0 \times 10^{-4}$

$$\Sigma = 0{,}0027 \text{ s}^{-1}$$

---

2) August Beer (1825–1863) und Johann Heinrich Lambert (1728–1777). Eine einfache Eselsbrücke, um sich an die Bedeutung dieser Gleichung zu erinnern, ist das Sprichwort: „Je dunkler das Gebräu, desto weniger Licht kommt durch."

Obwohl NO_2 bis 650 nm absorbiert, betrachten wir nur die Absorption bei $\lambda < 420$ nm, da nur dieses Licht genug Energie besitzt, um NO_2 zu spalten. In der Tabelle sind auch die Photonenflüsse angegeben, die mithilfe eines Modells berechnet wurden. Nun multiplizieren wir für jeden Wellenlängenbereich Φ mit a und F. Dann summieren wir diese Produkte und erhalten so die Fotolysegeschwindigkeitskonstante.

Man beachte, dass die Einheit s^{-1} ist, wie die Einheitenbetrachtung zeigt:

$$\Phi \times a \times F = \left(\frac{\text{Molekül}}{\text{Photon}}\right) \times \left(\frac{\text{cm}^2}{\text{Molekül}}\right) \times \left(\frac{\text{Photon}}{\text{cm}^2 \, s}\right) = s^{-1}$$

Die Fotolysegeschwindigkeitskonstante von $0{,}0027 \, s^{-1}$ ist groß und entspricht einer Lebensdauer der NO_2-Moleküle von etwa 6 min.

3.3
Oxidantien in der Atmosphäre

Auf der Erde werden alle biogeochemischen Stoffkreisläufe bis hin zur anthropogenen Luftverschmutzung durch Fotochemie und chemische Reaktionen von Spurengasen in der Atmosphäre angetrieben. Viele chemische Reaktionen in der Atmosphäre verlaufen über sehr reaktive Zwischenstufen wie freie Radikale, die aufgrund ihrer sehr hohen Reaktivität praktisch so schnell verbraucht wie gebildet werden. Somit liegen sie in der Atmosphäre in nur extrem niedrigen Konzentrationen vor.

Das bei weitem wichtigste atmosphärische Oxidationsmittel ist das OH-Radikal, das extrem reaktiv gegenüber den meisten Chemikalien ist. Der überwiegende Teil an Schadstoffen in der Atmosphäre wird durch OH-Radikale abgebaut. Das heißt, sie sind für die Selbstreinigungskraft der Atmosphäre verantwortlich. Aus diesem Grund werden OH-Radikale manchmal auch als „Waschmittel" der Atmosphäre bezeichnet. Die wichtigste OH-Radikalquelle ist die Fotolyse von Ozon in Gegenwart von Wasserdampf:

$$O_3 + h\nu \to O_2 + O(^1D) \quad (\lambda < 320 \, nm)$$
$$O(^1D) + H_2O \to 2\,OH$$

In der ersten Gleichung wird das Sauerstoffatom in einem elektronisch angeregten Zustand gebildet. Das Sauerstoffatom liegt in einem Singulettzustand, genannt (^1D), vor. Das angeregte Sauerstoffatom besitzt genügend Energie, um mit einem Wassermolekül zu reagieren.

Eine weitere wichtige OH-Radikalquelle ist die Fotolyse von salpetriger Säure (HONO):

$$HONO + h\nu \to OH + NO \quad (\lambda < 380 \, nm)$$

Diese Reaktion ist in Gebieten mit hoher Luftverschmutzung von Bedeutung. Dort entsteht salpetrige Säure aus Reaktionen von NO_x ($NO_x = NO + NO_2$) auf

Oberflächen (z. B. auf dem Boden, an Gebäuden, Pflanzen, Schwebeteilchen etc.). HONO reichert sich nachts in der Atmosphäre an, um dann am Morgen nach Sonnenaufgang schnell zu fotolysieren.

Bemerkenswert ist, dass die OH-Radikalkonzentration weltweit relativ konstant bei ca. 10^6 Molekülen cm^{-3} liegt.

Das zweitwichtigste atmosphärische Oxidationsmittel ist Ozon, das zwar bei weitem nicht so reaktiv ist wie OH-Radikale, dafür aber insbesondere in der Stratosphäre und in Gebieten der belasteten Troposphäre in viel höheren Konzentrationen vorkommt. Die Ozonkonzentration kann in der Troposphäre von 10–500 ppb und in der Stratosphäre von 100–10 000 ppb variieren. In den folgenden Abschnitten werden wir sehen, wie O_3 in der Atmosphäre gebildet wird und welche wichtige Rolle es dort spielt. Zunächst aber werden wir ein paar Tricks kennenlernen, die uns bei der Beschreibung komplexer atmosphärischer Reaktionen helfen werden.

3.4
Kinetik der Reaktionen in der Atmosphäre

3.4.1
Das Quasistationaritätsprinzip

Das *Quasistationaritätsprinzip* wird häufig beim Umgang mit reaktiven Zwischenstufen angewendet. Dies kann z. B. bei der Ableitung der allgemeinen Geschwindigkeit eines chemischen Reaktionsmechanismus der Fall sein.

Diese Näherung soll zunächst an einem einfachen Beispiel erläutert werden. Man betrachtet die einfache Reaktion A → B + C. Die elementaren Schritte der Reaktion bestehen aus der Aktivierung des Eduktes A durch Kollisionen mit einem Stoßpartner M (in der Atmosphäre ist M typischerweise N_2 und O_2). Durch die Kollision wird ein energetisch angeregtes Molekül erzeugt, das mit A* bezeichnet wird. Dieses angeregte Molekül A* zerfällt dann in die Produkte B und C. Den Mechanismus der Reaktion kann man schreiben als:

$$A + M \rightarrow A^* + M \quad k_1$$
$$A^* + M \rightarrow A + M^* \quad k_{-1}$$
$$A^* \rightarrow B + C \quad k_2$$

Beachten Sie, dass zu jeder Reaktion eine Geschwindigkeitskonstante gehört und dass die zweite Reaktion die Rückreaktion der ersten ist. A* wird durch Kollision mit M deaktiviert und reagiert nicht zu den Produkten B und C. Unter der Annahme, dass es in der Atmosphäre nur einen Weg zur Bildung und zum Abbau von A gibt, gilt für die Reaktionsgeschwindigkeit von A:

$$\frac{d[A]}{dt} = k_{-1}[A^*][M] - k_1[A][M]$$

In dieser Gleichung bedeuten die eckigen Klammern die Konzentration des Atoms oder der reagierenden Verbindung. In 30 km Höhe ist beispielsweise $[O_2] \approx 10^{17}$ Moleküle cm^{-3}.

Der erste Ausdruck auf der rechten Seite ist positiv, weil A durch die zweite Reaktion gebildet wird. Dagegen ist der zweite Term auf der rechten Seite negativ, weil A durch die erste Reaktion verloren geht. Beide Reaktionen sind zweiter Ordnung, sodass beide Terme zwei Konzentrationen und eine Geschwindigkeitskonstante beinhalten. Die Geschwindigkeit der Bildung von A* ist gegeben durch

$$\frac{d[A^*]}{dt} = k_1[A][M] - k_{-1}[A^*][M] - k_2[A^*]$$

In dieser Gleichung gibt es drei Terme. Zwei zur Beschreibung der Bildung von A* und einer, der den Verlust von A* beschreibt. Die reaktive Zwischenstufe in diesem Reaktionssystem ist A*. Das *Quasistationaritätsprinzip* besagt nun, dass die Rate der Bildung von A* gleich der Verlustrate von A* ist, oder mit anderen Worten, dass sich [A*] im Laufe der Zeit nicht ändert. Somit gilt:

$$\frac{d[A^*]}{dt} = 0$$

Damit erhält man:

$$k_1[A][M] - k_{-1}[A^*][M] - k_2[A^*] = 0$$

Diese Gleichung löst man nun nach [A*] auf und setzt das Ergebnis in den Ausdruck für die Geschwindigkeit der Bildung von A ein

$$\frac{d[A]}{dt} = -\frac{k_1 k_2 [M][A]}{k_{-1}[M] + k_2}$$

Bevor wir fortfahren, sollten Sie das Ergebnis überprüfen.

Dieser Ausdruck zeigt, dass die Geschwindigkeit der Bildung von A nicht nur von [A], sondern auch von [M] abhängt. [M] wiederum ist proportional zum Totaldruck der Atmosphäre und hängt somit von der Höhe ab in der die Reaktionen stattfinden. Unter der Bedingung, dass $k_{-1}[M] \gg k_2$, gilt:

$$\frac{d[A]}{dt} = -\frac{k_1 k_2 [M][A]}{k_{-1}[M]} = -\frac{k_1 k_2}{k_{-1}}[A] = k'[A]$$

Dies bedeutet, dass die Reaktionsgeschwindigkeit erster Ordnung ist und nur von [A] abhängt. Ist dagegen $k_{-1}[M] \ll k_2$, dann gilt

$$\frac{d[A]}{dt} = -\frac{k_1 k_2 [M][A]}{k_2} = -k_1[M][A]$$

In diesem Fall ist die Reaktion zweiter Ordnung und die Reaktionsgeschwindigkeit hängt von [A] und [M] ab.

3.4.2
Die Arrhenius-Gleichung

Die Geschwindigkeit chemischer Reaktionen ist abhängig von der Temperatur. Üblicherweise verlaufen Reaktionen mit zunehmender Temperatur schneller. Als Faustregel kann angenommen werden, dass sich die Geschwindigkeit einer Reaktion verdoppelt, wenn die Temperatur um 10 K zunimmt.

Die empirische *Arrhenius*[3)]-Gleichung beschreibt den Zusammenhang der Geschwindigkeitskonstante einer chemischen Reaktion und der Temperatur, bei der die Reaktion stattfindet. In ihrer einfachsten Form ist der Arrhenius-Gleichung:

$$k = A \exp\left(\frac{-E_A}{RT}\right)$$

Die Größe A ist der sogenannte *präexponentielle Faktor*, E_A ist die molare Aktivierungsenergie der Reaktion in der Einheit J/mol, T die Temperatur in K und R die allgemeine Gaskonstante (in diesem Fall 8,314 J K^{-1} mol^{-1}). Man beachte, dass der präexponentielle Faktor A die gleiche Einheit wie die Geschwindigkeitskonstante hat. Wir verwenden diese Gleichung, um die Geschwindigkeitskonstanten verschiedener Reaktionen bei unterschiedlichen Temperaturen in der Atmosphäre zu berechnen.

3.5
Ozon in der Stratosphäre

Ozon (O_3) ist ein hellblaues Gas (Siedepunkt −110 °C) mit einem charakteristischen Geruch. Ein Ozonmolekül besteht aus drei Sauerstoffatomen die v-förmig miteinander verknüpft sind. Der O–O–O-Bindungswinkel beträgt 127°. Ozon ist extrem reaktiv und verursacht beim Menschen beim Einatmen in höheren Konzentrationen, wie sie in belasteten Gebieten anzutreffen sind, Atemwegserkrankungen. Für das Leben auf der Erde gibt es in der Atmosphäre „gutes" und „schlechtes" Ozon. „Gutes" Ozon bildet in der Stratosphäre die Ozonschicht. „Schlechtes" Ozon ist ein wichtiger Bestandteil von Smog.

3.5.1
Bildung und Abbau von Ozon in der Atmosphäre

Ozon absorbiert UV-Licht im Bereich von 200–300 nm. Es hat in der Stratosphäre in einer Höhe von etwa 35 km eine maximale Konzentration von ca. 10 ppm. Diese „Ozonschicht" wirkt als effektiver UV-Schutz für das Leben auf der Erde, da sie Schäden durch UV-Strahlung in der Biosphäre verhindert. Das stratosphärische Ozon verhindert, dass Licht mit Wellenlängen < 300 nm die Erdoberfläche erreicht. Bei einer Abnahme des stratosphärischen Ozons beobachtet man eine

---

3) Svante Arrhenius (1859–1927), schwedischer Physiker und Nobelpreisträger.

Zunahme von Hautkrebs und grauem Star sowie eine Abnahme der Fotosynthese. Ebenfalls können niedrigere Temperaturen in der Stratosphäre durch den Ozonabbau verursacht werden.

Die wichtigsten Reaktionen, die die Produktion und den Verlust von Ozon in der Stratosphäre beschreiben, sind die *Chapman*-Reaktionen[4] (*Chapman*-Mechanismus):

$$O_2 + h\nu \rightarrow 2O \quad (\lambda < 240\,\text{nm})$$
$$O + O_2 + M \rightarrow O_3 + M^*$$
$$O_3 + h\nu \rightarrow O_2 + O \quad (\lambda < 325\,\text{nm})$$
$$O + O_3 \rightarrow 2O_2$$

In diesem Fall ist der Stoßpartner M nahezu immer N_2 oder O_2 und M* ein schwingungsangeregtes Sauerstoff- oder Stickstoffmolekül. Durch die erhöhte Schwingungsenergie bewegen sich die Sauerstoff- und Stickstoffmoleküle schneller. Dies wird durch den Beobachter als Wärme empfunden. Somit ist die Stratosphäre wärmer als der Troposphäre (siehe Abb. 3.1). Beachten Sie, dass die Stratosphäre die einzige Region in der Atmosphäre ist, wo es sowohl genügend UV-Strahlung und einen ausreichend hohen Gasdruck gibt, infolgedessen Moleküle und Atome kollidieren und reagieren. Die *Chapman*-Reaktionen sind verantwortlich für die meisten, aber nicht alle, Ozonreaktionen in der Stratosphäre – dazu aber später mehr.

Weitere wichtige Ozonreaktionen, die alle auf dem allgemeinen katalytischen Zyklus basieren, sind

$$X + O_3 \rightarrow XO + O_2$$
$$\underline{XO + O \rightarrow O_2 + X}$$
$$O + O_3 \rightarrow 2O_2 \quad \text{(Nettoreaktion)}$$

Beachten Sie, dass die dritte Reaktion die Summe der ersten beiden Reaktionen ist und dass X in dieser Gesamtreaktion nicht erscheint. Daher ist X ein Katalysator für diese Reaktion. Es gibt drei wichtige katalytische Zyklen in der Atmosphäre. Diese sind (a) der NO/NO_2-Zyklus, (b) der OH/HO_2-Zyklus und (c) der Cl/OCl-Zyklus.

3.5.2
Der NO/NO_2-Zyklus

Eine Quelle von NO ist die Reaktion von N_2O mit angeregten Sauerstoffatomen in der Stratosphäre:

$$N_2O + O \rightarrow NO$$

Distickstoffoxid (N_2O, Stickoxydul oder auch Lachgas) hat natürliche Quellen, wie z. B. Emissionen aus Sümpfen und anderen sauerstofffreien („anoxischen")

---

[4] Sydney Chapman (1888–1972), englischer Physiker.

Gewässern und Böden. Die Sauerstoffatome in dieser Reaktion entstehen durch die Fotolyse von O_2 in der Stratosphäre oder oberen Troposphäre. Eine weitere Quelle von NO ist die thermische Reaktion zwischen N_2 und O_2:

$$N_2 + O_2 \rightarrow 2\,NO$$

Diese Reaktion erfordert sehr hohe Temperaturen und tritt meist in Verbrennungsprozessen wie z. B. Kraftwerken, Automotoren und Strahltriebwerken auf. Eine weitere wichtige, natürliche NO-Quelle sind Blitzentladungen während eines Gewitters.

Sobald sich NO gebildet hat, wird es in der Atmosphäre durch Reaktion mit Ozon zu NO_2 oxidiert. Die folgenden gekoppelten Reaktionen führen zu einem Ozonabbau:

$$\begin{array}{l} NO + O_3 \rightarrow NO_2 + O_2 \\ \underline{NO_2 + O \rightarrow O_2 + NO} \\ \quad O + O_3 \rightarrow 2\,O_2 \quad \text{(Nettoreaktion)} \end{array}$$

Das Nettoergebnis der Reaktionen ist der Verlust von Ozon. Diese Reaktionen sind einer der Gründe, warum wir nicht über eine Flotte von Überschallflugzeugen NO in die untere Stratosphäre eintragen sollten.

3.5.3
Der OH/OOH-Zyklus

Es gibt mehrere Möglichkeiten, OH in der Stratosphäre zu bilden. Eine Möglichkeit ist die Umsetzung von Methan mit atomaren Sauerstoff:

$$CH_4 + O \rightarrow OH + CH_3$$

Große Mengen Methan in der Atmosphäre stammen aus natürlichen Quellen, wie anoxischen Gewässern und Böden, dem Nassreisanbau und von Rindern, die in großen Mengen Methan bei der Fermentierung von Zellulose in ihrem Verdauungsapparat bilden. Einmal gebildet, reagiert OH mit Ozon zu einem Hydroperoxyradikal, HO_2, das wiederum durch Reaktion mit atomarem Sauerstoff abgebaut wird:

$$\begin{array}{l} OH + O_3 \rightarrow HO_2 + O_2 \\ \underline{HO_2 + O \rightarrow OH + O_2} \\ \quad O + O_3 \rightarrow 2O_2 \quad \text{(Nettoreaktion)} \end{array}$$

Das Nettoergebnis der Reaktionen ist auch hier der Verlust von Ozon.

3.5.4
Der Cl/OCl-Zyklus

Dieser katalytische Zyklus benötigt zum Starten atomares Chlor. Chloratome reagieren mit Ozon zu ClO, das wiederum durch Reaktion mit atomarem Sauerstoff zu einem Nettoverlust von Ozon führt:

$$Cl + O_3 \rightarrow ClO + O_2$$
$$\underline{ClO + O \rightarrow Cl + O_2}$$
$$O + O_3 \rightarrow 2O_2 \quad \text{(Nettoreaktion)}$$

Die Bedeutung dieses Prozesses wurde erst Mitte der 1970er-Jahre erfasst, als erkannt wurde, dass Cl-Atome beim fotochemischen Abbau von Fluorchlorkohlenwasserstoffen (FCKW) in der Stratosphäre gebildet wurde. Diese Substanzen wurden zu der Zeit sehr weit verbreitet als Kältemittel und für andere Anwendungen eingesetzt, für die ein Inertgas notwendig war. Diese Erkenntnis und die damit verbundenen Folgen für die Ozonschicht in der Stratosphäre führten zur Verleihung des Nobelpreises für Chemie im Jahr 1995 an Mario Molina, F. Sherwood Rowland und Paul Crutzen.[5]

Lassen Sie uns für einen Moment abschweifen und uns mit der Geschichte der FCKW beschäftigen. Kältemittel sind Gase, die verdichtet und expandiert werden können und auf diese Weise Wärme von einem Ort zum anderen transportieren. Beispielsweise verwendet ein Kühlschrank ein Gas und einen Kompressor, um Wärme aus dem Inneren der Kühlbox nach außen zu transportieren. In der ersten Hälfte des letzten Jahrhunderts wurden Gase wie NH_3 und SO_2 als Kältemittel verwendet. Leider sind diese Gase giftig und reaktiv. Undichtigkeiten in Kühlschränken führten zu Todesfällen. Im Jahre 1935 erfand DuPont Freon 11 (CCl_3F) und Freon 12 (CCl_2F_2). Diese Verbindungen erwiesen sich als fast perfekte Kältemittel. Die Freone sind chemisch stabil, nicht brennbar und ungiftig. Schließlich lag die jährliche weltweite Produktion dieser Verbindungen bei etwa 10^9 kg. In den 1970er-Jahren wurde festgestellt, dass die FCKW extrem stabil sind und keine Senken in der Troposphäre haben. Sie sind weder wasserlöslich noch reagieren sie mit OH-Radikalen oder anderen Substanzen. Aufgrund dieser Eigenschaften ergaben sich für diese Verbindungen in der Troposphäre Verweilzeiten in der Größenordnung von 100 Jahren.

Im Jahr 1974 schlugen Molina und Rowland [3] als einzige Senke dieser Verbindungen den Transport in die Stratosphäre vor. Dort können die FCKW mit kurzwelligem UV-Licht fotolysieren und Chloratome bilden, die dann mit Ozon reagieren. Zum Beispiel wird Freon 12 in der Stratosphäre fotolysieren und Chloratome erzeugen:

$$CCl_2F_2 + h\nu \rightarrow CF_2Cl + Cl \quad (\lambda < 250 \text{ nm})$$

Die Cl-Atome aus diesen Reaktionen treten dann in den bereits vorher angeführten Zyklus ein oder bilden ein Dimer, das dann auch fotolysieren und Cl-Atome bilden kann:

$$ClO + ClO + M \rightarrow ClOOCl + M^*$$
$$ClOOCl + h\nu \rightarrow Cl + ClOO \quad (\lambda < 450 \text{ nm})$$
$$ClOO + M \rightarrow Cl + O_2 + M^*$$

---

[5] Mario Molina (1943–), mexikanischer Chemiker; F. Sherwood Rowland (1927–2012), US-amerikanischer Chemiker; Paul Crutzen (1933–), niederländischer Meteorologe.

Dies ist ein besonders wichtiger Mechanismus im antarktischen Frühjahr, wenn geringe UV-Lichtintensität die Bildung von Sauerstoffatomen verhindert.

Die atmosphärischen Konzentrationen der FCKW stiegen schnell an. Sie verdoppelten sich etwa alle zehn Jahre. Ab den frühen 1980er-Jahren waren viele Menschen besorgt über den möglichen Effekt von FCKW auf das stratosphärische Ozon, aber ebenso viele waren nicht unbedingt überzeugt, dass dieser Effekt wirklich in der Atmosphäre wichtig sein würde. Trotzdem wurde in den späten 1970er-Jahren die Verwendung von FCKW eingeschränkt (z. B. als Treibgas in Spraydosen). Den endgültigen Beweis für den anthropogenen Ozonabbau in der Stratosphäre lieferte die Entdeckung des Ozonlochs über der Antarktis im Jahr 1985. Das Ozonloch über der Antarktis wuchs jeden Winter (etwa im September in der Antarktis) und verschwand dann in jedem Frühjahr. Seit der Entdeckung des Ozonlochs nahm die Menge des zerstörten Ozons und die Größe des Ozonlochs in der Regel jedes Jahr zu.

Warum trat das Ozonloch in der Antarktis auf? Ein Grund dafür ist, dass die südliche polare Atmosphäre im Winter im Vergleich zur Arktis viel stabiler ist und somit nur eine langsame Einmischung von Luft aus der südlichen Hemisphäre erfolgt. Als Folge davon wird die Ozonkonzentration während des polaren Winters nicht durch ozonreiche Luft aus den gemäßigten Breiten aufgefüllt. Der wichtigste Grund ist jedoch eine Reihe chemischer Reaktionen, die auf der Oberfläche luftgetragener Eispartikel in der Dunkelheit auftreten. Um dies zu erklären, müssen wir wieder ein wenig ausholen.

Ohne Eintrag von Chlor in die Stratosphäre würde letztlich das gesamte stratosphärische Chlor desaktiviert. Das heißt, es läge nicht als Cl_2, Cl oder ClO, sondern in Form des inaktiven HCl und $ClONO_2$ (Chlornitrat) vor:

$$Cl + CH_4 \rightarrow HCl + CH_3$$
$$ClO + NO_2 + M \rightarrow ClONO_2 + M^*$$

Diese Substanzen bilden die temporären Chlorreservoirs. Während der wenigen relativ warmen antarktischen Monate, sind HCl und $ClONO_2$ in der antarktischen Stratosphäre in der Gasphase, kondensieren dagegen aber in kalten Monaten an festen Phasen, z. B. Eispartikeln. In den folgenden Reaktionen symbolisieren (f) und (g) die feste Phase bzw. die Gasphase.

Wenn es ab etwa Juni kalt wird in der Antarktis, bilden sich kleine Eiskristalle in der antarktischen Stratosphäre, die polare stratosphärische Wolken oder PSCs genannt werden. HCl kondensiert auf diesen Eisoberflächen. Dort reagiert dann oberflächenkatalysiert HCl(f) mit $ClONO_2$(g):

$$HCl(f) + ClONO_2(g) \rightarrow Cl_2(g) + HNO_3(f)$$

Diese Reaktion erzeugt Cl_2, das aktive Cl-Atome bildet, sobald genügend Photonen zur Verfügung stehen:

$$Cl_2(g) + h\nu \rightarrow 2Cl \quad (\lambda < 450\,nm)$$

Dies geschieht dann im September und Oktober, also im antarktischen Frühjahr. Die Cl-Atome zerstören katalytisch Ozon, was zum schnellen Verlust von

Ozon und zur Bildung des Ozonlochs führt, das wir dann beobachten. Im Verlauf des Frühjahrs erwärmt sich die antarktische Stratosphäre, die PSCs schmelzen, Cl in der Gasphase wird inaktiviert und das Ozonloch verschwindet langsam wieder.

Der Gesamtverlust von Ozon aus der Stratosphäre beträgt gegenwärtig etwa 30 % und die stratosphärische Cl-Konzentration steigt weiter. Kleinere Ozonverluste werden auch in äquatorialen Regionen beobachtet. Die Frage FCKW und Ozonloch ist jetzt klar beantwortet: Fluorchlorkohlenwasserstoffe verursachen den beobachteten Ozonabbau. Als Konsequenz dieser Erkenntnis hat die Industrie – zumindest in der entwickelten Welt – weitgehend die Herstellung und den Vertrieb dieser Verbindungen eingestellt. Zum Beispiel stieg DuPont im Jahr 1988 komplett aus dem FCKW-Geschäft aus. Das Montrealer Protokoll schränkt jetzt die Herstellung und den Vertrieb von FCKW auf der gesamten Welt ein. Dieses Protokoll wurde zweimal verschärft und forderte ein komplettes weltweites Verbot dieser Verbindungen bis 1996. Partiell hydrierte FCKW, wie $CHCl_2F$, die in der Troposphäre abgebaut werden können, ersetzen die alten FCKW. Aber auch diese Verbindungen sollen zumindest in den USA bis zum Jahr 2020 verboten werden.

3.5.5
Die Kinetik der *Chapman*-Reaktionen

Die *Chapman*-Reaktionen lauten:

$$O_2 + h\nu \rightarrow 2O \qquad k_1 = 10^{-11,00}\,s^{-1}$$

$$O + O_2 + M \rightarrow O_3 + M^* \qquad k_2 = 10^{-32,97}\,cm^6\,Molekül^{-2}\,s^{-1}$$

$$O_3 + h\nu \rightarrow O_2 + O \qquad k_3 = 10^{-3,00}\,s^{-1}$$

$$O + O_3 \rightarrow 2O_2 \qquad k_4 = 10^{-14,94}\,cm^3\,Molekül^{-1}\,s^{-1}$$

Beachten Sie, dass für diese Reaktion die Geschwindigkeitskonstanten für eine Höhe von 30 km angegeben sind, wobei $T = 233\,K$ und $p = 0,015\,atm$ sind. Natürlich variieren diese Geschwindigkeitskonstanten als Funktion von Temperatur und Luftdruck. Wir stellen uns nun folgende Frage:

Wie hoch ist die Ozonkonzentration in 30 km Höhe?

Ansatz: Wir nehmen an, dass die Stratosphäre der Erde ein homogen durchmischter Reaktor ist, in dem die Umsätze von O_2, O, O_3 durch die vier *Chapman*-Reaktionen beschrieben werden. Die Konzentration von M (N_2 und O_2) ist so groß, dass diese praktisch konstant ist. Zur Lösung des Problems stellen wir zunächst die Gleichungen für die quasistationären Konzentrationen von O und O_3 auf. Mit anderen Worten, wir stellen die Gleichungen für die Bildungsgeschwindigkeiten von O und O_3 auf und setzen diese dann gleich null. Mit diesen zwei Ausdrücken berechnen wir dann den Wert des O_3/O_2-Verhältnisses in 30 km Höhe und daraus dann $[O_3]$.

Es kann gezeigt werden (siehe Problem 5), dass in 30 km Höhe $[O_2] = 10^{17,00}$ Moleküle cm^{-3} und daher $[M] = 10^{17,00}/0{,}21 = 10^{17,68}$ Moleküle cm^{-3} ist. Ausgehend von den vier *Chapman*-Reaktionen können wir für die Bildung von O_3 und O schreiben:

$$\frac{d[O_3]}{dt} = k_2[O_2][O][M] - k_3[O_3] - k_4[O][O_3]$$

$$\frac{d[O]}{dt} = 2k_1[O_2] + k_3[O_3] - k_2[O_2][O][M] - k_4[O][O_3]$$

Da wir die Konzentrationen von O_3 und O in der Atmosphäre als quasistationär annehmen, d. h., sie sind zeitlich konstant, können wir nun die beiden Gleichungen gleich null setzen (siehe auch *Quasistationaritätsprinzip*). Nun haben wir zwei Gleichungen mit den zwei Unbekannten O und O_3. Der einfachste Weg, um diese Gleichungen zu lösen, ist die zweite von der ersten zu subtrahieren und man erhält:

$$-2k_1[O_2] + 2k_2[O_2][O][M] - 2k_3[O_3] = 0$$

Nun gehen wir davon aus, dass $k_1[O_2] \ll k_3[O_3]$, oder mit anderen Worten, dass:

$$\frac{k_1}{k_3} \ll \frac{[O_3]}{[O_2]}$$

Diese Annahme ist plausibel, da k_1/k_3 etwa 10^{-8} ist. Wir werden dies aber später noch überprüfen. Die obige Gleichung vereinfacht sich dann zu:

$$k_2[O_2][O][M] = k_3[O_3]$$

Somit wird

$$[O] = \frac{k_3[O_3]}{k_2[O_2][M]}$$

Diese Gleichung setzen wir nun in die beiden stationären Gleichungen für die Bildung von O_3 und O ein und erhalten:

$$2k_1[O_2] - 2k_4[O][O_3] = 0$$

In dieser Gleichung ersetzen wir nun den Ausdruck für $[O]$ durch den, den wir gerade oben abgeleitet haben und erhalten:

$$2k_1[O] - \frac{2k_3k_4[O_3]^2}{k_2[O_2][M]} = 0$$

Durch Umstellen erhält man dann:

$$\frac{[O_3]^2}{[O_2]^2} = \frac{k_1k_2[M]}{k_3k_4}$$

Somit wird [O$_3$]:

$$[O_3] = \left(\frac{k_1 k_2 [M]}{k_3 k_4}\right)^{1/2} [O_2]$$

$$[O_3] = \left(\frac{10^{-11,00} 10^{-32,97} 10^{17,68}}{10^{-3,00} 10^{-14,97}}\right)^{0,5} 10^{17,00}$$

$$[O_3] = 10^{12,84} \approx 10^{13} \text{ Moleküle cm}^{-3}$$

Jetzt wäre ein guter Zeitpunkt, um zu überprüfen, ob das Ergebnis dieser Berechnung korrekt ist und insbesondere, dass die Annahme $k_1/k_3 \ll [O_3]/[O_2]$ akzeptabel ist.

Das Problem bei diesem erzielten Ergebnis ist, dass es falsch ist. Die Ozonkonzentration ist ein wenig zu hoch. Dies liegt daran, dass wir wichtige Ozonverlustprozesse, der wichtigste dabei ist der NO/NO$_2$-Zyklus, vernachlässigt haben. Wir fügen diese beiden Reaktionen, deren Geschwindigkeitskonstanten in 30 km Höhe und die mittlere NO$_2$-Konzentration in dieser Höhe ein und berechnen dann einen überarbeiteten Wert von [O$_3$]:

$$\text{NO} + \text{O}_3 \rightarrow \text{NO}_2 + \text{O}_2 \quad k_5 = 10^{-14,31}$$
$$\text{NO}_2 + \text{O} \rightarrow \text{NO} + \text{O}_2 \quad k_6 = 10^{-10,96}$$

Jetzt benötigen wir drei stationären Gleichungen, eine für O$_3$, eine für O und eine für NO$_2$:

$$\frac{d[O_3]}{dt} = k_2[O_2][O][M] - k_3[O_3] - k_4[O][O_3] - k_5[NO][O_3]$$

$$\frac{d[O]}{dt} = 2k_1[O_2] + k_3[O_3] - k_2[O_2][O][M] - k_4[O][O_3] - k_6[NO_2][O]$$

$$\frac{d[NO_2]}{dt} = k_5[NO][O_3] - k_6[NO_2][O]$$

Diese drei Gleichungen setzen wir wegen der Steady-State-Annahme gleich null. Dann zieht man die zweite von der ersten Gleichung ab und fügt das Ergebnis in die dritte Gleichung ein. Wenn wir die Annahme machen, dass $k_1[O_2]$ sehr klein ist, erhalten wir für [O]:

$$[O] = \frac{k_3[O_3]}{k_2[O_2][M]}$$

Setzen wir nun alle drei Gleichungen gleich null und addieren sie, so erhalten wir

$$2k_1[O_2] - 2k_4[O][O_3] - 2k_6[NO_2][O] = 0$$

Kürzen des Faktors 2 und Einsetzen des obigen Ausdrucks von [O] ergibt schließlich:

$$k_1[O_2] = \frac{k_3 k_4 [O_3]^2}{k_2[O_2][M]} + \frac{k_3 k_6 [O_3][NO_2]}{k_2[O_2][M]}$$

Das Mischungsverhältnis von NO_2 in 30 km Höhe beträgt etwa 7 ppb bzw. eine NO_2-Dichte von $10^{9,53}$ cm^{-3}. Setzt man dies zusammen mit den Geschwindigkeitskonstanten in die obige Gleichung ein, so erhält man:

$$10^{-11,00}10^{17,00} = \frac{10^{-3,00}10^{-14,94}[O_3]^2}{10^{-32,97}10^{17,00}10^{17,68}} + \frac{10^{-3,00}10^{-10,96}10^{9,53}[O_3]}{10^{-32,97}10^{17,00}10^{17,68}}$$

$$10^{6,00} = 10^{-19,65}[O_3]^2 + 10^{-6,14}[O_3]$$

Dies ist eine quadratische Gleichung in Bezug auf die Ozonkonzentration. Oft ist es in einer solchen Situation zweckmäßig, bei der Antwort zu raten und zu prüfen, ob einer der drei Terme gelöscht werden kann, da er klein ist im Vergleich zu den anderen. Wir wissen bereits, dass die richtige Ozonkonzentration niedriger als 10^{13} Moleküle cm^{-3} ist. Nun nehmen wir einfach an, dass die Ozonkonzentration 10^{12} Moleküle cm^{-3} ist. Mit diesem Wert werden die drei Terme in der quadratischen Gleichung

$$10^6 = 10^{4,3} + 10^{5,9}$$

Somit ist der erste Term auf der rechten Seite um den Faktor 40 kleiner als die beiden anderen Terme. Wenn wir also diesen Term vernachlässigen, erhalten wir:

$$[O_3] = \frac{k_1 k_2 [O_2]^2 [M]}{k_3 k_6 [NO_2]} = \frac{10^{-11,00}10^{-32,97}10^{34,00}10^{17,68}}{10^{-3,00}10^{-10,96}10^{9,53}}$$

$$= 10^{12,14} = 1,4 \times 10^{12} \text{ Moleküle cm}^{-3}$$

Dieses Ergebnis stimmt recht gut mit unserer Annahme überein und somit war die Vernachlässigung des Terms gerechtfertigt.

Wir sollten das Ergebnis allerdings nicht zu genau nehmen. Tatsächlich ist die Ozonkonzentration in der Stratosphäre sehr variabel, je nach Lichteinfall und Ort. Nichtsdestotrotz zeigen unsere Berechnungen die Notwendigkeit der Einbeziehung der NO_x-Reaktionen in jede Berechnung der stratosphärischen Ozonkonzentration. Die Vorgehensweise zeigt aber auch die Stärke der kinetischen Modellierung. Wenn man den Mechanismus der beteiligten Reaktionen und deren Geschwindigkeitskonstanten (vorzugsweise als Funktion der Temperatur) kennt, kann man erstaunlichste Dinge herausfinden.

3.6
Smog

Der Begriff Smog ist ein Kunstwort aus den englischen Worten Smoke (Rauch) und Fog (Nebel). Es gibt zwei Arten von Smog:

a) Sogenannter reduzierender Smog wird weitgehend verursacht durch SO_2 und luftgetragene Partikel. Dieser Smog herrschte in London insbesondere in den 1950er-Jahren. Dieser Smog ist weitgehend aufgrund verschärfter Abgasvorschriften verschwunden.

b) Oxidierender Smog wird auch als fotochemischer Smog bezeichnet. Dessen Mechanismus wurde in Los Angeles in den späten 1940er- und frühen 1950er-Jahren dank der Arbeiten von Arie Haagen-Smit[6] und anderer aufgeklärt. Abgesehen davon, dass Fotosmog ein großes Problem in Los Angeles ist, tritt fotochemischer Smog inzwischen in vielen anderen Städten auf der ganzen Welt (z. B. Tokio, Paris, Mexiko-Stadt, Peking und anderen) auf. Beide Smogarten verursachen Augenirritationen und Schädigungen der Lunge aufgrund des „schlechten Ozons" und der Partikel, die gebildet werden. Smog kann aber auch schwerwiegende Auswirkungen auf die Landwirtschaft haben. Wir konzentrieren uns hier nur auf fotochemischen Smog.

Um fotochemischen Smog zu bilden, müssen vier Dinge gegeben sein:

1. warme Luft (wärmer als etwa 290 K bzw. 17 °C),
2. viel intensive Sonneneinstrahlung ($h\nu$),
3. viele Kohlenwasserstoffe und NO_x, was normalerweise viele Autos und Lastwagen bedeutet und
4. stabile Luftmassen, z. B. eine Stadt, die von Bergen umgeben ist.

In Los Angeles und vielen anderen großen Ballungsgebieten sind diese Bedingungen heutzutage bestens erfüllt.

Die fotochemische Produktion von Ozon in der Troposphäre erfolgt tagsüber aus der Fotolyse von Stickstoffdioxid (NO_2) unter der Bildung von Sauerstoffatomen (O):

$$NO_2 + h\nu \rightarrow NO + O \quad (\lambda < 420\,nm) \tag{3.1}$$

In der Troposphäre reagieren die Sauerstoffatome schnell mit Sauerstoffmolekülen (O_2) und der Bildung von Ozon (O_3):

$$O + O_2 \rightarrow O_3 \tag{3.2}$$

Diese Reaktion ist eine wichtige Quelle von Ozon in der Troposphäre und wurde von Francis Blacet[7] 1952 entdeckt. Ozon kann auch mit Stickstoffmonoxid (NO) unter Bildung von NO_2 reagieren:

$$O_3 + NO \rightarrow NO_2 + O_2 \tag{3.3}$$

Diese drei Reaktionen führen zu einem schnellen Zyklus, in dem Ozon durch die Reaktionen (3.1) und (3.2) erzeugt, aber durch Reaktion (3.3) zerstört wird. Als Folge dieser Reaktionen erreicht man am Tag schnell eine quasistationäre Ozonkonzentration, ohne Nettoproduktion von Ozon. Doch wie kommt es in verschmutzter Luft zu einer Zunahme der Ozonkonzentration, wenn Ozon genau so verbraucht wie gebildet wird? Wir werden später sehen, dass es andere Reaktionen gibt, die NO in NO_2 umwandeln, ohne Ozon zu zerstören.

Es gibt mehrere Reaktionsschritte, um Smog am Tage zu bilden, vgl. Abb. 3.4. Lassen Sie uns nun jeden dieser Schritte im Detail besprechen.

---

6) Arie J. Haagen-Smit (1900–1977), niederländischer Chemiker.
7) Francis E. Blacet (1899–1990), US-amerikanischer Chemiker.

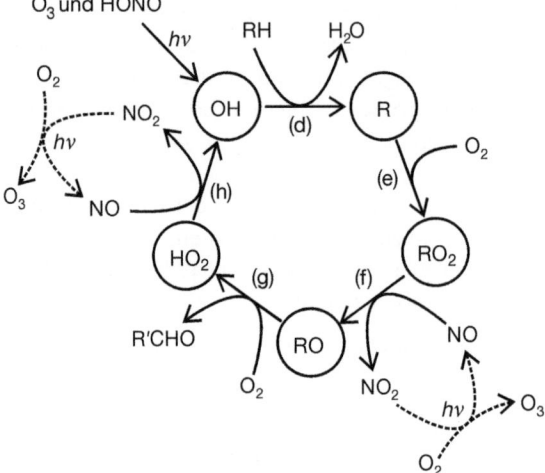

Abb. 3.4 Katalytischer Zyklus der Ozonbildung während fotochemischer Reaktionen in verschmutzter Luft. Die Kennzeichnung der Reaktionen entspricht der im Text.

Schritt 1. Autos und Lastwagen erzeugen thermisches NO:

$$N_2 + O_2 \rightarrow 2NO$$

Diese NO-Emissionen reduzieren die Steady-State-Konzentration von Ozon durch Reaktion (3.3). Allerdings emittieren Pkws und Lkws auch CO_2, CO und eine Vielzahl flüchtiger organischer Verbindungen (VOCs) als Ergebnis einer unvollständigen Verbrennung. VOCs sind Kohlenwasserstoffe mit aromatischen, aliphatischen oder ungesättigten Strukturen. Diese Emissionen reagieren mit dem OH-Radikal unter Bildung eines Alkylradikals:

$$RH + OH \rightarrow R + H_2O \tag{3.4}$$

wobei RH der Kohlenwasserstoff und R das Alkylradikal ist. Nicht alle Kohlenwasserstoffe sind gleich reaktiv. Methan und Acetylen reagieren z. B. deutlich langsamer als Toluol, Propylen, Pinen und Isopren. Letztere werden oft auch als *Nicht-Methan-Kohlenwasserstoffe* oder NMHCs bezeichnet.

Schritt 2. Die Alkylradikale aus der obigen Reaktion reagieren mit Sauerstoff zu Alkylperoxyradikalen (RO_2):

$$R + O_2 \rightarrow RO_2 \tag{3.5}$$

Schritt 3. Alkylperoxyradikale oxidieren die NO-Emissionen zu NO_2 (was Smog manchmal eine charakteristische gelbe Farbe gibt) und erzeugen Alkoxyradikale (RO). Auf diesem Weg kann NO zu NO_2 oxidieren ohne Ozon zu zerstören:

$$RO_2 + NO \rightarrow NO_2 + RO \tag{3.6}$$

Schritt 4. Alkoxyradikale reagieren leicht mit molekularem Sauerstoff zu einem Aldehyd (R'CHO) und einem Hydroperoxyradikal (HO$_2$):

$$R'CH_2O + O_2 \rightarrow R'CHO + HO_2 \qquad (3.7)$$

Schritt 5. Hydroperoxyradikale reagieren dann mit NO zu OH-und NO$_2$-Radikalen:

$$HO_2 + NO \rightarrow NO_2 + OH \qquad (3.8)$$

Es ist wichtig zu beachten, dass die Regeneration von OH in diesem letzten Schritt bedeutet, dass der Zyklus katalytisch gegenüber OH-Radikalen ist. Das heißt, dass ein OH-Radikal zu Beginn des Zyklus verbraucht und ein OH-Radikal im Prozess neu gebildet wird. Darüber hinaus wird NO wieder in NO$_2$ umgewandelt, das dann wieder fotolysiert und über die Reaktionen (3.1) und (3.2) Ozon bildet. Insgesamt werden für jedes Kohlenwasserstoffmolekül, das reagiert, zwei Moleküle Ozon gebildet, nämlich eins aus der Reaktion (3.6) und eins aus der Reaktion (3.8), siehe Abb. 3.4.

Offensichtlich ist die Umwandlung der NO-Emissionen von Pkw und Lkw zu NO$_2$ durch die Reaktionen von VOCs und der resultierenden Erhöhung der Ozonkonzentration während des Tages besonders effektiv. Weitere Produkte aus Reaktionen von NO$_2$ und VOCs sind Aldehyde (z. B. CH$_3$CHO) und Peroxyacetylnitrat (PAN). Ein typischer VOC ist Ethan (HC$_3$CH$_3$), das wie folgt reagiert:

$$CH_3CH_3 + OH\ (+O_2) \rightarrow CH_3CH_2O_2 + H_2O$$
$$CH_3CH_2O_2 + NO\ (+O_2) \rightarrow CH_3CHO + HO_2 + NO_2$$
$$OH + CH_3CHO \rightarrow CH_3CO + H_2O$$
$$CH_3CO + O_2 \rightarrow CH_3C(O)OO$$
$$CH_3C(O)OO + NO_2 \rightarrow CH_3C(O)OONO_2$$

Das letzte Produkt CH$_3$C(O)OONO$_2$ ist PAN, das die Augen reizt und folgende Struktur hat:

$$\underset{H_3C}{}\overset{O}{\underset{\|}{C}}-O-O-NO_2$$

Zur Lösung des Smogproblems in Städten könnte man einfach die NO$_x$- und VOC-Emissionen reduzieren. Dies wäre durch eine Reduktion der Zahl der Pkw und Lkw zu erreichen, was aber politisch in den Industrieländern nicht durchsetzbar ist. Alternativ können stattdessen die Emissionen jedes Fahrzeugs reduziert werden. Dies ist jedoch nicht so einfach wie es zunächst scheint. Tatsächlich muss aber, um eine wirksame Politik gegen Smog zu entwickeln, die komplexe Beziehung zwischen VOC, NO$_x$ und Ozon verstanden werden. Dazu benutzt man am besten die sogenannten Ozonisoplethen, die in der Abb. 3.5 dargestellt sind. Ozonisoplethen sind Konturlinien ähnlich wie in topografischen Karten. Es wird [O$_3$] als Funktion von [NO$_x$] und [VOC] quasi dreidimensional dargestellt.

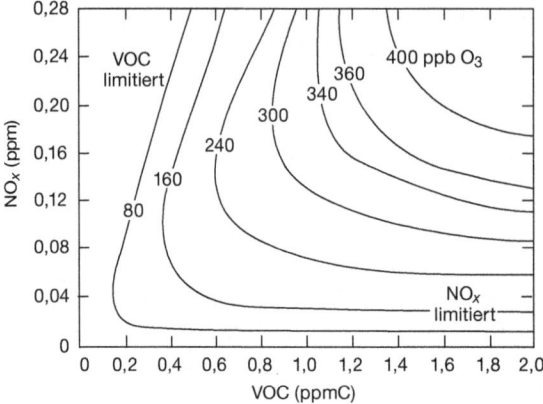

Abb. 3.5 Ozonisoplethen zur Verdeutlichung der Abhängigkeit zwischen Ozon, VOC und NO_x, nach Finlayson-Pitts und Pitts [1].

Dies ist eine sehr hilfreiche Methode, wenn man verstehen will, welche Strategie – Reduktion der VOC- oder NO_x-Emissionen – effektiv anzuwenden ist, um die Ozonkonzentration zur verringern. Bei großen VOC/NO_x-Verhältnissen (siehe die untere rechte Ecke der Abb. 3.5)[8] ist eine Reduktion der VOC-Emissionen nicht zielführend, um eine Abnahme der Ozonkonzentration zu erreichen. In diesem Fall ergibt eine NO_x-Reduktion die besten Ergebnisse.

Stellen wir uns im Zusammenhang mit Smogkontrolle nun die folgende Frage:

In einer verschmutzten Megacity[9] wurden NO_x- und VOC-Mischungsverhältnisse von 240 ppb bzw. 700 ppbC gemessen. (Beachten Sie, dass sich ppbC auf ein Kohlenstoffatom als Basis bezieht. Somit ist z. B. 1 ppb von Propan übersetzt 3 ppbC.) Was ist die beste Vorgehensweise, um die Ozonkonzentration in dieser Stadt zu senken?

Ansatz: Mit den Isoplethen in der Abb. 3.5 erkennt man, dass die gemessenen NO_x- und VOC-Konzentrationen in dieser Stadt im Bereich der VOC-Limitierung liegen. Eine alleinige Abnahme der NO_x-Konzentration bis etwa 160 ppb kann sogar zu einer Zunahme der Ozonkonzentration führen. Erst wenn die NO_x-Konzentration unter 80 ppb sinkt, nimmt auch die Ozonkonzentration ab. Eine viel effektivere und finanziell attraktive Lösung ist dagegen, die VOC-Emissionen zu reduzieren. In Städten wie Los Angeles, die „VOC-limitiert" sind, ist die Reduktion der VOC-Emissionen eine wichtige Strategie zur Verringerung der Ozonbelastung. Wege zur Reduzierung der VOC-Emissionen sind der Bau sauberer Motoren, sauberere Kraftstoffe, die Installation von Schwadenfängern an Tankstellen und die Durchsetzung strenger Abgasnormen für Fahrzeuge.

---

8) Diese Situation wird als „NO_x-limitiert" bezeichnet, da die Menge des Ozons die gebildet wird durch die Zufuhr von NO_x begrenzt ist.
9) Nach Definition der Vereinten Nationen ist eine Megacity eine Stadt mit mehr als zehn Mio. Einwohnern.

Glücklicherweise hat die Automobilindustrie in den vergangenen Jahren erhebliche Emissionsminderungen bei vielen Fahrzeugen erreicht. Zum Beispiel hat die Emissionsrate von Kohlenwasserstoffen von etwa 5,6 g VOC/km im Jahr 1968 auf deutlich unter 0,25 g/km im Jahr 2010 abgenommen. In Los Angeles hat dies zu einer 83 %igen Reduktion der NO_x-Konzentrationen und zu einer 75 %igen Abnahme der jährlichen Ozonspitzenwerte seit den 1960er-Jahren geführt. Bemerkenswert ist, dass diese Reduktion erreicht wurde, obwohl die Anzahl der zugelassenen Fahrzeuge um 170 % gestiegen ist! Diese Reduktionen sind weitgehend auf die Einführung eines dreistufigen Katalysators in Fahrzeugen zurückzuführen. Die erste Stufe verwendet Rhodium um NO zu N_2 zu reduzieren, und die zweite und dritte Stufe verwenden Platin und/oder Palladium, um CO und Kohlenwasserstoffe zu CO_2 zu oxidieren.

Die Erfolge bei der Luftreinhaltung in Europa und Nordamerika zeigen, wie wichtig es ist, die grundlegenden chemischen Reaktionen eines Umweltproblems zu verstehen, um dann wirksame Maßnahmen zu entwickeln, die letztlich unsere Lebensqualität verbessern.

3.7
Übungsaufgaben

3.1 Wie groß ist die Energie eines Mols Photonen mit einer Wellenlänge von 450 nm? Vergleichen Sie das Ergebnis mit dem für Infrarotlicht mit einer Wellenlänge von 3 µm und für UV-Licht bei 250 nm.

3.2 Die Bindungsstärken (Dissoziationsenergien) von F–CF_2–Cl, CH_3O–NO, NO_2–HO, Cl–Cl und H–$CH_2CH_2CH_3$ sind 490, 175, 207, 243 und 420 kJ mol^{-1} (Beachten Sie die in den Formeln gezeigten Bindungen).

a) Berechnen Sie die minimale Wellenlänge des Lichts (in nm) die erforderlich ist, um diese Bindungen zu brechen?
b) Entscheiden Sie mithilfe der Abb. 3.1 und 3.3, in welchem Teil der Atmosphäre (z. B. Stratosphäre, Troposphäre etc.) die Fotolyse dieser Substanzen am ehesten auftreten wird?

3.3 Stickstoffdioxid (NO_2) steht im Gleichgewicht mit seinem Dimer (N_2O_4):

$$2NO_2 \rightleftharpoons N_2O_4$$

Die Gleichgewichtskonstante dieser Reaktion ist

$$K_{eq} = \frac{P_{N_2O_4}}{(P_{NO_2})^2}$$

und hat bei 298 K den Wert von $6{,}15 \times 10^{-6}$ ppm^{-1}. In einer Abgasfahne eines Kraftwerks hat man ein NO_2/N_2O_4-Mischungsverhältnis von 3000 ppm gemessen. Wie groß ist das tatsächliche NO_2-Mischungsverhältnis in der Abgasfahne unter der Annahme einer Temperatur von 298 K?

3.4 Wasserstoffperoxid (HOOH) ist das Produkt aus der Kombination von zwei HO_2 Radikalen in der Atmosphäre: $HO_2 + HO_2 \rightarrow HOOH + O_2$. Berechnen Sie die Lebensdauer von HOOH mittags am Boden und an einem wolkenlosen Tag mithilfe der folgenden Daten:

Wellenlänge (nm)	Φ (Moleküle Photon^{-1})	a (cm^2 Molekül^{-1})	$F(\lambda)$ (Photonen cm^{-2} s^{-1})
290–295	1,0	$1,0 \times 10^{-20}$	$1,0 \times 10^{12}$
295–300	1,0	$0,8 \times 10^{-20}$	$8,0 \times 10^{12}$
300–305	1,0	$0,6 \times 10^{-20}$	$5,0 \times 10^{13}$
305–310	1,0	$0,4 \times 10^{-20}$	$1,5 \times 10^{14}$
310–315	1,0	$0,3 \times 10^{-20}$	$3,0 \times 10^{14}$
315–320	1,0	$0,2 \times 10^{-20}$	$5,0 \times 10^{14}$

3.5 Atmosphärenchemiker lieben es, die Konzentration von Gasen als *Teilchenzahldichte* in der Einheit *Moleküle pro Kubikzentimeter* anzugeben. Bitte berechnen Sie die Teilchenzahldichte von Sauerstoff in der Erdatmosphäre auf Meereshöhe (1 atm und 15 °C) und in einer Höhe von 30 km (0,015 atm und −40 °C).

3.6 Die mittlere atmosphärische Konzentration von 2,4,4′-Trichlor-Biphenyl (a-PCB) beträgt 1,9 pg/m^3 und die Geschwindigkeitskonstante zweiter Ordnung für die Reaktion mit OH-Radikalen ist $1,1 \times 10^{-12}$ Moleküle cm^{-3} s^{-1} [4]. Wie groß ist die Verweilzeit des a-PCB in der Atmosphäre aufgrund dieser Reaktion? Für die Berechnung geht man von einer atmosphärische OH-Konzentration von $9,4 \times 10^5$ Molekülen cm^{-3} und einem Molekulargewicht des PCB von 256 g mol^{-1}.

3.7 Im Dunkeln dissoziiert Distickstoffpentoxid zu Stickstoffdioxid und einem Nitratradikal:

$$N_2O_5 \rightarrow NO_2 + NO_3$$

Bei 25 °C beträgt die Geschwindigkeitskonstante dieser Reaktion 0,0314 s^{-1}. Wie groß ist die Halbwertszeit für den N_2O_5-Zerfall? Wie lange würde es dauern, bis die Konzentration von N_2O_5 um den Faktor 5 abgenommen hat?

3.8 Feldmessungen zeigen, dass es am Tag in der Atmosphäre eine bislang unbekannte Quelle für HONO gibt. Dies ist durchaus bemerkenswert, da HONO schnell im Sonnenlicht fotolysiert. Wie groß ist diese HONO-Quelle (in ppb h^{-1}), wenn mittags die stationäre HONO-Konzentration von 1,2 ppb gemessen wurde? Verwenden Sie zur Berechnung die folgenden Daten:

Wellenlänge (nm)	Φ (Moleküle Photon^{-1})	a (cm^2 Molekül^{-1})	F(λ) (Photonen cm^{-2} s^{-1})
295–305	1,0	$0,3 \times 10^{-19}$	$0,2 \times 10^{14}$
305–320	1,0	$0,9 \times 10^{-19}$	$1,8 \times 10^{14}$
320–335	1,0	$2,2 \times 10^{-19}$	$4,4 \times 10^{14}$
335–350	1,0	$2,6 \times 10^{-19}$	$5,1 \times 10^{14}$
350–365	1,0	$4,7 \times 10^{-19}$	$6,0 \times 10^{14}$
365–380	1,0	$2,6 \times 10^{-19}$	$6,3 \times 10^{14}$
380–395	1,0	$1,8 \times 10^{-19}$	$7,5 \times 10^{14}$

3.9 Die *Dobson*-Einheit (DU) ist ein Maß für die Gesamtmenge von Ozon in der Atmosphäre. 1 DU entspricht einer Ozondicke von 0,01 mm bei 0 °C und 1 atm Druck. Wie groß ist die Gesamtmasse von Ozon in der Atmosphäre, wenn die durchschnittliche Ozonkonzentration 200 DU beträgt? Nehmen Sie für die Berechnung eine Temperatur von 0 °C und einen Luftdruck von 1 atm an.

3.10 Obwohl die Stratosphäre und Troposphäre voneinander getrennt sind, kann eine vertikale Durchmischung auftreten.

a) Schätzen Sie den Nettofluss von Ozon aus der Stratosphäre in der Troposphäre ab. Nehmen Sie dazu an, dass es in der Troposphäre keine Ozonbildung durch anthropogene Aktivitäten gibt. Die Verweilzeit des Ozons in der Stratosphäre, in Bezug auf Verlust in die Troposphäre beträgt 1,4 Jahre. Die Verweilzeit von Ozon in der Troposphäre in Bezug auf den Transport in die Stratosphäre beträgt 7,1 Jahre. Aus Satellitendaten findet man eine durchschnittliche globale Ozonkonzentration von 200 DU. Gehen Sie davon aus, dass sich 90 % dieses Ozons in der Stratosphäre und der Rest in der Troposphäre befinden.

b) Der mittlere globale Eintrag von Ozon in die Troposphäre durch fotochemische Luftverschmutzung aus der Verbrennung ist ~ 4000 Tg Jahr^{-1}. Vergleichen Sie diese Menge mit der Antwort zu Teil (a) dieser Frage.

3.11 Sie überwachen die Luftqualität Ihrer Stadt. Um die Mittagszeit messen Sie NO$_2$- und NO-Mischungsverhältnisse von 40 bzw. 5 ppb. Vernachlässigen Sie die Kohlenwasserstoffe und nehmen Sie an, dass die Konzentrationen von NO$_2$ und NO durch die folgenden Reaktionen bestimmt werden:

$$NO_2 + h\nu \rightarrow NO + O \tag{3.9}$$

$$O + O_2 \rightarrow O_3 \tag{3.10}$$

$$NO + O_3 \rightarrow NO_2 + O_2 \tag{3.11}$$

Hier sei k_a die Geschwindigkeitskonstante der Fotolysereaktion (3.9) zur Mittagszeit und k_c die Geschwindigkeitskonstante für die Reaktion (3.11). In diesem Fall sei $k_c = 2{,}2 \times 10^{-12} \exp(-1430/T)$ in Einheiten von cm³ Molekül^{-1} s^{-1}. Schätzen Sie die Ozon-Steady-State-Konzentration ab.

3.12 Welches Ergebnis würden Sie erhalten, wenn zusätzlich zu den Angaben in der Aufgabe 11 noch 700 ppbC VOC in der Luft wären? Nehmen Sie an, dass die Ozonisoplethen der Abb. 3.5 für Ihre Stadt gelten. Vergleichen Sie dies mit Ihrer Antwort in Aufgabe 11. Welche Maßnahmen würden Sie zur Reduzierung der O_3-Konzentration in Ihrer Stadt empfehlen?

3.13 Die Lebensdauer der OH-Radikale wird durch die Reaktion mit Spurenstoffen in der Atmosphäre bestimmt. Die häufigsten Spurengase, die mit OH reagieren sind CH_4 und CO. Die Geschwindigkeitskonstanten für die Reaktion zweiter Ordnung sind $k(CH_4) = 10^{-14{,}19}$ cm³ Moleküle^{-1} s^{-1} und $k(CO) = 10^{-12{,}82}$ cm³ Moleküle^{-1} s^{-1}. Berechnen Sie die Lebensdauer der OH-Radikale in Bezug auf diese beiden Reaktionen. Die durchschnittlichen troposphärischen Konzentrationen von CH_4 und CO sind 1,5 ppm und 90 ppb.

3.14 Sie fahren hinter einem alten Auto her und bemerken eine schwach braune Abgaswolke des Autos, die auf Sie zukommt. Bitte schätzen Sie die Konzentration von NO_2 in der Abgaswolke ab. Nehmen Sie dazu an, dass das Auge empfindlich genug ist, um eine optische Dichte von 0,06 zu erfassen.

3.15 Laut Abb. 3.4 sind OH-Radikale erforderlich, um den katalytischen Zyklus der Ozonbildung in Gang zu setzen. HONO ist häufig ein Vorläufer der OH-Radikale. Bitte skizzieren Sie in einem Diagramm den Tagesverlauf der HONO-, OH- und Ozonkonzentration. Die absoluten Größen der Konzentrationen müssen nicht genau sein. Die Abbildung sollte einen Zeitraum von 24 h abdecken.

3.16 Wie groß ist die Ozonkonzentration in 60 km Höhe? Zur Berechnung müssen Sie die Geschwindigkeitskonstanten der vier *Chapman*-Reaktionen als Funktion der Temperatur kennen:

$$k_2 = 6{,}0 \times 10^{-34} \left(\frac{T}{300}\right)^{-2{,}3}$$
$$k_4 = 8{,}0 \times 10^{-12} \exp\left(\frac{-2600}{T}\right)$$

Die Werte von k_1 und k_3 sind temperaturunabhängig. In dieser Höhe sind die Konzentrationen von NO und NO_2 so niedrig, dass sie ignoriert werden können.

3.17 Eine wichtige Reaktion für Ozonzerstörung ist:

$$Cl + O_3 \rightarrow ClO + O_2$$
$$k(T) = 2{,}9 \times 10^{-11} \exp\left(\frac{-260}{T}\right)$$

Die Geschwindigkeitskonstante für diese Reaktion ist als Funktion der Temperatur in Einheiten von cm³ Moleküle^{-1} s^{-1} gegeben. Wie groß ist die Rate der Zerstörung der Ozonschicht durch diese Reaktion in 30 km Höhe in der Nähe des Äquators, wenn die durchschnittliche Cl-Konzentration dort etwa 4×10^3 Moleküle cm^{-3} beträgt? Im antarktischen Ozonloch beträgt die Ozonkonzentration bei einer Temperatur von etwa $-80\,°C$ 2×10^{11} Moleküle cm^{-3} und die Konzentration von Cl-Atomen etwa 4×10^5 Moleküle cm^{-3}. Wie groß ist die Geschwindigkeit der Zerstörung der Ozonschicht für diese Reaktion unter diesen Bedingungen? Was schließen Sie daraus? Wie groß ist die Halbwertszeit von Ozon im antarktischen Ozonloch?

3.18 Auf Reiseflughöhe können die Ozonwerte in Flugzeugkabinen viel höher sein als in Außenluft am Boden. Während simulierter Flüge in einer Modellkabine eines Verkehrsflugzeugs mit einem Volumen von 28 m^3 und mit 16 Versuchspersonen, haben Weschler und Kollegen [5] das Verhältnis der Ozonkonzentrationen innen und außen gemessen. Das Verhältnis lässt sich beschreiben durch

$$\frac{[O_3]_{\text{inside}}}{[O_3]_{\text{outside}}} = \frac{k_{\text{ex}}}{k_{\text{ex}} + k_{\text{losses}}}$$

wobei k_{ex} die Geschwindigkeitskonstante für Luftaustausch und k_{losses} die Geschwindigkeitskonstante für den Ozonverlust durch Reaktionen an Oberflächen und der Lunge durch Atmung ist. Für $k_{\text{ex}} = 4{,}4\,\text{h}^{-1}$ fanden sie ein Ozonverhältnis von 0,33 für eine leere Kabine und von 0,15, wenn die Versuchspersonen in der Kabine waren. Bestimmen Sie mit diesen Angaben, welcher Verlustprozess wichtiger ist. Entweder der Verlust von Ozon auf Oberflächen (z. B. durch Reaktionen mit Ölen/Fetten auf der menschlichen Haut) oder der Verlust durch Atmung? Nehmen Sie zur Berechnung an, dass eine Person pro Stunde 0,48 m^3 Luft umsetzt und eingeatmetes Ozon nicht wieder ausgeatmet wird.

3.19 Atmosphärische Schwebeteilchen (Aerosole) sind wichtig wegen ihrer Auswirkungen auf die Gesundheit, die Trübung der Atmosphäre und das Klima. Während des Transports durch die Atmosphäre unterliegen organische Substanzen in Aerosolen Reaktionen mit Oxidanzien in der Gasphase an der Oberfläche der Schwebeteilchen. Um die Verfügbarkeit organischer Moleküle an der Oberfläche zu verstehen, berechnen Sie bitte den Anteil der Moleküle auf der Oberfläche von Aerosolpartikeln mit Durchmessern von 1 µm und 50 nm. Nehmen Sie dazu eine Dichte der Partikel von 1,2 g cm^{-3} an und dass sie ausschließlich aus organischen Molekülen mit einem durchschnittlichen Molekulargewicht von 300 g mol^{-1} bestehen und dass diese Moleküle ca. 20 Å lang sind.

Literatur

1 Finlayson-Pitts, B.J. und Pitts Jr., J.N. (2000) *Chemistry of the Upper and Lower Atmosphere*, Academic Press, San Diego.
2 Seinfeld, J.H. und Pandis, S.N. (2006) *Atmospheric Chemistry and Physics*, 2. Aufl., John Wiley & Sons, Inc., Hoboken.
3 Molina, M.J. und Rowland, F.S. (1974) Stratospheric sink for chlorofluorocarbons. Chlorine atom-catalyzed destruction of ozone. *Nature*, **249**, 810–812.
4 Anderson, P.N. und Hites, R.A. (1996) OH radical reactions: The major removal pathway for polychlorinated biphenyls from the atmosphere. *Environmental Science and Technology*, **30**, 1756–1763.
5 Tamás, G., Weschler, C.J., Bakó-Biró, Z., Wyon, D.P. und Strøm-Tejsen, P. (2006) Factors affecting ozone removal rates in a simulated aircraft cabin environment. *Atmospheric Environment*, **40**, 6122–6133.

4
Der Klimawandel

Das Klima der Erde ist ein empfindliches und hochkomplexes System, das von der Atmosphäre, den Ozeanen, den Land- und Eismassen, durch lebende Organismen, die Laufbahn der Erde im Sonnensystem und die Strahlung der Sonne beeinflusst wird. Seit den Anfängen der industriellen Revolution etwa im Jahr 1750 verschmutzen Menschen durch ihre Aktivitäten auf vielfältige Weise die Umwelt mit möglicherweise schlimmen Folgen auch für das globale Klima der Erde. Aufgrund der Komplexität dieses Themas erläutern wir an dieser Stelle nur in einem kurzen Überblick die Chemie, die den vom Menschen verursachten Klimawandel antreibt. Für eine weitergehende Darstellung der Zusammenhänge wird an dieser Stelle auf den Bericht des Intergovernmental Panel on Climate Change (IPCC)[1] verwiesen. In regelmäßigen Abständen fasst das IPCC unser heutiges Verständnis des Klimawandels, dessen Auswirkungen, mögliche Lösungen und Vermeidungsstrategien zusammen. Die Wertschätzung und große Bedeutung der Arbeit des IPCC wurde im Jahr 2007 mit der Verleihung des Friedensnobelpreises gewürdigt.

4.1
Historischer Zusammenhang

Die Auswirkungen sogenannter Treibhausgase auf den Zustand der Erdatmosphäre und des Klimas beschäftigen die Wissenschaft bereits seit 200 Jahren. Seit etwa 150 Jahren ist besonders die Rolle von Kohlenstoffdioxid im Fokus der Forschung. Bereits im Jahr 1824 beschäftigte sich Fourier[2] mit der Frage, was die mittlere Temperatur auf der Erde bestimmt. Er kam basierend auf den damals verfügbaren Theorien zu dem Ergebnis, dass es auf der Erdoberfläche offensichtlich wärmer ist, als es eigentlich sein sollte und schloss daraus, dass die Atmosphäre der Erde auf irgendeine Art die Wärmestrahlung zurückhält. Obwohl er den Begriff *Treibhauseffekt* nie verwendet hat, verglich er die Wirkung der Atmosphäre

---

1) Climate Change 2013 – The Physical Science Basis: Working Group I Contribution to the 5th Assessment Report of the IPCC (www.ipcc.ch).
2) Joseph Fourier (1768–1830), französischer Mathematiker und Physiker.

Umweltchemie, 1. Auflage. Ronald A. Hites, Jonathan D. Raff und Peter Wiesen.
© 2017 WILEY-VCH Verlag GmbH & Co. KGaA. Published 2017 by WILEY-VCH Verlag GmbH & Co. KGaA.

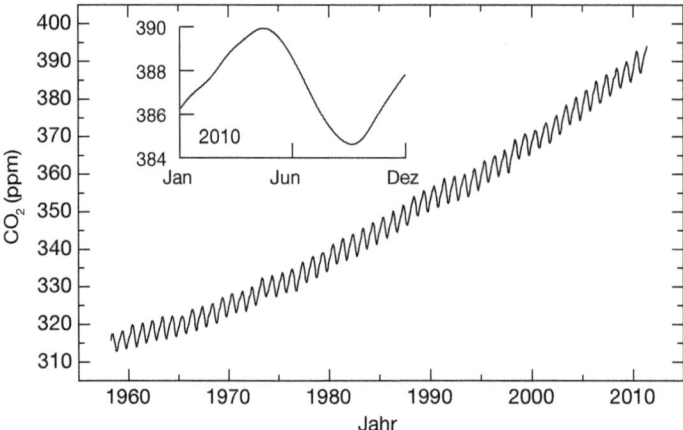

Abb. 4.1 CO_2-Mischungsverhältnis in der Atmosphäre gemessen am Mauna Loa, Hawaii. Der Einschub zeigt die saisonale Variation der Konzentration während des Jahres 2010.

auf der Grundlage einer ausführlichen Beschreibung eines Experiments von de Saussure[3], dem sogenannten Heliothermometer, mit dem *Glas eines Treibhauses*. Die eigentliche Erklärung dieses Phänomens stammt von Tyndall[4] (1863), der mit einer Vielzahl von Laborexperimenten bestätigte, dass einige Gase für Wärmestrahlung undurchlässig sind. Er machte vor allem CO_2 als eines der Gase aus, das den Wärmehaushalt der Erde beeinflussen könnte. 30 Jahre später beschäftigte sich Arrhenius[5] (1896) in seinem inzwischen berühmten Artikel mit der Frage, ob die „mittlere Temperatur am Erdboden in irgendeiner Weise durch wärmeabsorbierende Gase in der Atmosphäre beeinflusst wird" [1]. Er war der erste, der vor einem Temperaturanstieg durch die Emission von CO_2 warnte und errechnete einen Temperaturanstieg um 5–6 °C bei einer Verdoppelung des damaligen CO_2-Gehalts der Atmosphäre.

Dieser Gedanke fand viele Jahre keine Beachtung, bis wissenschaftliche Ergebnisse einen Zusammenhang zwischen der globalen Erwärmung und der CO_2-Konzentration in der Luft zeigten. Der eigentliche Durchbruch kam durch Messungen der atmosphärischen CO_2-Konzentration am Mauna Loa, Hawaii, die beginnend im Jahr 1957 bis zum heutigen Tag fortgesetzt wurden (Abb. 4.1). Schon nach zwei Jahren konnte der durch die terrestrische Vegetation verursachte Jahresgang nachgewiesen werden, aber auch bereits der kontinuierliche Anstieg der CO_2-Konzentration, den man schon damals auf die Verbrennung fossiler Brennstoffe zurückführte. Das durchschnittliche CO_2-Mischungsverhältnis ist alarmierend schnell von 313 ppm im Jahr 1957 auf das heutige Niveau von 393 ppm angestiegen. Im Laufe dieser Zeit hat sich die globale Durchschnittstemperatur um 0,5 °C erhöht.

3) Horace Benedict de Saussure (1740–1799), schweizer Naturforscher.
4) John Tyndall (1820–1893), britischer Physiker.
5) Svante Arrhenius (1859–1927), schwedischer Physiker und Chemiker, Nobelpreisträger.

Durch die Verwendung von Eisbohrkernen ist es inzwischen möglich, den vom Menschen verursachten Klimawandel mit der Entwicklung des globalen Klimas über sehr lange Zeiträume zu vergleichen. Im Jahr 1980 war es durch die Analyse eines Eisbohrkerns der russischen Wostok-Forschungsstation in der Antarktis möglich, die Temperatur und den CO_2-Gehalt der Atmosphäre für die letzten 420 000 Jahre zu rekonstruieren. Neuere Eisbohrkerne verlängern diesen Zeithorizont auf inzwischen 650 000 Jahre.

In allen Untersuchungen gibt es eine erstaunliche Korrelation zwischen dem CO_2-Gehalt und der Temperatur der Atmosphäre. Besonders bemerkenswert ist, dass der atmosphärische CO_2-Gehalt in diesem langen Zeitraum nur zwischen 180 und 300 ppm variierte und nie – auch nicht annähernd – solche Werte wie in der heutigen Zeit erreicht wurden. Aktuelle Klimamodelle zeigen, dass momentan die fortgesetzte Emission von Treibhausgasen zu einer globalen Erwärmung von 0,2 °C pro Jahrzehnt führt. In den folgenden Abschnitten werden wir untersuchen, wie Spurengase, Aerosole und Wolken die Temperatur der Erdoberfläche und das Klima beeinflussen.

4.2
Strahlung eines schwarzen Körpers und die Oberflächentemperatur der Erde

Um zu verstehen, wie unser Klima funktioniert, müssen wir zunächst die Lichtemission eines Objektes wie der Sonne oder der Erde als Funktion der Temperatur verstehen. Das Spektrum eines Objektes stellt dessen Lichtintensität als Funktion der Wellenlänge oder Frequenz dar. Wenn ein Objekt das Licht aller Wellenlängen gleich gut emittiert und absorbiert, spricht man vom Spektrum eines *schwarzen Strahlers*. Bei gegebener Temperatur kann man die Energieverteilung eines solchen schwarzen Strahlers als Funktion der Wellenlänge mithilfe des *Planck'schen Strahlungsgesetzes* beschreiben:

$$E(\lambda) = \frac{2\pi h c^2 \lambda^{-5}}{\exp(hc/(\lambda kT)) - 1}$$

wobei $E(\lambda)$ = Energie bei der Wellenlänge λ (in W/m³; beachte: 1 W = 1 J/s), h = Planck-Konstante *(Planck'sches Wirkungsquantum)* (6,63 × 10⁻³⁴ J s/Molekül), c = Lichtgeschwindigkeit (3 × 10⁸ m/s), λ = Wellenlänge des Lichts (in Metern), k die *Boltzmann-Konstante*[6] = (1,38 × 10⁻²³ J/K) und T = Temperatur (K).

Aus dieser Gleichung lassen sich zwei wichtige Gesetze ableiten. Das erste beschreibt die Wellenlänge, für die der schwarze Strahler bei einer gegebenen Temperatur die maximale Strahlungsintensität aufweist:

$$\lambda_{max} = \frac{2900 \text{ µm K}}{T}$$

---

[6] Ludwig Boltzmann (1844–1906), österreichischer Physiker.

mit der Wellenlänge λ in Mikrometern (μm) und der Temperatur T in Kelvin (K). Diese Gleichung wird als *wiensches Verschiebungsgesetz*[7] bezeichnet. Ein geübter Leser kann diese Gleichung aus dem *Planck'schen Strahlungsgesetz* als Extremwertaufgabe ableiten.

Das zweite wichtige Gesetz, das man wissen sollte, beschreibt die Gesamtenergie, die ein schwarzer Körper bei einer gegebenen Temperatur emittiert. Diese erhält man aus dem Integral des *Planck'schen Strahlungsgesetzes*, indem man über alle Wellenlängen von 0 bis ∞ integriert:

$$E_{total} = \frac{2\pi^5 k^4 T^4}{15 c^2 h^3} = 5{,}67 \times 10^{-8} T^4 = \sigma T^4$$

mit E_{total} in W/m² und $\sigma = 5{,}67 \times 10^{-8}$ W/(m² K⁴). Letztere wird als *Stefan-Boltzmann-Konstante*[8] bezeichnet und das Gesetz ist auch unter dem Namen *Stefan-Boltzmann-Gesetz* bekannt. Sie können selbst überprüfen, wie die *Stefan-Boltzmann-Konstante* (σ) hier richtig berechnet wird.

Was sind die maximalen Wellenlängen und die Gesamtenergien, die von der Sonne und der Erde emittiert werden?

Ansatz: Nehmen wir an, dass die Sonne eine Oberflächentemperatur (T) von 6000 K hat. Somit wird λ_{max}:

$$\lambda_{max} = \frac{2900}{6000} = 0{,}48 \text{ μm} = 480 \text{ nm}$$

Das heißt, dass diese Wellenlänge im sichtbaren Teil des elektromagnetischen Spektrums liegt. Für die Gesamtenergie erhält man dann:

$$E_{total} = 5{,}67 \times 10^{-8} \times 6000^4 = 7{,}35 \times 10^7 \text{ W/m}^2$$

Nun nehmen wir an, dass die Erde eine durchschnittliche Oberflächentemperatur von 288 K aufweist. Damit wird λ_{max}:

$$\lambda_{max} = \frac{2900}{288} = 10{,}1 \text{ μm}$$

und liegt damit im Infrarotbereich des Spektrums. Für die Gesamtenergie erhält man dann analog:

$$E_{total} = 5{,}67 \times 10^{-8} \times 288^4 = 3{,}90 \times 10^2 \text{ W/m}^2$$

Man beachte, dass die Erde etwa 200 000-mal weniger Energie als die Sonne hat und die auch hauptsächlich im Infrarotbereich des Spektrums (Wärmestrahlung) emittiert.

Diesen Ansatz können wir nun benutzen, um die Oberflächentemperatur der Erde zu berechnen. Dazu schauen wir uns die Energiemenge an, die auf die Erde

---

[7] Wilhelm Wien (1864–1928), deutscher Physiker und Nobelpreisträger.
[8] Joseph Stefan (1835–1893), österreichischer Physiker.

trifft und vergleichen diese mit der Energie, welche die Erde wieder abstrahlt. Die Energie, die auf die Erde trifft, stammt von der Sonne und ist vom Abstand der Sonne zur Erdbahn abhängig. Diese Energie wird durch die sogenannte Solarkonstante Ω gegeben, und beträgt $1372\,\text{W/m}^2$.

Dies mag zunächst ein wenig verwirrend sein angesichts unserer bisherigen Berechnung der emittierten Gesamtenergie eines schwarzen Körpers bei 6000 K. Beachten Sie aber, dass der Wert von $E_{\text{total}} = 7{,}35 \times 10^7\,\text{W/m}^2$ für die Oberfläche der Sonne galt, die Erde aber im Mittel $1{,}50 \times 10^8$ km vom Zentrum der Sonne entfernt ist. Daher müssen wir berücksichtigen, dass die Intensität umgekehrt proportional zum Quadrat des Abstands der Erde von der Sonne ist:

$$I \propto \frac{1}{d^2}$$

Der Radius der Sonne beträgt $6{,}48 \times 10^5$ km; daher ist die Abschwächung des Sonnenlichts gegeben durch:

$$\left(\frac{1{,}50 \times 10^8}{6{,}48 \times 10^5}\right)^2 = 53\,600$$

Somit gilt:

$$\Omega = \frac{7{,}35 \times 10^7}{53\,600} = 1372\,\text{W/m}^2$$

Diese Energie wird über die Erde, die in etwa die Form einer Kugel hat, verteilt. Schaut man aber von der Sonne auf die Erde, so erscheint diese als Scheibe (hatten unsere Vorväter im Mittelalter doch recht?). Somit muss die Energie, die in der Erdumlaufbahn ankommt, „verdünnt" werden durch das Verhältnis der Fläche einer Kugel ($4\pi r^2$) und der Fläche einer Scheibe (πr^2). Dies macht genau den Faktor 4 aus.

Man muss aber noch berücksichtigen, dass ein Teil der ankommenden Energie nicht auf die Erdoberfläche gelangt, sondern z. B. von Wolken reflektiert wird. Der reflektierte Anteil wird Albedo genannt und in der Regel mit a abgekürzt. Im Durchschnitt liegt die Albedo der Erde bei 30 %, d. h., 30 % des Lichts, das auf die Erde trifft, wird zurück in den Weltraum reflektiert. Nur deshalb waren im Übrigen die Astronauten in der Lage, vom Mond aus die Erde zu sehen.

Nun müssen wir nur noch annehmen, dass die Erde Energie als schwarzer Körper abstrahlt und dass diese durch σT^4 gegeben ist. Dann erhält man für die Energiebilanz der Erde:

$$\sigma T^4 = \frac{(1-a)\Omega}{4}$$

Bitte berechnen sie nun mithilfe von σ, Ω und a die Oberflächentemperatur der Erde.

Ansatz: Wir setzen die bekannten Werte der drei Konstanten in die Gleichung ein und lösen diese nach T auf. Man erhält:

$$T = \left[\frac{(1-a)\Omega}{4\sigma}\right]^{1/4} = \left[\frac{(1-0{,}30) \times 1372}{4 \times 5{,}67 \times 10^{-8}}\right]^{1/4} = 255\,\text{K}$$

Folglich sollte die mittlere Oberflächentemperatur 255 K oder −18 °C betragen. Tatsächlich liegt dieser Wert aber bei 288 K oder +15 °C. Unsere Berechnung ist damit 33 °C zu niedrig, was eine erhebliche Abweichung ist. Wo liegt der Fehler? Natürlich ist die Antwort der Treibhauseffekt. Dies bedeutet nichts anderes, als dass die Erdatmosphäre Wärmeenergie/IR-Strahlung absorbiert und nicht in das Weltall reflektiert.

4.3
Absorption von Infrarotstrahlung

Um zu verstehen, wie die Atmosphäre Wärme absorbiert, muss man zunächst verstehen, wie die Infrarot (IR)-Strahlung der Sonne mit Gasmolekülen in der Erdatmosphäre wechselwirkt. Obwohl die Wellenlänge des IR-Lichts in der Größenordnung von Mikrometern liegt, benutzen wir zur Beschreibung der Absorption von IR-Licht normalerweise sogenannte Wellenzahlen mit dem Symbol $\tilde{\nu}$ und der Einheit cm^{-1}. Die Beziehung zwischen Wellenzahlen (cm^{-1}) und Wellenlänge (μm) ist dann:

$$\tilde{\nu} = \frac{10\,000}{\lambda}$$

Die Verwendung von Wellenzahlen hat den Vorteil, dass diese direkt proportional zur Energie des Lichts sind. Man kann auch sagen, dass die Einheit cm^{-1} eine Energieeinheit ist. Für die Klimadiskussion müssen wir nur Wellenzahlen im Bereich zwischen 500 und 1500 cm^{-1} betrachten, obwohl einige Moleküle IR-Licht bis 4000 cm^{-1} absorbieren können.

In Kapitel 3 haben wir bereits gelernt, dass die Energie der IR-Strahlung ausreicht, um in absorbierenden Molekülen Schwingungen anzuregen. Stärkere Bindungen in einem Molekül erfordern eine höhere Energie als schwächere Bindungen, um Schwingungen anzuregen.

Man kann mithilfe der Quantenmechanik zeigen, dass Moleküle nur dann IR-Strahlung absorbieren können, wenn durch die Absorption des Lichts im Molekül eine Änderung des sogenannten Dipolmoments induziert wird. Ein Dipolmoment erhält man einfach durch Trennung positiver (Protonen) und negativer (Elektronen) Ladungen in einem Molekül. So wird uns ein genauer Blick auf die Struktur eines Moleküls sagen, ob es IR-Licht absorbieren kann oder nicht. Schauen wir uns die Strukturen von Kohlendioxid und molekularem Stickstoff in Abb. 4.2 als Beispiele an.

Kohlendioxid ist ein lineares Molekül mit zwei Sauerstoffatomen, die durch ein Kohlenstoffatom getrennt sind. Es gibt drei Möglichkeiten wie CO_2 schwingen kann: durch symmetrische, asymmetrische und Biegebewegungen. Die resultierenden Schwingungen nennt man Normalschwingungen. Jedoch verursachen nur die asymmetrischen Streck- und die Biegeschwingungen eine Änderung des Dipolmomentes und führen damit zur Absorption von IR-Strahlung. Ein Dipol entsteht, weil das Kohlenstoffatom eine leicht positive Ladung und die Sauer-

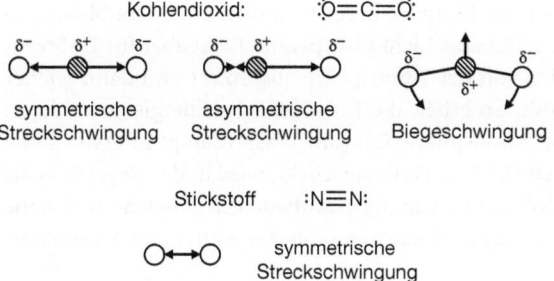

Abb. 4.2 Molekülschwingungen im Kohlendioxid und molekularen Stickstoff. Die partiell positive und negative Ladung der Atome wird durch δ⁺ und δ⁻ symbolisiert.

stoffatome eine leicht negative Ladung relativ zueinander haben. Die asymmetrischen Streck- und Biegeschwingungen verursachen eine Asymmetrie der Ladung (Dipol) innerhalb des Moleküls, sodass CO_2 dann mit der elektromagnetischen Strahlung im IR-Bereich wechselwirken kann. Im Gegensatz dazu weist Stickstoff nur eine mögliche Schwingung durch die Dehnung der Stickstoff-Stickstoff-Dreifachbindung auf. Diese Bewegung zwischen zwei gleichen Atomen führt aber nicht zu einer Ladungstrennung und verhindert, dass N_2 im IR-Bereich absorbiert. Gleiches gilt für andere homonukleare zweiatomige Moleküle wie z. B. Sauerstoff (O_2) und Wasserstoff (H_2)

Wenn ein Molekül IR-Strahlung absorbiert und vibriert, dann bezeichnen wir es als „schwingungsangeregt". In diesem Zustand bewegt sich das Molekül schneller und kann mit anderen Gasen mit einer höheren Rate kollidieren. Eine Möglichkeit, wie ein schwingungsangeregtes Molekül diese überschüssige Energie wieder verlieren kann – wir nennen das Relaxation – ist, indem die Energie bei einer Kollision auf ein Nachbarmolekül übertragen wird. Ein anderer Weg, die Schwingungsenergie abzugeben, ist durch Emission von IR-Licht, das seinerseits dann wieder von einem benachbarten Molekül absorbiert werden kann. Genauso wird IR-Strahlung in der Atmosphäre durch „infrarotaktive" Gase eingefangen. Dies ist die Grundlage für den Treibhauseffekt. Die wichtigsten Treibhausgase (H_2O, CO_2, CH_4, N_2O und O_3) haben in der Regel mehr als zwei Atome und sind in ausreichend hoher Konzentration in der Atmosphäre vorhanden, um erhebliche Mengen an IR-Licht, das von der Erde emittiert wird, zu absorbieren.

4.4
Treibhauseffekt

Die Erde ist relativ warm und bewohnbar, weil ihre Atmosphäre wie eine Decke wirkt und IR-Strahlung zurückhält. Wie wir bereits gesehen haben, würde ohne diese Decke die meiste Strahlung der Sonne wieder ins Weltall reflektiert werden und die Oberfläche unseres Planeten wäre viel kälter. Stattdessen erwärmt das ankommende Licht der Sonne mit Wellenlängen im sichtbaren Spektralbereich die

Oberfläche der Erde, die dann Licht im IR-Bereich emittiert. Die Treibhausgase in der Atmosphäre sind für sichtbares Licht transparent, nicht aber für IR-Strahlung. IR-Licht (Wärme) wird von der Atmosphäre absorbiert und dann wieder zurück auf die Erde gestrahlt. So erhält die Erdoberfläche Energie sowohl von der Sonne als auch von der Atmosphäre. Obwohl Wasserdampf in erster Linie verantwortlich ist für den natürlichen Treibhauseffekt, wird in der Regel CO_2 als Hauptverursacher für die globale Erwärmung verantwortlich gemacht, weil seine Konzentration in der Atmosphäre als Folge menschlicher Aktivitäten kontinuierlich ansteigt.

Auf dieser Grundlage ist die korrekte Gleichung für die Energiebilanz der Erde:

$$\sigma T^4 = \frac{(1-a)\Omega}{4} + \Delta E$$

wobei ΔE für den Treibhauseffekt steht.

Mit der obigen Gleichung berechnen Sie nun bitte die Größenordnung von ΔE relativ zu den beiden anderen Anteilen für eine mittlere atmosphärische Temperatur von 288 K.

Ansatz: Wir kennen alle Größen in der Gleichung. Die drei Beiträge sind:

$$\sigma T^4 = (5{,}67 \times 10^{-8})(288^4) = 390{,}08 \text{ W/m}^2$$

$$(1-a)\left(\frac{\Omega}{4}\right) = 0{,}7\left(\frac{1372}{4}\right) = 240{,}10 \text{ W/m}^2$$

$$\Delta E = 390{,}08 - 240{,}10 = 149{,}98 \text{ W/m}^2$$

Es ist offensichtlich, dass der Beitrag des Treibhauseffektes recht groß ist. Tatsächlich macht dieser Beitrag $\sim 40\,\%$ des Beitrags des schwarzen Körpers (σT^4) aus. Natürlich ist der exakte Wert von ΔE abhängig von der Konzentration der Gase in der Atmosphäre, die IR-Strahlung absorbieren.

4.5
Strahlungsbilanz der Erde

Anhand der obigen Gleichung sehen wir, dass drei Faktoren die Temperatur der Erde kontrollieren: die Konzentration der Treibhausgase, die Albedo der Erde und die Solarkonstante.

4.5.1
Treibhausgase

Kohlendioxid (CO_2). Kohlendioxid entsteht in großen Mengen bei der weltweiten Verbrennung fossiler Brennstoffe und Biomasse. Wie in Abb. 4.1 gezeigt, steigt die CO_2-Konzentration momentan um etwa 0,4 % pro Jahr.

Methan (CH_4). Die CH_4-Konzentration in der Atmosphäre steigt gegenwärtig mit einer jährlichen Rate von etwa 0,6 %. Dieses Spurengas wird beim Abbau und

Verbrennen fossiler Brennstoffe, der Biomasseverbrennung, beim Nassreisanbau, der Massenhaltung von Rindern sowie von Mülldeponien und Termiten emittiert. Man beachte, dass einige dieser Quellen eng verknüpft sind mit intensiver Landwirtschaft und damit im direkten Zusammenhang mit der stark wachsenden Weltbevölkerung stehen. Darüber hinaus gibt es eine Reihe von methanogenen Mikroben, die organische Substanzen in Feuchtgebieten im Boden zu CH_4 umwandeln. Da man zur Zeit in der Arktis eine starke Erwärmung beobachtet, taut dort der Permafrostboden auf und man beobachtet dann in den Bereichen der nördlichen Moore eine deutliche Zunahme der CH_4-Emissionen, was die globale Erwärmung weiter verstärkt. Dies ist ein Beispiel für eine sogenannte positive Rückkopplung.

Ozon (O_3). Das gleiche Gas, das beim Fotosmog verantwortlich ist für die schädlichen Auswirkungen auf die Gesundheit, ist auch ein starkes Treibhausgas und liefert nach Wasserdampf und CO_2 den drittgrößten Beitrag für die globale Erwärmung. Die durch den Klimawandel verursachte Temperaturerhöhung und das häufigere Auftreten sogenannter Inversionswetterlagen wird zu höheren Ozonkonzentrationen während fotochemischer Smogereignisse in Ballungsräumen führen. Dagegen hat der Ozonabbau in der Stratosphäre in dieser Schicht der Atmosphäre zu einer Abkühlung, insbesondere über der Antarktis, geführt.

Lachgas (N_2O). Die Lachgaskonzentration in der Atmosphäre ist gegenwärtig 15–20 % höher als noch zu vorindustrieller Zeit. Das N_2O-Mischungsverhältnis in der Atmosphäre hat sich seit 1750 von ca. ~ 270 auf 319 ppb im Jahr 2005 erhöht. Die atmosphärische N_2O-Konzentration steigt gegenwärtig mit einer Rate von 0,3 % pro Jahr. Lachgas wird unter anderem durch mikrobielle Aktivität im Boden und in den Ozeanen produziert. Es ist wichtiger Bestandteil des globalen Stickstoffkreislaufs. Für die Erhöhung der beobachteten N_2O-Konzentration weltweit wird in erster Linie die Landwirtschaft verantwortlich gemacht, da diese vermehrt Düngemittel einsetzt und damit Störungen des globalen Stickstoffkreislaufs verursacht. Wie wir bereits im Kapitel 3 gesehen hatten, ist N_2O auch eine ozonabbauende Substanz, da sie eine Quelle von NO und NO_2 in der Stratosphäre ist. Erstaunlicherweise unterliegt diese Substanz aber nicht dem Montrealer Protokoll.

Fluorchlorkohlenwasserstoffe. Die gleichen FCKW, die das Ozonloch verursachen, sind sehr starke Treibhausgase. Dies gilt leider auch für die FCKW-Ersatzstoffe, partielle hydrierte Fluorkohlenwasserstoffe, sogenannte HFCs. Diese Gase sind sehr effiziente IR-Absorber, sodass auch kleine Mengen dieser Gase in der Atmosphäre die Strahlungsbilanz der Erde beeinflussen. Die Hauptquellen dieser Gase sind oftmals undichte Kühlschränke und Klimaanlagen. Da diese Geräte weltweit immer häufiger benutzt werden, nimmt die Produktion und damit letztlich auch die Emission partiell hydrierter FCKW zu.

Wasserdampf (H_2O). H_2O ist das wichtigste Treibhausgas überhaupt. Wasserdampf kommt in der Atmosphäre in großen Mengen vor und absorbiert in einem großen Wellenlängenbereich IR-Licht. Die anthropogenen Wasserdampfemissionen resultieren aus der Verbrennung fossiler Brennstoffe oder der atmosphärischen Oxidation von CH_4. Allerdings bewirkt die durch CO_2 und andere Treibhausgase verursachte globale Erwärmung, dass aus den Ozeanen mehr Wasser verdampft und damit die atmosphärische Wasserdampfkonzentration ansteigt. Der Zyklus von Erwärmung und Verdunstung führt somit zu einer positiven Rückkopplung im Klimasystem. Laut dem 4. Statusbericht des IPCC[1)] kann die Rückkopplung über den Wasserdampf doppelt so stark sein wie der Effekt durch die CO_2-Emissionen allein betrachtet.

Wasserdampf kann aber auch durch die Freisetzung sogenannter *latenter Wärme* zur globalen Erwärmung beitragen. Zur Verdampfung von Wasser aus den Ozeanen werden große Energiemengen benötigt, die dann wieder freigesetzt werden, wenn Wasserdampf kondensiert und sich Wassertröpfchen und Wolken bilden. Die für den Phasenübergang flüssig–gasförmig aufgebrachte Energie bezeichnet man als *latente Wärme* (*latent* lateinisch für: „verborgen"). Die *latente Wärme* steuert die atmosphärische Zirkulation und beeinflusst die Bildung und die Stärke von Wirbelstürmen.

Die Erhöhung der atmosphärischen Konzentration dieser Gase führt somit zu einer Zunahme von ΔE und damit zum Anstieg der Temperatur in der Atmosphäre.

4.5.2
Albedo

Die Albedo (lateinisch: *albedo* „Weißheit"; von lateinisch: *albus* „weiß") der Erde beträgt im Mittel 30 %, kann jedoch stark variieren. Zum Beispiel ist die Albedo von Schnee etwa 80 %. Dagegen liegt die Albedo eines Waldes bei etwa 15 %. Durch die zunehmende Erderwärmung wird vermehrt Eis und Schnee schmelzen und damit die Albedo abnehmen. Dies wiederum bewirkt, dass die Temperatur der Atmosphäre noch schneller ansteigen wird. Dies ist ein weiteres Beispiel für eine positive Rückkopplung. Das heißt, dass sich die Geschwindigkeit mit der sich die Erde erwärmt im Laufe der Zeit erhöht. Sonnenlicht kann aber auch an atmosphärischen Oberflächen wie Wolken und Aerosolen gestreut werden, mehr dazu später.

4.5.3
Solarkonstante

Die Solarkonstante ist relativ konstant. Änderungen bewegen sich im Bereich von weniger als ± 2 %. Dies ist nicht genug, um die beobachtete Erwärmung in den letzten Jahrzehnten zu erklären. Die Schwankungen in der Solarkonstante werden auf Sonnenflecken zurückgeführt. Das Auftreten der Sonnenflecken variiert in einem Elf-Jahres-Zyklus und wird in der Regel in der Diskussion um den Klimawandel von Politikern ignoriert, vermutlich da wir die Sonnenflecken und deren Auftreten sowieso nicht beeinflussen können.

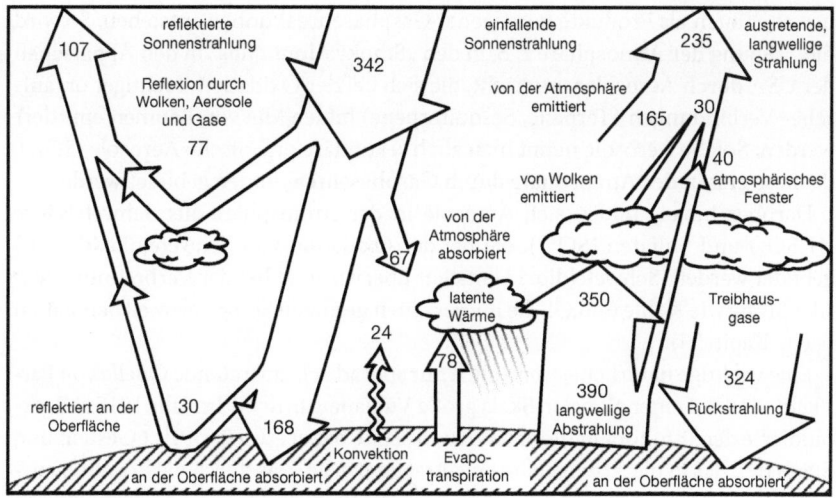

Abb. 4.3 Globale mittlere Energiebilanz der Erde. Angaben in $W\,m^{-2} = J\,s^{-1}\,m^{-2}$.

4.5.4
Kombinierte Wirkung

Nun, da wir einige der wichtigsten Faktoren des Klimawandels kennengelernt haben, ist es sinnvoll zu zeigen, wie sie gemeinsam die Strahlungsbilanz der Erde beeinflussen. Die Abb. 4.3 quantifiziert die eingehende solare Strahlung, die Strahlung die reflektiert und durch die Erdoberfläche absorbiert wird, und wie viel Strahlung wiederum in der Atmosphäre durch den Treibhauseffekt zurückgehalten oder zurück in den Weltraum abgestrahlt wird [2]. Beachten Sie, dass der Fluss der eintretenden Strahlung am oberen Rand der Atmosphäre gleich groß ist wie beim Verlassen der Atmosphäre.

Ebenso ist die Energiemenge, die von der Erdoberfläche absorbiert wird, gleich groß wie die von der Erdoberfläche in Form von IR-Strahlung sowie durch Evapotranspiration[9] und Konvektion wieder abgegebene Energiemenge.

4.6
Aerosole und Wolken

Die Albedo der Erde wird auch von Aerosolen und Wolken in der Atmosphäre erheblich beeinflusst. Aerosole können als vom Wind aufgewirbelte mineralische Stäube, salzhaltige Partikel aus der Gischt der Ozeane oder als kohlenstoffhaltiges Material, das bei Verbrennungsprozessen erzeugt wird, vorliegen. Aerosole kön-

---

9) Evapotranspiration bezeichnet in der Meteorologie die Summe aus Transpiration und Evaporation, also der Verdunstung von Wasser aus der Tier- und Pflanzenwelt sowie der Bodenoberfläche.

nen aber auch als Produkte homogener Gasphasenreaktionen entstehen. So wird die Trübung der Atmosphäre z. B. in den „Smoky Mountains" in den Appalachen der USA durch Aerosole verursacht, die sich bei der Oxidation flüchtiger organischer Verbindungen (Terpene, Sesquiterpene) bilden, die von Bäumen emittiert werden. Solche Aerosole nennt man auch sekundäre organische Aerosole (SOA), da diese erst in der Atmosphäre durch Gasphasenreaktionen gebildet werden.

Darüber hinaus bilden sich Aerosole in der Atmosphäre aus Schwefelsäure (H_2SO_4) und Sulfaten (SO_4^{2-}), die bei der Oxidation von Schwefeldioxid (SO_2) gebildet werden. Schwefeldioxid entsteht überwiegend bei der Verbrennung fossiler Stoffe wie Kohle und Öl, die immer einen geringen Schwefelanteil beinhalten (siehe Kapitel 5).

Eine wichtige natürliche, wenn auch nur sporadisch auftretende Quelle von Partikeln, sind auf einer globalen Skala große Vulkanausbrüche. Im Jahr 1815 z. B. explodierte der Tambora in Indonesien und setzte dabei etwa 2×10^{11} t Gestein und Staub frei, das in die Atmosphäre eingetragen wurde. Das durch die Eruption ausgeworfene Material bewirkte globale Klimaveränderungen und einen Rückgang der globalen Temperatur von 0,4–0,7 K im folgenden Jahr. Die Auswirkungen auf das nordamerikanische und europäische Wetter brachten dem Jahr 1816 die Bezeichnung „Jahr ohne Sommer" ein. Durch Missernten in Teilen der nördlichen Hemisphäre kam es dort zur schlimmsten Hungersnot des 19. Jahrhunderts.

Tatsächlich reflektieren viele Aerosole Sonnenstrahlung zurück in den Weltraum und führen so zu einer Erhöhung der Albedo. Da sowohl CO_2 als auch Partikel bei Verbrennungsprozessen emittiert werden, ist es denkbar, dass die Erhöhung der Temperatur aufgrund der zunehmenden CO_2-Konzentration in der Atmosphäre teilweise durch die Zunahme der Partikelkonzentrationen aufgehoben wird. So wurde bereits von renommierten Wissenschaftlern vorgeschlagen, die Auswirkungen des Klimawandels durch den künstlichen Eintrag großer Mengen von Sulfataerosolen in die Atmosphäre abzumildern. Dieser Vorschlag ist auch unter dem Fachbegriff „Solar Radiation Management (SRM)" im Bereich des sogenannten „Geo-Engineering"[10] bekannt geworden.

Es gibt zwei Möglichkeiten, wie Aerosole das Klima und den Klimawandel beeinflussen. Diese werden als direkte und indirekte Wirkungen bzw. Effekte bezeichnet. Direkte Effekte beziehen sich auf die Fähigkeit von Aerosolen, das Sonnenlicht direkt in den Weltraum zurückzustreuen und bewirken meist eine Abkühlung der Atmosphäre. Indirekte Effekte beziehen sich auf den Einfluss von Aerosolen auf die Wolkenbildung. Wolken sind mit einer Albedo zwischen 40 und 90 % einer der wichtigsten Reflektoren von Sonnenlicht. Aerosole sind die wichtigen Vorläufer von Wolken, da sie Oberflächen bereitzustellen, auf denen Wasserdampf kondensiert und sich letztlich Wolken oder Eiskristalle bilden, die die einfallende Strahlung dann effektiv streuen.

---

10) Unter dem Begriff *Geo-Engineering* oder auch *Climate Engineering* versteht man vorsätzliche und großräumige Eingriffe in geochemische oder biogeochemische Kreisläufe der Erde mit technologischen Mitteln. Mit diesen Eingriffen soll die Klimaerwärmung gestoppt, die CO_2-Konzentration in der Atmosphäre vermindert oder der Versauerung der Meere entgegen gewirkt werden.

Es ist bekannt, dass es insbesondere über Landgebieten mit hoher Luftverschmutzung deutlich mehr Aerosolpartikel als über den unberührten Ozeane gibt. Dies führt zu einer stärkeren Konzentration von Wolkentröpfchen über den belasteten Gebieten, wodurch die Streuung der einfallenden Sonnenstrahlung erhöht und die Menge der absorbierten Strahlung an der Erdoberfläche reduziert wird. Das mag zunächst als ein positiver Effekt zur Reduzierung der Erwärmung erscheinen.

Allerdings gibt es einen tückischen Nachteil an diesem Effekt, da hierdurch auch Niederschlagsmengen beeinflusst werden können. Betrachten wir dazu zwei Luftmassen: die eine, verschmutzt mit einer hohen Aerosolkonzentration und die andere, unberührt mit relativ wenigen Aerosolen. Nun nimmt man an, dass die Wassermenge, die auf den Aerosolen kondensiert, in beiden Fällen gleich ist. Dann werden die Wolkentröpfchen in der unberührten Luftmasse größer sein, da das Wasser auf weniger Aerosole verteilt wird und somit deren Größe wächst. Dagegen wird in der verschmutzten Luftmasse das kondensierte Wasser auf viele Partikel verteilt werden, mit der Folge, dass die Wolkentröpfchen klein bleiben. Die Niederschlagsmengen hängen nun aber direkt von der Größe der Tröpfchen ab. Größere Tröpfchen regnen leicht ab, während die kleineren Tröpfchen in der Luft bleiben und erst weiter wachsen müssen.

So könnten Niederschlagsmengen durch eine erhöhte Aerosolkonzentration negativ beeinflusst werden. Schon deshalb ist es abzulehnen, die globale Erwärmung durch die künstliche Injektion von Sulfataerosolen in die Atmosphäre zu beeinflussen.

4.7
Strahlungsantrieb

Die Abb. 4.3 macht deutlich, dass die verschiedenen Klimafaktoren die Energiebilanz der Erde sehr unterschiedlich beeinflussen können. Eine Möglichkeit, den Einfluss eines Faktors auf das Klima zu quantifizieren, ist sein „Strahlungsantrieb", ein Begriff der vom IPCC eingeführt wurde. Der Strahlungsantrieb ist ein Maß für die Veränderung der Energiebilanz der Erde durch verschiedene Klimafaktoren wie Treibhausgase, Aerosole, Solarkonstante, Albedo und wird in Watt pro Kubikmeter angegeben. Ein positiver Strahlungsantrieb führt zu einer Erwärmung der Erde, ein negativer Strahlungsantrieb zu einer Abkühlung.

Die Abb. 4.4 zeigt den Strahlungsantrieb einiger Klimafaktoren, die durch menschliche Aktivitäten seit Beginn des Industriezeitalters beeinflusst wurden. Die Treibhausgase führen zu einer Erwärmung des Klimasystems und haben somit einen positiven Strahlungsantrieb. Dagegen haben Aerosole über ihre direkten und indirekten Effekte und die Bodenalbedo einen kühlenden Effekt und damit einen negativen Strahlungsantrieb. Der Anstieg der atmosphärischen CO_2-Konzentration seit dem Beginn des Industriezeitalters hat den größten positiven Strahlungsantrieb mit $+1{,}66\,\mathrm{W\,m^{-2}}$ verursacht. Der durch menschliche Aktivitäten verursachte Nettostrahlungsantrieb wird durch Treibhausgase domi-

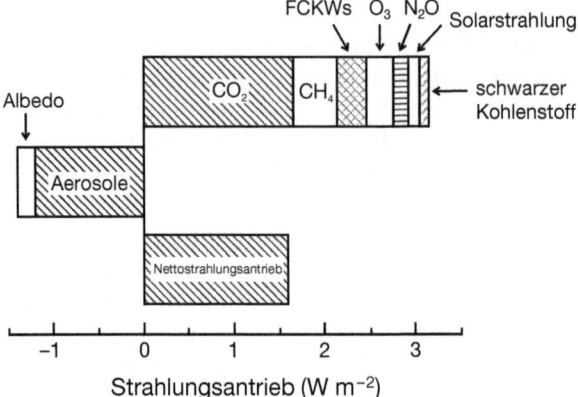

Abb. 4.4 Mittlere globale Strahlungsantriebe.

niert und beträgt $+1{,}6\,\text{W}\,\text{m}^{-2}$. Man beachte, dass der in Verbrennungsprozessen entstehende Ruß Strahlung absorbieren aber auch wieder emittieren kann. Ruß ist somit ein Aerosol mit einem positiven Strahlungsantrieb und trägt so zu einer Erwärmung der Erde bei. Obwohl unser Klima eine große räumliche Variabilität aufweist, gibt es starke Indizien, die auf eine direkten Zusammenhang zwischen Strahlungsantrieb und mittlerer globaler Oberflächentemperatur hinweisen.

4.8
Treibhauspotenzial

Da die Treibhausgase den größten Einfluss auf das Klima ausüben, ist es sinnvoll, das Potenzial der Treibhausgase zu vergleichen. Daraus lassen sich dann unter Umständen Strategien oder Maßnahmen ableiten, welches Treibhausgas man kontrollieren oder reduzieren sollte. Dazu benutzt man das sogenannte Treibhauspotenzial (GWP)[11], das man basierend auf dem Strahlungsantrieb aus einer Zunahme des Mischungsverhältnisses des jeweiligen Treibhausgases um 1 ppb, bezogen auf 1 ppb eines Referenzgases, bestimmt. In der Regel wird Kohlendioxid als Referenzgas verwendet, weil es das häufigste Treibhausgas ist. Mathematisch wird das GWP ausgedrückt durch:

$$\text{GWP} = \frac{\int_\lambda \sigma_{\text{IR}}^{\text{GHG}}(\lambda) F_{\text{Erde}}(\lambda) \times \int_0^t e^{-t/\tau_{\text{GHG}}}\,dt \times (1000/\text{MW}_{\text{GHG}})}{\underbrace{\int_\lambda \sigma_{\text{IR}}^{\text{CO}_2}(\lambda) F_{\text{Erde}}(\lambda)}_{\text{spektrale Überlappung}} \times \underbrace{\int_0^t e^{-t/\tau_{\text{CO}_2}}\,dt}_{\text{zeitliche Abnahme}} \times \underbrace{(1000/\text{MW}_{\text{CO}_2})}_{\text{Umrechnung der Einheiten}}}$$

11) Global warming potential, GWP (Treibhauspotenzial).

In dieser Gleichung ist $\sigma_{IR}^{GHG}(\lambda)$ der wellenlängenabhängige IR-Absorptionsquerschnitt, der angibt, wie viel IR-Strahlung durch das jeweilige Treibhausgas absorbiert wird. $F_{Erde}(\lambda)$ ist im Wesentlichen der Fluss der IR-Strahlung von der Erde in den Weltraum, t ist der Zeithorizont für den das Treibhauspotenzial betrachtet wird und τ_{GHG} ist die atmosphärische Lebensdauer des jeweiligen Treibhausgases. Die linke Seite des Zählers und Nenners ähneln der Gleichung zur Bestimmung von Fotolysegeschwindigkeitskonstanten in Kapitel 3. Hier interessiert uns aber, wie viel der von der Erde abgestrahlten IR-Strahlung von einem Treibhausgas absorbiert wird.

Die Integrale in der Mitte des Zählers und Nenners beinhalten exponentielle Abnahmen, welche die zeitliche Abnahme des jeweiligen Treibhausgases oder CO_2 in der Atmosphäre nach der pulsförmigen Freisetzung von 1 ppb des Gases darstellen. Wir integrieren nun, um die Gesamtmenge des jeweiligen Gases über einen gegebenen Zeithorizont zu erhalten. Ein Gas mit einer atmosphärischen Lebensdauer, die länger ist als die von CO_2, hat bezogen auf einen langen Zeithorizont ein größeres Treibhauspotenzial als bei einem kürzeren Zeithorizont, weil bis zu diesem Zeitpunkt mehr CO_2 aus der Atmosphäre verschwunden ist. Beachten Sie, dass die Faktoren zur Umrechnung von Einheiten notwendig sind, um die Zähler und Nenner von molekularen Einheiten auf die der Masse umzurechnen.

Die Treibhauspotenziale verschiedener Treibhausgase sind in der folgenden Tabelle zusammen mit ihren atmosphärischen Lebensdauern aufgeführt. Per Definition ist das Treibhauspotenzial für CO_2 eins. Fluorchlorkohlenwasserstoffe (FCKW) wie CCl_3F und perfluorierte Verbindungen wie C_3F_8 haben sehr lange Lebensdauern und absorbieren stark im IR-Bereich. Als Treibhausgase sind CCl_3F und C_3F_8 über einen Zeithorizont von 20 Jahren 6730 und 6310 mal wirksamer als CO_2. Aufgrund ihres wesentlich geringeren Mischungsverhältnisses in der Atmosphäre ist allerdings ihr Strahlungsantrieb und damit ihr Einfluss auf das Klima niedriger als für CO_2 (Abb. 4.4). Da FCKW und Fluorkohlenwasserstoffe alle ein hohes Treibhauspotenzial besitzen, ist es wichtig, deren Emission zu begrenzen.

Treibhausgas	Lebensdauer (Jahre)	GWP (20 Jahre)	GWP (100 Jahre)
CO_2	~ 150	1	1
CH_4	12	72	25
N_2O	114	289	298
CCl_3F	45	6730	4750
C_3F_8	2600	6310	8830
SF_6	3200	16000	23000

4.9
Schlussbemerkung

Ist der Klimawandel real? Ja, viele Indizien sprechen dafür, dass dies so ist! Das Eis in der Arktis verschwindet schneller als erwartet, der Meeresspiegel steigt kontinuierlich an und Vegetationszonen verschieben sich. Die Temperatur der Erdoberfläche nimmt zu. Dies zeigen Messungen am Boden wie auch vom Satelliten. Folgende Fakten sind gesichert:

- Die Konzentrationen von Treibhausgasen haben als Folge anthropogener Aktivitäten zugenommen und damit die Wärmespeicherung der Erde erhöht.
- Der Einfluss der vom Menschen emittierten Treibhausgase auf das Klima kann noch für viele Jahrhunderte andauern.
- Die Erdoberfläche hat sich im globalen Mittel in den letzten 100 Jahren um etwa $0{,}7 \pm 0{,}2\,°C$ erwärmt.
- Die Temperatur der Stratosphäre ist durch den Ozonabbau um $0{,}3\text{–}0{,}6\,°C$ gesunken; gleichzeitig ist die Ozonkonzentration in der Troposphäre gestiegen und führt zu einer Erwärmung der unteren Luftschichten.
- Die Verdopplung der atmosphärischen CO_2-Konzentration wird wahrscheinlich zu einem Anstieg der Temperatur der Atmosphäre von $3{,}0 \pm 1{,}5\,°C$ führen.
- Von 1961 bis 2003 ist die globale Meerestemperatur in den ersten 700 m Wassertiefe um $0{,}1\,°C$ gestiegen.
- In den meisten Regionen der Nordhalbkugel ist die Schneedecke zurückgegangen.
- Seit 1978 hat sich die mittlere jährliche Ausdehnung des arktischen Meereises um $2{,}7 \pm 0{,}6\,\%$ pro Jahrzehnt verringert.
- Die Temperatur der Permafrostböden in der Arktis hat sich seit den 1980er-Jahren um bis zu $3\,°C$ erhöht.
- Die zusätzliche Energie in den Ozeanen und mehr Wasserdampf in der Atmosphäre haben die Häufigkeit von Wirbelstürmen (Zyklonen) und extremen Wetterereignissen erhöht.
- Es ist wahrscheinlich, dass der Meeresspiegel bis zum Jahr 2100 um $50 \pm 25\,cm$ ansteigen wird. Dies wird verursacht sowohl durch das Abschmelzen der Eisschilde in Grönland und der Antarktis als auch durch die thermische Ausdehnung des Wassers durch die bereits erwähnte Erwärmung der Ozeane.

Was können wir gegen den Klimawandel tun? Die logischste Maßnahme ist, die Emission von CO_2 bei der Verbrennung fossiler Stoffe und Biomasse zu reduzieren. Doch dies ist einfacher gesagt als getan. Schließlich lieben wir alle unsere Autos und SUVs sowie warme und klimatisierte Häuser. In diesem Zusammenhang ist es erwähnenswert, dass Kernenergie keine Treibhausgase erzeugt, diese aber zumindest in Deutschland keine politische Option mehr ist. Ganz im Gegenteil wird in Deutschland der Ausstieg aus der Kernenergie zum Jahr 2022 erfolgen und der konsequente Ausbau regenerativer Energien forciert. Die Lösung des Problems kann letztlich nur durch Kombination verschiedener Maßnahmen gelingen, wie

a) der Entwicklung und Einhaltung globaler Abkommen zur Verringerung der Treibhausgasemissionen (ähnlich dem Montrealer Protokoll),
b) Investitionen in eine Vielzahl alternativer und regenerativer Energiequellen, und
c) Änderungen unseres Lebensstils zur Verringerung unserer Treibhausgasemissionen.

4.10
Übungsaufgaben

4.1 Wie würde sich die Temperatur der Erdatmosphäre ändern, wenn der Treibhauseffekt, die Albedo und die Solarkonstante alle um jeweils 1,5 % ansteigen würden? Bitte geben Sie ihr Ergebnis mit zwei signifikanten Stellen an.

4.2 Wie hoch wäre die mittlere Temperatur der Erdatmosphäre, wenn der Treibhauseffekt um 10 % ansteigen würde?

4.3 Durch einen großen Atomkrieg könnten so viele Schwebeteilchen in die Atmosphäre gelangen, dass sich die Albedo der Erde um 20 %, ändern könnte. Wie würde sich die Temperatur der Atmosphäre dadurch ändern?

4.4 Das Pigment Phycoerythrobilin, das in bestimmten Proteinen vorkommt, gibt Rotalgen ihr rotes Aussehen. Welche Farbe absorbiert dieses Pigment? Geben Sie die Wellenlänge dieses Lichts in Einheiten von Nanometern und Wellenzahlen an.

4.5 Bestimmen sie das Treibhauspotenzial von HFC-23 (CHF_3) über einen 100-Jahres-Zeithorizont. Die Lebensdauer von HFC-23 ist 270 Jahre. Die Werte für die spektrale Überlappung von CO_2 und HFC-23 mit der IR-Strahlung der Erde im Bereich 0–1500 cm^{-1} sind $1,4 \times 10^{-5}$ und 0,19 W m^{-2}.

4.6 Ein gut durchmischter See habe ein Volumen von 10^8 m^3. Der See wird durch einen Fluss A mit einer Wasserführung von 5×10^5 m^3 pro Tag gespeist. Die Wasserabfuhr erfolgt über den Fluss B; Verdunstung ist vernachlässigbar. Eine am See gelegene Fabrik behauptet, dass sie in den See weniger als die gesetzlich zulässigen 25 kg pro Tag der Substanz Tetrachlorbenzol einleiten. Diese Fabrik ist die einzige Quelle von Tetrachlorbenzol an diesem See. Diese Verbindung ist chemisch stabil und gut wasserlöslich. Der Betriebsleiter hat Ihre Anfrage abgelehnt, die Abwassereinleitung aus der Fabrik zu überwachen. Alternativ nehmen Sie eine Probe aus dem See und messen eine Tetrachlorbenzolkonzentration von 100 µg/L. Hat der Betriebsleiter die Wahrheit gesagt? Begründen Sie Ihre Antwort quantitativ.

4.7 Der Zusammenhang zwischen der atmosphärischen CO_2-Konzentration und ΔE ist gegeben durch

$$\Delta E = 133{,}34 + 0{,}049\,[CO_2]$$

wobei [CO_2] die atmosphärische Konzentration von CO_2 in ppm ist. Wenn die gegenwärtige atmosphärische CO_2-Konzentration und die Albedo jährlich um 0,2 % zunehmen würden, wie hoch wäre dann die durchschnittliche Temperatur der Erdatmosphäre in 100 Jahren?

4.8 Welche Veränderung der Albedo resultierte aus dem Ausbruch des Vulkans Tambora im Jahr 1815? Die durchschnittliche Temperatur in der nördlichen Hemisphäre fiel im Jahr 1816 um 0,6 °C.

4.9 Lachgas (N_2O) entsteht bei der natürlichen Denitrifikation durch Bakterien. Es ist in der Troposphäre chemisch inert, fotolysiert aber in der Stratosphäre und wird dadurch dort abgebaut. Das durchschnittliche Mischungsverhältnis von N_2O in der Troposphäre ist etwa 300 ppb und die Verweildauer beträgt dort zehn Jahre. Berechnen Sie, wie viel Kilogramm N_2O pro Jahr durch Denitrifikation gebildet werden? Gehen Sie bei der Berechnung davon aus, dass das Volumen der Stratosphäre bei 0 °C und 1 atm 10 % des Volumens der Atmosphäre beträgt.

4.10 Die *wiensche Verschiebungskonstante* wird mit 2900 µm K angegeben. Leiten Sie diese Konstante aus dem *Planck'schen Strahlungsgesetz* ab. Tipp: Bilden Sie die erste Ableitung des Strahlungsgesetzes und setzen diese gleich null.

4.11 Die atmosphärische Reaktion $NO_2 + O_2 \rightarrow NO + O_3$ ist erster Ordnung bezüglich NO_2 und hat bei 25 °C hat eine Geschwindigkeitskonstante von $2,2 \times 10^{-5}\,s^{-1}$. Wie viel NO_2 einer willkürlichen Anfangskonzentration liegt nach 90 min noch vor?

4.12 Welche der folgenden Gase sind potenzielle Treibhausgase, denen wir Beachtung schenken sollten: HCl, Ar, CH_3F, CO, Br_2 oder NO?

4.13 Um wie viele Meter würde der Meeresspiegel beim völligen Abschmelzen der antarktischen und grönländischen Eismassen ansteigen? Nehmen Sie für die Berechnung an, dass die Dichte des Eises 90 % der Dichte von flüssigem Wasser beträgt.

4.14 Westliche Grannen-Kiefern (*Bristlecone Kiefern, Pinus longaeva*), die in den Bergen der US-amerikanischen Sierra Nevada wachsen, werden oft als als sogenannte Klimaproxies[12] verwendet. Aufgrund ihres hohen Alters von manchmal mehreren Tausend Jahren kann man durch Abmessen der Dicke ihrer Jahresringe Informationen über die Bedingungen ableiten, unter denen sie aufgewachsen sind. Die Tabelle zeigt Daten eines bestimmten Baumes [3]. Was können Sie daraus schlussfolgern?

---

12) Als Klimaproxy (englisch: *proxy*, deutsch: Stellvertreter) wird ein indirekter Anzeiger des Klimas bezeichnet. Solche Klimaproxies findet man z. B. in den Jahresringen von Bäumen, Stalagmiten, Eisbohrkernen oder Ozeansedimenten.

Jahr	Baumringdicke (mm)	Mittlere Jahres-temperatur (°C)
2000	0,70	3,9
1980	0,66	2,8
1958	0,65	3,0
1948	0,56	2,0
1935	0,63	3,1
1915	0,45	1,6
1905	0,55	2,5

4.15 Die Albedo einer Wolke mit einer vertikalen Dicke h (in Metern) und einer Fläche von $20\,\text{km}^2$ kann näherungsweise berechnet werden mit

$$a = \frac{\tau}{5 + \tau}$$

Die Variable τ ist die optische Tiefe einer Wolke, die angenähert durch $2\pi r^2 N h$ berechnet werden kann. Dabei ist r der Radius eines Wolkentropfens und N ist die Konzentration der Wolkentropfen (in Tropfen m^{-3}). Wie ist die Albedo der Wolke bei einer Dicke von 250 m und einer Anzahl von 5×10^7 Tropfen m^{-3}? Der mittlere Radius der Tropfen betrage 10 µm. Wie ändert sich die Albedo, wenn die Anzahl der Tröpfchen auf 5×10^{10} steigt, aber die Wassermenge in der Wolke gleich bleibt?

4.16 Für eine Party bereiteten die Gastgeber 15 L Punsch durch Zugabe von 750 mL Wodka in eine entsprechende Menge Obstsaft vor. Der Punsch wurde von den Gästen mit einer Rate von einer Tasse alle 2 min verbraucht. In eine Tasse passen 0,2 L Punsch. Für jede Tasse Punsch, die entnommen wurde, fügten die Gastgeber die gleiche Menge reinen Obstsaft in den Punsch und vermischten diesen. Um 11:30 Uhr bemerkte ein Gast den Schwindel und schüttete noch einmal 750 mL Wodka in den Punsch. Skizzieren Sie in einem Diagramm den Alkoholgehalt (in Prozent) im Punsch als Funktion der Zeit im Zeitraum von 8:30 Uhr (Beginn der Party) und 02:30 Uhr, als der letzte Gast endlich gegangen war. Der Alkoholgehalt des Wodka beträgt 50 %. Tragen Sie in Ihrem Diagramm die Halbwertszeit ein.

4.17 Die Geschwindigkeit des bakteriellen Abbaus von Tetrachlorkohlenstoff in der wässrigen Phase hängt von der Fe^{3+}-Konzentration in der Lösung ab:

$$\text{CCl}_4 + \text{Fe}^{3+} \rightarrow \text{Produkte} + \text{Fe}^{2+}$$

Es wurde eine Serie von fünf Experimenten – jedes in einer eigenen Reaktionszelle – durchgeführt. In jedem der fünf Experimente wurde die Fe^{3+}-Konzentration variiert und die Konzentration von Tetrachlorkohlenstoff in jeder Reaktionszelle als Funktion der Zeit gemessen. Es ergaben sich die folgenden Daten[13]:

---

13) Die Autoren danken Prof. Flynn Picardal, Indiana University (USA) für die Daten.

Zeit	Fe^{3+} Konzentration (mM)				
(h)	0	5	10	20	40
0	19,5	19,5	19,5	19,5	19,5
1	19,5	18,3	20,0	17,7	16,5
6	19,5	18,7	17,0	14,6	12,1
16	19,5	16,2	13,1	11,8	7,2
30	19,5	13,7	12,5	7,8	3,5
42	19,5	11,3	8,4	4,5	0,8

Wie groß ist die Geschwindigkeitskonstante für diese Reaktion?

4.18 Wie Sie wissen, kann man bei gegebener Temperatur die Energieverteilung eines schwarzen Strahlers als Funktion der Wellenlänge mithilfe des *Planck'schen Strahlungsgesetzes* beschreiben (siehe Abschnitt 4.2). Lösen Sie die folgenden drei Teilaufgaben.

a) Bitte zeichnen Sie diese Funktion für vier Temperaturen (200, 700, 2000 und 6000 K) im Wellenlängenbereich von 0,1 und 100 μm mithilfe von Excel in eine Abbildung. Berücksichtigen Sie nur Energien oberhalb 10^{-4} W/m^2 μm (beachten Sie die leichte Veränderung in Einheiten). Bitte zeichnen Sie die oben genannten Funktionen als Linien ohne Symbole und stellen Sie sicher, dass Sie die Achsen mit den richtigen Einheiten versehen. Hinweise: Benutzen etwa 350 Zeilen für die Wellenlängen mit einer entsprechenden Schrittweite je Zeile. Verwenden Sie vier Spalten für die vier verschiedenen Temperaturen. Achten Sie darauf, die Daten in einer log-log- Skala darzustellen. Achten Sie auf die Verwendung der richtigen Einheiten!

b) Bestimmen Sie anhand der Diagramme und der Tabelle für jede Temperatur die maximale Strahlungsenergie. Tragen Sie diese Werte in das Diagramm ein. Überprüfen Sie diese Werte mithilfe des *wienschen Verschiebungsgesetzes*. Was schließen Sie daraus?

c) Zeichnen das Diagramm für die verschiedenen Temperaturen erneut, benutzen aber nun Wellenzahlen (cm^{-1}) als Einheit für die x-Achse. Kohlendioxid hat schwache IR-Absorptionsbanden bei 3715 und 3612 cm^{-1} und zwei starke Banden bei 2350 und 672 cm^{-1}. Welche CO_2-Banden sind am wichtigsten für den Treibhauseffekt?

Literatur

1. Arrhenius, S. (1896) On the influence of carbonic acid in the air upon the temperature of the ground. *The London Edinburgh and Dublin Philosophical Magazine and Journal of Science*, 5th Series, 237–276.
2. Kiehl, J.T. und Trenberth, K.E. (1997) Earth's annual global mean energy budget. *Bulletin of the American Meteorological Society*, **78**, 197–208.
3. Salzer, M.W. *et al.* (2009) Recent unprecedented tree-ring growth in bristlecone pine at the highest elevations and possible causes. *Proceedings of the National Academy of Sciences USA*, **106**, 20348–20353.

5
CO$_2$-Gleichgewichte

Um die Wirkung von Spurengasen in der Atmosphäre auf den Säuregrad (pH-Wert) des Regens und der Ozeane zu beschreiben, ist es wichtig, die CO$_2$-Gleichgewichte zu verstehen. Saurer Regen ist seit vielen Jahren in den meisten Industrieländern ein großes Problem mit immensen wirtschaftlichen Folgen.

Unser Ansatz ist, Gleichungen für verschiedene Reaktionen aufzustellen und diese zu nutzen, um den pH-Wert des Regens, von Oberflächen- oder Grundwasser zu bestimmen. Zuerst erinnern wir uns aber an die Definition der pH-Wertes:

$$\mathrm{pH} = -\log_{10}[\mathrm{H}^+] = -\lg[\mathrm{H}^+]$$

Hier bezieht sich $\log_{10}$ bzw. lg auf den Logarithmus zur Basis 10[1] und alles, was in den eckigen Klammern steht, ist die Konzentration einer Substanz in der Einheit Mol pro Liter. Der Buchstabe p bezieht sich auf die Potenz 10, sodass gilt:

$$\mathrm{pXYZ} = -\log[\mathrm{XYZ}] \quad \text{oder} \quad \mathrm{pXYZ} = -\lg[\mathrm{XYZ}]$$

Durch diese Schreibweise vermeidet man, mit sehr kleinen negativen Exponenten zu arbeiten und Berechnungen werden deutlich einfacher. Zum Beispiel ist der pK_a von Essigsäure 4,76. Das bedeutet, dass $K_a = 10^{-4,76}$ bzw. $1,74 \times 10^{-5}$ ist.

Die Gleichgewichtskonstante für die Reaktion $A + B \rightleftharpoons C + D$ ist wie folgt definiert:

$$K = \frac{[C][D]}{[A][B]}$$

Wenn die Reaktion zwischen A und B im Gleichgewicht ist, d. h., wenn die Reaktion abgeschlossen ist und somit weder A oder B verschwinden oder C und D gebildet werden, ist das Verhältnis des Produktes der Konzentrationen der Produkte und des Produktes der Konzentrationen der Edukte konstant. Wenn K sehr klein ist, dann gibt es relativ niedrige Produktkonzentrationen im Vergleich zu den

---

1) Den Logarithmus zur Basis 10 bezeichnet man auch als dekadischen oder Zehnerlogarithmus. Die mathematische Schreibweise ist $\lg x$ oder $\log_{10} x$. Die Umkehrfunktion ist 10^x. Der natürliche Logarithmus ist dagegen zur Basis e (Euler'sche Zahl, e = 2,718 281 828 459 …). Seine Umkehrfunktion ist die (natürliche) Exponentialfunktion e^x oder $\exp(x)$, auch e-Funktion genannt.

Umweltchemie, 1. Auflage. Ronald A. Hites, Jonathan D. Raff und Peter Wiesen.
© 2017 WILEY-VCH Verlag GmbH & Co. KGaA. Published 2017 by WILEY-VCH Verlag GmbH & Co. KGaA.

Konzentrationen der Edukte. Tatsächlich sind die meisten interessanten K-Werte üblicherweise klein, daher wird häufig die pK-Notation verwendet.

Wir erinnern uns, dass auch reines Wasser dissoziiert:

$$H_2O \rightleftharpoons H^+ + OH^-$$

Bei Raumtemperatur ist die Gleichgewichtskonstante $10^{-14,00}$ oder in unserer Notation pK_W = 14,00. Mit anderen Worten

$$K_W = [H^+][OH^-] = 10^{-14,00}$$

Schließlich definieren wir die *Henry-Konstante*, die das Verhältnis der Gleichgewichtskonzentration einer Verbindung in Lösung zu der Gleichgewichtskonzentration dieser Verbindung in der Gasphase über dieser Lösung ist. Diese wird normalerweise als K_H bezeichnet. Diese Konstante kann mit und ohne Einheiten angegeben werden. Wir werden hier die Version mit Einheiten verwenden:

$$K_H = \frac{[X]}{p_x}$$

$$K_H = \frac{\text{Konz. von X in Wasser (mol/L)}}{\text{Partialdruck von X in Luft über Wasser (atm)}}$$

In diesem Fall ist die Einheit Mol pro Liter pro Atmosphäre oder besser mol L^{-1} atm^{-1}.

5.1
Reiner Regen

Welchen pH-Wert hat Regen, der durch die Atmosphäre fällt, wenn diese frei von Schadstoffen ist?

Ansatz: Die Antwort ist nicht 7,00 wie einige vielleicht vermuten, sondern er ist etwas niedriger, weil die Atmosphäre CO$_2$ enthält. Das CO$_2$ löst sich in den Regentropfen, bildet dabei etwas Kohlensäure (H$_2$CO$_3$) und senkt dadurch den pH-Wert des Regens. Lassen Sie uns die Reaktionen nun Schritt für Schritt anschauen.

Zuerst löst sich CO$_2$ im Regenwasser. Diesen Prozess können wir durch den K_H-Wert für CO$_2$ beschreiben:

$$CO_2(\text{Luft}) \rightleftharpoons CO_2(\text{Wasser})$$

$$\frac{[CO_2]}{p_{CO_2}} = K_H = 10^{-1,47} \text{M/atm}$$

Das ist der K_H-Wert für Luft und Wasser bei 25 °C. Daher ist der pK_H von CO$_2$ + 1,47. In einigen Lehrbüchern wird CO$_2$ in Wasser gelöst und dann als H$_2$CO$_3$ bezeichnet. Diese Bezeichnung ist chemisch inkorrekt. H$_2$CO$_3$ bezeichnet die vollständig protonierte Kohlensäure. Manchmal findet man auch die Schreibweise $H_2CO_3^*$, die die Summe der wahren H_2CO_3 und gelöstem CO_2 darstellt. Tatsächlich macht bei 25 °C die gelöste CO_2-Konzentration 99,85 % dieser Summe aus. Wir werden daher einfach $[CO_2]$ verwenden.

Beachten Sie, dass in dem Ausdruck für K_H die Konzentration von gelöstem CO_2 in Mol pro Liter (nachstehend als „M") und der Partialdruck in Atmosphären angegeben wird. Wir wissen, dass der CO_2-Partialdruck in der Atmosphäre 390 ppm bzw. 390×10^{-6} atm ist. Für diesen Partialdruck können wir auch $10^{-3,41}$ schreiben. Folglich ist die CO_2-Konzentration:

$$[CO_2] = K_H p_{CO_2} = 10^{-1,47} 10^{-3,41} = 10^{-4,88}$$

Als Nächstes müssen wir dann die Reaktion von CO_2 mit Wasser berücksichtigen:

$$CO_2 + H_2O \rightleftharpoons HCO_3^- + H^+$$

HCO_3^- heißt *Bicarbonat*. Diese Reaktion hat bei 25 °C die Gleichgewichtskonstante

$$\frac{[HCO_3^-][H^+]}{[CO_2]} = K_{a1} = 10^{-6,35}$$

Formt man die Gleichung um und setzt für die Konzentration des gelösten CO_2 den Wert aus der Berechnung nach dem *Henry-Gesetz* ein, dann erhalten wir

$$[HCO_3^-][H^+] = K_{a1}[CO_2] = K_{a1} K_H p_{CO_2} = 10^{-6,35} 10^{-1,47} 10^{-3,41} = 10^{-11,23}$$

Somit gilt

$$[HCO_3^-] = \frac{10^{-11,23}}{[H^+]}$$

Wir sind aber noch nicht fertig. Es gibt eine weitere Reaktion, bei der *Bicarbonat* dissoziiert. Dabei entsteht *Carbonat* und weitere H^+-Ionen:

$$HCO_3^- \rightleftharpoons CO_3^{2-} + H^+$$

Diese Reaktion hat den folgenden Gleichgewichtsausdruck

$$\frac{[CO_3^{2-}][H^+]}{[HCO_3^-]} = K_{a2} = 10^{-10,33}$$

Der Wert der Gleichgewichtskonstante K_{a2} ist wieder für 25 °C angegeben. Wenn wir diesen Ausdruck umstellen und die Gleichung für die Bicarbonatkonzentration von oben einsetzen, dann erhalten wir

$$[CO_3^{2-}][H^+] = K_{a2}[HCO_3^-] = \frac{K_H K_{a1} K_{a2} p_{CO_2}}{[H^+]} = \frac{K_3 p_{CO_2}}{[H^+]}$$
$$= \left(\frac{10^{-18,15} 10^{-3,41}}{[H^+]}\right) = \frac{10^{-21,56}}{[H^+]}$$

Wenn wir nun definieren

$$K_3 = K_H K_{a1} K_{a2} = 10^{-18,15}$$

dann ergibt sich:

$$[CO_3^{2-}] = \frac{10^{-21,56}}{[H^+]^2}$$

Für die Dissoziation von Wasser können wir schreiben

$$[H^+][OH^-] = K_W = 10^{-14,00}$$

oder

$$[OH^-] = \frac{10^{-14,00}}{[H^+]}$$

In den Regentropfen muss die gleiche Zahl negativer wie positiver Ladungen vorhanden sein, da diese elektrisch nicht geladen sind. Dieser *Ladungsausgleich*, auch *Elektroneutralität* genannt, ist ein sehr wichtiges Konzept. Für das Carbonatsystem gilt

$$[H^+] = [HCO_3^-] + 2[CO_3^{2-}] + [OH^-]$$

Die 2 vor der Carbonatkonzentration ergibt sich, da jedes Mol Carbonat 2 mol Ladungen trägt. Wir können die obigen Gleichungen nun so in die Ladungsbilanzgleichung einsetzen, dass als Variable nur noch $[H^+]$ erhalten bleibt. Es ergibt sich dann:

$$[H^+] = \frac{10^{-11,23}}{[H^+]} + \frac{2 \times 10^{-21,56}}{[H^+]^2} + \frac{10^{-14,00}}{[H^+]}$$

Der $[OH^-]$-Term ist etwa 600 ($= 10^{2,77}$) mal kleiner als der $[HCO_3^-]$-Term, sodass wir diesen vernachlässigen können. Wenn wir berücksichtigen, dass $2 = 10^{+0,30}$ und wir beide Seiten der Gleichung mit $[H^+]^2$ multiplizieren, dann ergibt sich:

$$[H^+]^3 = 10^{-11,23}[H^+] + 10^{-21,26}$$

Wenn wir vermuten, dass der pH-Wert des Regens etwa 6 ist, können wir testen, ob die restlichen Terme in der Gleichung so klein sind, dass wir sie eventuell ebenfalls vernachlässigen können. In diesem Fall erhält man

$$10^{-18} = 10^{-17,2} + 10^{-21,3}$$

Der letzte Term auf der rechten Seite ist mehr als 1000-mal kleiner als die anderen und kann damit vernachlässigt werden. Abschließend erhält man somit:

$$[H^+]^2 = K_{a1} K_H p_{CO_2} = 10^{-6,35} 10^{-1,47} 10^{-3,41} = 10^{-11,23}$$
$$[H^+] = (K_{a1} K_H p_{CO_2})^{1/2} = 10^{-11,23/2} = 10^{-5,62}$$
$$pH = -\log[H^+] = 5,62$$

Der pH-Wert von reinem Regenwasser beträgt bei 25 °C demnach 5,62, was recht gut mit unserer Annahme übereinstimmt.

Berechnen Sie nun mit dem pH-Wert von 5,62 die Konzentrationen der einzelnen geladenen Spezies im Gleichgewicht und überprüfen, ob das Weglassen der beiden Terme gerechtfertigt war.

Ansatz: Die vier Terme sind:

$$[H^+] = 10^{5,62} = 2,4 \times 10^{-6} \, M$$

$$[HCO_3^-] = \frac{10^{-11,23}}{10^{-5,62}} = 10^{-5,61} = 2,4 \times 10^{-6} \, M$$

$$[CO_3^{2-}] = \frac{10^{-21,56}}{10^{-5,62 \times 2}} = 10^{-10,32} = 4,8 \times 10^{-11} \, M$$

$$[OH^-] = \frac{10^{-14,00}}{10^{-5,62}} = 10^{-8,38} = 4,2 \times 10^{-9} \, M$$

Die beiden einzigen Konzentrationen, die signifikant zur Ladung beitragen, sind H^+ und HCO_3^-. Die Elektroneutralität – also das Ladungsgleichgewicht – ist erreicht, wenn $[H^+] = [HCO_3^-]$ ist. Wir können demnach reinen Regen als verdünnte Lösung von Bicarbonat- und Wasserstoffionen ansehen.

5.2
Verschmutzter Regen

Welchen pH-Wert hätte der Regen, wenn die Atmosphäre mit 0,2 ppb SO_2 belastet wäre?

Ansatz: In diesem Fall müssen wir eine weitere Reihe von Reaktionen wie die Lösung von SO_2 aus der Gasphase im Regenwasser und die Reaktion von SO_2 mit Wasser berücksichtigen. Diese sind ähnlich wie die CO_2-Reaktionen, außer dass sie unterschiedliche pK-Werte haben:

$$SO_2(\text{Luft}) \rightleftharpoons SO_2(\text{Wasser})$$

$$\frac{[SO_2]}{p_{SO_2}} = K_H = 10^{+0,096} \, M/atm$$

Dies ist die gemessene *Henry-Konstante* von SO_2 bei etwa 25 °C. Daher ist der pK_H für SO_2 mit $-0,096$ negativ.
Der Partialdruck von SO_2 in der Atmosphäre beträgt 2×10^{-10}. Folglich gilt:

$$[SO_2] = K_H p_{SO_2} = 10^{+0,096} 10^{+0,30} 10^{-10,00} = 10^{-9,60} \, M$$

Wir müssen nun die Reaktion von SO_2 mit Wasser berücksichtigen:

$$SO_2 + H_2O \rightleftharpoons HSO_3^- + H^+$$

Die resultierende Gleichgewichtskonstante lautet dann:

$$\frac{[\text{HSO}_3^-][\text{H}^+]}{[\text{SO}_2]} = K_{a1} = 10^{-1{,}77}$$

Formt man die Gleichung um und setzt die SO_2-Konzentration aus dem *Henry-Gesetz* ein, ergibt sich

$$[\text{HSO}_3^-][\text{H}^+] = K_{a1}[\text{SO}_2] = K_H K_{a1} p_{\text{SO}_2}$$
$$[\text{HSO}_3^-][\text{H}^+] = 10^{+0{,}096} 10^{-1{,}77} 10^{+0{,}30} 10^{-10} = 10^{-11{,}37}$$

Wir sind noch nicht ganz fertig, denn es gibt noch eine Reaktion, bei der Bisulfit (HSO_3^-) dissoziiert und weitere H^+-Ionen gebildet werden:

$$\text{HSO}_3^- \rightleftharpoons \text{SO}_3^{2-} + \text{H}^+$$

Der entsprechende Gleichgewichtsausdruck lautet:

$$\frac{[\text{SO}_3^{2-}][\text{H}^+]}{[\text{HSO}_3^-]} = K_{a2} = 10^{-7{,}21}$$

Wenn wir diesen Ausdruck umstellen und $[\text{HSO}_3^-]$ substituieren, dann erhalten wir

$$[\text{SO}_3^{2-}][\text{H}^+] = K_{a2}[\text{HSO}_3^-] = \left(\frac{K_H K_{a1} K_{a2} p_{\text{SO}_2}}{[\text{H}^+]}\right) = \frac{10^{-18{,}58}}{[\text{H}^+]}$$

Die erweiterte Ladungsbilanz ist folglich:

$$[\text{H}^+] = [\text{HCO}_3^-] + 2[\text{CO}_3^{2-}] + [\text{HSO}_3^-] + 2[\text{SO}_3^{2-}] + [\text{OH}^-]$$

Die 2 vor der Sulfitkonzentration ergibt sich, da jedes Mol Sulfit 2 mol Ladungen trägt. Wir können die obigen Gleichungen nun so in die Ladungsbilanzgleichung einsetzen, dass als Variable nur noch $[\text{H}^+]$ erhalten bleibt. Es ergibt sich dann:

$$[\text{H}^+] = \frac{10^{-11{,}23}}{[\text{H}^+]} + \frac{2 \times 10^{-21{,}56}}{[\text{H}^+]^2} + \frac{10^{-11{,}37}}{[\text{H}^+]} + \frac{2 \times 10^{-18{,}58}}{[\text{H}^+]^2} + \frac{10^{-14{,}00}}{[\text{H}^+]}$$

Wenn wir vermuten, dass der pH-Wert etwa 5 ist, können wir wie vorher für CO_2 testen, ob Terme in der Gleichung so klein sind, dass wir sie eventuell vernachlässigen können. In diesem Fall erhält man:

$$10^{-5} = 10^{-6{,}2} + 10^{-11{,}3} + 10^{-6{,}4} + 10^{-8{,}3} + 10^{-9}$$

Wir erkennen, dass wir nur den ersten und den dritten Term auf der rechten Seite berücksichtigen müssen und erhalten damit:

$$[\text{H}^+]^2 = 10^{-11{,}23} + 10^{-11{,}37} = 10^{-10{,}99}$$

Zur Addition der beiden Terme muss man diese in „normale" Zahlen umwandeln, addieren und danach wieder umwandeln. Somit wird

$$[H^+] = 10^{-10,99/2} = 10^{-5,50}$$
$$pH = -\log[H^+] = 5,50$$

Dieser Wert ist um 0,12 pH-Einheiten kleiner als für reinen Regen, was bedeutet, dass der Regen in Gegenwart von 0,2 ppb SO_2 saurer ist als ohne SO_2. Man kann auch sagen, dass in diesem Fall $[H^+]$ ca. 35 % größer ist als ohne SO_2.

Welchen pH-Wert hätte der Regen, wenn die SO_2-Konzentration in der Atmosphäre 20-mal höher wäre als die Konzentration im atmosphärischen Hintergrund?

Ansatz: Der Ansatz ist der gleiche wie in der Aufgabe zuvor, nur dass wir jetzt den Partialdruck von SO_2 um den Faktor 20 erhöhen müssen. Man erhält $20 \times 2 \times 10^{-10} = 4 \times 10^{-9}$ atm und damit für $[SO_2]$:

$$[SO_2] = 10^{+0,096} \times 4 \times 10^{-9} = 10^{-8,30}$$

Setzt man diese Konzentration in den ersten Gleichgewichtsausdruck ein, dann erhalten wir

$$[HSO_3^-][H^+] = 10^{-1,77}[SO_2] = 10^{-1,77}10^{-8,30} = 10^{-10,07}$$

Da dieser Regen noch saurer ist als zuvor, können wir folglich auch wieder nur die gleichen drei Terme berücksichtigen:

$$[H^+] = [HCO_3^-][HSO_3^-]$$

Mithilfe der obigen Gleichung und Substitution der Variablen erhält man schließlich für $[H^+]$ bzw. den pH-Wert:

$$[H^+] = \frac{10^{-11,23}}{[H^+]} + \frac{10^{-10,7}}{[H^+]}$$
$$[H^+]^2 = 10^{-11,23} + 10^{-10,07} = 10^{-10,04}$$
$$[H^+] = 10^{-10,04/2} = 10^{-5,02} \text{ M}$$
$$pH = -\log_{10}[H^+] = 5,02$$

Das ist schon ziemlich sauer und man versteht sofort, dass man saurem Regen effizient durch die Reduktion schwefelhaltiger Emissionen entgegenwirkt. Dies gelingt z. B. durch die Verwendung schwefelarmer Brennstoffe.

Tatsächlich sind die hier beschriebenen Reaktionen von SO_2 in Regenwasser nur der erste Schritt bei der Bildung von saurem Regen. Der letzte Schritt ist die Oxidation der Schwefelverbindungen zu Sulfationen (SO_4^{2-}). Einige wichtige atmosphärische Spurengase wie Wasserstoffperoxid und Ozon lösen sich in Regentropfen und oxidieren dort Bisulfit und Sulfit zu Sulfat (SO_4^{2-}):

$$HSO_3^- + H_2O_2 + H^+ \rightarrow SO_4^{2-} + 2H^+ + H_2O$$
$$SO_3^{2-} + O_3 \rightarrow SO_4^{2-} + O_2$$

Somit ist es eigentlich Schwefelsäure (H_2SO_4), die den pH-Wert des Regens ausmacht. Da Schwefelsäure eine stärkere Säure ist als schweflige Säure (H_2SO_3), sinkt der pH-Wert dadurch noch weiter.

Gehen wir wieder zurück zu einer SO_2-Konzentration von 0,2 ppb und geben jetzt 0,01 ppb Ammoniak in die Atmosphäre. Ammoniak, das aus natürlichen wie anthropogenen Quellen stammt, findet man praktisch überall in der Umwelt. Wie groß ist jetzt der pH-Wert des Regens?

Ansatz: Ammoniak steht mit Wasser im Gleichgewicht:

$$NH_3 + H_2O \rightleftharpoons NH_4^+ + OH^-$$

Die Gleichgewichtskonstante pK_b hat bei 25 °C den Wert 4,74.[2] Somit gilt:

$$[NH_4^+][OH^-] = 10^{-4,74}[NH_3]$$

Ammoniak ist sehr wasserlöslich mit $pK_H = -1{,}76$ bei 25 °C. Damit erhält man für $[NH_3]$:

$$[NH_3] = K_H p_{NH_3} = 10^{+1,76} p_{NH_3}$$

Bei dieser Aufgabe ist der Partialdruck von Ammoniak mit 0,01 ppb, also $10^{-11,00}$ atm angegeben. Somit gilt:

$$[NH_3] = 10^{+1,76} 10^{-11,00} = 10^{-9,24} \text{ M}$$

Wir vernachlässigen nun die Terme, die wir nicht benötigen und erhalten als Ladungsbilanz:

$$[H^+] + [NH_4^+] = [HCO_3^-] + [HSO_3^-]$$

Wir kennen bereits die beiden Terme auf der rechten Seite der Gleichung:

$$[HCO_3^-] = \frac{10^{-11,23}}{[H^+]}$$

$$[HSO_3^-] = \frac{10^{-11,37}}{[H^+]}$$

Aber $[NH_4^+]$ auf der linken Seite der Gleichung kennen wir noch nicht. Wenn wir den Gleichgewichtsausdruck und die *Henry-Konstante* für Ammoniak zusammenfassen, erhält man:

$$[NH_4^+] = \frac{K_b K_H p_{NH_3}}{[OH^-]} = \frac{10^{-4,74} 10^{-9,24}}{[OH^-]} = \frac{10^{-13,98}}{[OH^-]}$$

---

2) Im Gegensatz zu den Gleichgewichtskonstanten für CO_2 und SO_2, die als K_a abgekürzt werden, wobei „a" für Säure (englisch: *acid*) steht, benutzt man bei Basen für die Gleichgewichtskonstante den Ausdruck K_b, wobei „b" für Base steht. Im Grunde ist es aber das gleiche Konzept.

Wir können immer den Gleichgewichtsausdruck für Wasser verwenden und damit [OH$^-$] beschreiben:

$$[OH^-] = \frac{K_W}{[H^+]} = \frac{10^{-14,00}}{[H^+]}$$

Daher gilt:

$$[NH_4^+] = \frac{K_b K_H p_{NH_3}[H^+]}{K_W} = 10^{-13,98} 10^{+14,00}[H^+] = 1{,}05[H^+]$$

Diese Terme setzen wir nun in die Ladungsbilanz ein und erhalten für [H$^+$]:

$$[H^+] + 1{,}05[H^+] = \frac{10^{-11,23} + 10^{-11,37}}{[H^+]}$$

Das ist eine Gleichung mit einer Unbekannten, die wir leicht lösen können:

$$[H^+] = \left(\frac{10^{-11,23} + 10^{-11,37}}{2{,}05}\right)^{1/2} = \left(\frac{10^{-10,99}}{10^{0,31}}\right)^{1/2} = 10^{-5,65}\,M$$
$$pH = -\log_{10}[H^+] = 5{,}65$$

Das Ergebnis ist ziemlich bemerkenswert. Wenn wir nur eine geringe Menge einer sehr wasserlöslichen Base (in diesem Fall NH$_3$) in die Atmosphäre eintragen, geht der pH-Wert des Regen fast zurück auf den von reinem Regen.

Wie viel NH$_3$ würde man benötigen, um 4 ppb SO in der Atmosphäre zu neutralisieren?

Ansatz: Wir möchten einen pH-Wert von 5,62 bei 25 °C erreichen. Da wir alle Gleichgewichte und die Ladungsbilanz kennen, müssen wir nur noch den NH$_3$-Partialdruck bestimmen. Da sich die atmosphärische CO$_2$-Konzentration nicht geändert hat, lautet der Term für Bicarbonat $10^{-11,23}/[H^+]$ und wir kennen den Ausdruck für das Bisulfit für die angegebene SO$_2$-Konzentration aus der Aufgabe 2 in diesem Kapitel. Dieser ist $10^{-10,07}/[H^+]$. Für die Ammoniumkonzentration schreiben wir:

$$[NH_4^+] = \frac{K_b K_H p_{NH_3}[H^+]}{K_W}$$

Somit erhalten wir für die Ladungsbilanz:

$$[H^+] + \frac{K_b K_H p_{NH_3}[H^+]}{K_W} = \frac{10^{-11,23}}{[H^+]} + \frac{10^{-10,07}}{[H^+]} = \frac{10^{-10,04}}{[H^+]}$$
$$[H^+]^2 \left(1 + 10^{-4,74} 10^{+1,76} 10^{14,00} p_{NH_3}\right) = 10^{-10,04}$$

Für einen pH-Wert von 5,62 ergibt sich somit:

$$1 + 10^{11,02} p_{NH_3} = 10^{-10,04 + 2 \times 5,62} = 10^{+1,20}$$
$$p_{NH_3} = \left(10^{+1,20} - 1\right) \times 10^{-11,02} = 10^{1,17} 10^{-11,02}$$
$$= 10^{-9,85} = 0{,}14\,ppb$$

Auch wenn die Ammoniakkonzentrationen von Ort zu Ort erheblich variieren können, ist 0,14 ppb ein nicht unrealistisches Mischungsverhältnis.

Man könnte nun auf die Idee kommen, das Problem des sauren Regens dadurch zu lösen, dass man zusätzlich Ammoniak in die Atmosphäre einträgt, um so die Säure zu neutralisieren. Hier muss man aber berücksichtigen, dass dies den Säuregehalt im Boden erhöhen würde, da die ausgewaschenen NH_4^+-Ionen von den Bodenbakterien in Gegenwart von Sauerstoff in Salpetersäure, eine starke Säure, umgewandelt würden. Dieser Vorgang wird Nitrifikation genannt und ist ein wichtiger Teil des Stickstoffkreislaufs in der Umwelt.

5.3
Oberflächengewässer

Wie groß ist der pH-Wert des Wassers in einem Kalksteinbruch?

Ansatz: Beachten Sie, dass Kalkstein Calciumcarbonat ($CaCO_3$) ist und beim Lösen in Wasser dissoziiert:

$$CaCO_3(s) \rightleftharpoons Ca^{2+} + CO_3^{2-}$$

Die Dissoziation wird durch das Löslichkeitsprodukt beschrieben:

$$K_L = [Ca^{2+}][CO_3^{2-}] = 10^{-8,42}$$

Beachten Sie, dass der Ansatz über das Löslichkeitsprodukt nur dann richtig ist, wenn noch ungelöster Feststoff im System vorhanden ist. Mit anderen Worten, sprechen wir in diesem Fall über festes $CaCO_3$, das im Gleichgewicht mit einer gesättigten $CaCO_3$-Lösung steht. Das Löslichkeitsprodukt kann man mit anderen Gleichgewichtskonstanten vergleichen, außer dass hier das feste $CaCO_3$, das normalerweise im Nenner erscheint, gleich 1 gesetzt wird, weil $CaCO_3$ in seinem Standardzustand[3] vorliegt.

Die Ladungsbilanz für das Wasser im Steinbruch ist anders als für reinen Regen, weil wir jetzt noch die Calciumionen berücksichtigen müssen:

$$[H^+] + 2[Ca^{2+}] = [HCO_3^-] + 2[CO_3^{2-}] + [OH^-]$$

Beachten Sie den Faktor 2 vor der Calciumkonzentration. Woher resultiert dieser Faktor eigentlich?

Für die Carbonatkonzentration wissen wir bereits, dass wir diese schreiben können als:

$$[CO_3^{2-}] = \frac{K_3 p_{CO_2}}{[H^+]^2} = \left(\frac{10^{-21,56}}{[H^+]^2}\right)$$

---

3) Unter dem Standardzustand eines Stoffes versteht man dessen thermodynamisch stabilste Form bei Standardbedingungen (25 °C und 1 atm Druck). Somit ist der Standardzustand von $CaCO_3$ unter diesen Bedingungen fest (s = solid).

Ausgehend vom Löslichkeitsprodukt erhält man dann:

$$[Ca^{2+}] = 10^{-8,42}10^{+21,56}[H^+]^2 = 10^{+13,14}[H^+]^2$$

Wir können diesen Ausdruck nun genau wie die anderen Terme in der Ladungsbilanz ersetzen und erhalten

$$[H^+] + 2 \times 10^{+13,14}[H^+]^2 = \frac{10^{-11,23}}{[H^+]} + \frac{2 \times 10^{-21,56}}{[H^+]^2} + \frac{10^{-14,00}}{[H^+]}$$

Lassen Sie uns nun annehmen, dass der pH-Wert des Wassers im Steinbruch gleich 7 ist und berechnen, wie groß die einzelnen Terme in der Gleichung sind:

$$10^{-7} + 10^{-0,6} = 10^{-4,2} + 10^{-7,3} + 10^{-7,0}$$

Man sieht, dass wir nur den zweiten Term auf der linken Seite und den ersten Term auf der rechten Seite berücksichtigen müssen und damit die folgende Gleichung für die Ladungsbilanz erhalten:

$$10^{+13,44}[H^+]^2 = \frac{10^{-11,23}}{[H^+]}$$

Wenn wir das noch einmal mit der gesamten Ladungsbilanz vergleichen, dann stellen wir fest, dass wir nur die Terme für Calcium und Bicarbonat berücksichtigt haben. Bei dem Wasser im Steinbruch handelt es sich demnach um eine Lösung von Calciumbicarbonat.

Die Lösung für diese vereinfachte Gleichung lautet somit:

$$[H^+]^3 = 10^{-11,23}10^{-13,44} = 10^{-24,67}$$
$$[H^+] = 10^{-24,67/3} = 10^{-8,22}\,M$$

Der pH-Wert beträgt also 8,22, was auch gut mit der Erfahrung übereinstimmt. Wie kommt es aber, dass der pH-Wert des Wassers im Steinbruch so viel höher ist als der pH-Wert des Regens?

Aber Vorsicht: Die letzte Berechnung unterstellt, dass festes Calciumcarbonat in dem System vorhanden ist, weil wir z. B. einen Kalksteinbruch betrachten. Es sollte klar sein, dass der Partialdruck von CO_2 über einer Wasseroberfläche in der Regel die durchschnittliche atmosphärische Konzentration von 390 ppm nicht überschreiten kann. Damit kann auch die Calciumkonzentration ein gewisses Maß nicht überschreiten, wenn dieser Partialdruck aufrechterhalten werden soll. In unserer Berechnung beruhte der Exponent von −11,23 auf einem CO_2-Partialdruck von 390 ppm. Bei diesem Druck und bei dem berechneten pH-Wert von 8,22 erhält man dann für die Calciumkonzentration:

$$[Ca^{2+}] = 10^{+13,14}[H^+]^2 = 10^{+13,14}10^{-2\times 8,22} = 10^{-3,30} = 5 \times 10^{-4}\,mol/L$$
$$= 500\,\mu M$$

Mit anderen Worten, bei 390 ppm CO_2 ist die maximale gelöste Calciumkonzentration etwa 500 µM. Natürlich kann die Konzentration geringer sein, wenn das gesamte feste Calciumcarbonat gelöst ist. Die Calciumkonzentration kann höher sein, wenn der CO_2-Partialdruck höher ist, wie z. B. im Grundwasser oder in einem geschlossenen kohlensäurehaltigen Getränk. Aber stellen wir uns doch eine viel allgemeinere Frage.

Wie groß ist die maximale Löslichkeit von Calcium in Wasser als Funktion des CO_2-Partialdrucks, wenn das CO_2 im Gleichgewicht mit dem Wasser ist?

Ansatz: Wir wissen, dass gilt

$$[Ca^{2+}][CO_3^{2-}] = K_L = 10^{-8,42}$$

und

$$[CO_2] = K_H p_{CO_2}$$

sowie

$$[HCO_3^-][H^+] = K_{a1}[CO_2] = K_{a1} K_H p_{CO_2}$$

Mit einer vereinfachten Ladungsbilanz ergibt sich:

$$2[Ca^{2+}] = [HCO_3^-]$$

Setzt man dies in die Gleichung für K_{a1} ein, dann erhält man

$$2[Ca^{2+}][H^+] = K_{a1} K_H p_{CO_2}$$

oder umgeformt

$$[H^+] = \frac{K_{a1} K_H p_{CO_2}}{2[Ca^{2+}]}$$

Setzt man dies nun wiederum in die Gleichung für K_{a2} ein, dann erhalten wir

$$[CO_3^{2-}] = \frac{2[Ca^{2+}] K_{a2} [HCO_3^-]}{K_{a1} K_H p_{CO_2}}$$

Wegen des Ladungsgleichgewichtes kennen wir die Bicarbonatkonzentration in Bezug auf die Calciumkonzentration:

$$[CO_3^{2-}] = \frac{4[Ca^{2+}]^2 K_{a2}}{K_{a1} K_H p_{CO_2}}$$

Da wir die maximale Calciumkonzentration in unserem System haben, können wir davon ausgehen, dass das Wasser im Gleichgewicht mit dem festen $CaCO_3$ ist und benutzen das Löslichkeitsprodukt K_L, um die Calciumkonzentration zu bestimmen. Dazu setzen wir die obige Gleichung in den Ausdruck für das Löslichkeitsprodukt ein und erhalten:

$$[Ca^{2+}]\left(\frac{4[Ca^{2+}]^2 K_{a2}}{K_{a1} K_H p_{CO_2}}\right) = K_L$$

oder umgeformt

$$[Ca^{2+}] = \left(\frac{K_L K_{a1} K_H}{4 K_{a2}}\right)^{1/3} p_{CO_2}^{1/3}$$

Da die Werte der verschiedenen Gleichgewichtskonstanten bekannt sind, setzen wir diese ein und erhalten:

$$[Ca^{2+}]_{MAX} = 0{,}00676\, p_{CO_2}^{1/3}$$

Wir können diese Funktion mithilfe eines Tabellenkalkulationsprogramms wie Excel zeichnen. Ein paar wichtige Werte sollte man aber auch so im Kopf behalten. So ist z. B. bei 390 ppm CO_2 die maximale gelöste Calciumkonzentration 490 µM oder 20 mg/L; bei 0,1 atm sind es 3100 µM oder 125 mg/l und bei 1,5 atm dann 7700 µM oder 310 mg/L.

5.4
Die Versauerung der Meere

Wir haben uns bislang auf den Eintrag saurer Spezies in die Erdatmosphäre und deren Auswirkung auf den pH-Wert des Regens und der Oberflächengewässer konzentriert. Wir hatten bereits festgestellt, dass auch das CO_2 in der Atmosphäre den pH-Wert des Regens auf etwa 5,6 absenkt. In den letzten Jahren haben Wissenschaftler begonnen, sich mit der Frage zu beschäftigen, ob das CO_2 in der Atmosphäre auch den pH-Wert der Ozeane beeinflusst. Wir wissen, dass CO_2 ein Treibhausgas ist und somit die Erwärmung der Ozeane beeinflussen kann. Es war aber bis vor kurzem unklar, ob die Zunahme der atmosphärischen CO_2-Konzentration auch subtile ökologische Folgen haben könnte, wenn es in die Ozeane eingetragen würde.

Die Ozeane haben einen pH-Wert von etwa 8,1. Das Wasser ist damit basisch bzw. alkalisch. Zunächst glaubte man, dass das Ozeanwasser basisch genug sei, um den Eintrag saurer Substanzen aus der Atmosphäre zu neutralisieren. Das ist vermutlich richtig, aber man übersieht dabei den Effekt der zusätzlichen Lösung von CO_2 auf die Carbonatkonzentration in den Ozeanen. Carbonat ist für viele kalkskelettbildende marine Organismen sehr wichtig, wie z. B. Steinkorallen oder Kalkalgen, die die Eigenschaft haben, Kalk abzuscheiden. Man vermutet, dass Steinkorallen weltweit jährlich 900 Mt Calciumcarbonat bilden. Ein Rückgang der Carbonatkonzentration durch die Abnahme des pH-Wertes aufgrund des steigenden $[CO_2]$ und $[HCO_3^-]$ könnte katastrophale Folgen haben. Wenn die

Carbonatkonzentration in den Ozeanen nämlich zu niedrig ist, beginnt die langsame Auflösung des Calciumcarbonats in den Skeletten dieser Organismen. Da diese oft die Basis der Nahrungskette in den Ozeanen bilden, könnten sich so weitreichende Konsequenzen – auch für den Menschen – ergeben.

Die Auswirkungen des Eintrags saurer Substanzen aus der Atmosphäre wird in den Ozeanen nicht überall gleich sein. Der pH-Wert der Ozeane variiert von Ort zu Ort und mit der Tiefe. Er hängt auch von der lokalen Wassertemperatur und dem Salzgehalt des Meerwassers ab. Wenn wir die Temperatur und den Salzgehalt kennen, können wir diese Veränderungen in unseren Gleichgewichtskonstanten kompensieren. Dazu müssen wir also K_H, K_{a1}, K_{a2} und K_W als Funktion der Temperatur und des Salzgehaltes beschreiben. Glücklicherweise sind diese funktionalen Beziehungen bekannt. Eine Schwierigkeit ist aber, dass das Meerwasser nicht im Gleichgewicht mit festem Calciumcarbonat steht und somit das Konzept mit K_{sp} nicht anwendbar ist.

Lassen Sie uns mit einer allgemeinen Frage beginnen.

Wie ist die Konzentration von Carbonationen im Meer als Funktion des Partialdrucks von CO_2?[4]

Wir kennen die allgemeine Form des funktionalen Zusammenhangs. Da die CO_2-Konzentration in der Atmosphäre ansteigt, wird der pH-Wert des Regens sinken. Das bedeutet nichts anderes, als dass $[H^+]$ zunehmen wird und damit die Carbonatkonzentration entsprechend dem bereits in diesem Kapitel abgeleiteten Ausdruck sinken wird:

$$[CO_3^{2-}] = \frac{10^{-21,56}}{[H^+]^2}$$

Allerdings stimmt der Exponent in dieser Gleichung (−21,56) nur für Süßwasser bei 25 °C und einem CO_2-Partialdruck von $10^{-3,41}$ atm. Tatsächlich benötigen wir die verschiedenen Gleichgewichtskonstanten als Funktion der Temperatur und des Salzgehaltes des Meerwassers, wobei wir hier mit Salzgehalt die Gesamtkonzentration der gelösten Salze im Meerwasser verstehen wollen. Dabei entspricht der Salzgehalt in etwa dem Gewicht der gelösten Salze in Gramm pro Kilogramm Meerwasser. Der durchschnittliche Wert für Meerwasser beträgt 35 ‰.[5] Der Salzgehalt ist natürlich in solchen Bereichen geringer, in denen größere Mengen Süßwasser in die Meere eingetragen werden. Dies ist z. B. im Bereich von Flussmündungen der Fall oder in Brackwassermeeren wie der Ostsee, in denen der Wasseraustausch mit den offenen Ozeanen durch Meerengen behindert wird. Die Werte von K_H, K_{a1} und K_{a2} sind als Funktion sowohl der Wassertemperatur und als auch des Salzgehaltes gut bekannt. Die folgenden Gleichungen für K_H, K_{a1} und K_{a2} können zur Berechnung verwendet werden, wobei die Tempera-

---

4) Für eine weiterführende Diskussion über dieses Thema wird auf [1] und darin enthaltene Literaturverweise verwiesen.
5) Im angelsächsischen Raum verwendet man mitunter für ‰ die Bezeichnung ppth (*parts per thousand*).

tur T in K und der Salzgehalt S in ‰ angegeben wird:

$$\ln(K_H) = 93{,}4517 \left(\frac{100}{T}\right) - 60{,}2409 + 23{,}3585 \ln\left(\frac{T}{100}\right)$$
$$+ S \left[0{,}023\,517 - 0{,}023\,656 \left(\frac{T}{100}\right) + 0{,}004\,703\,6 \left(\frac{T}{100}\right)^2\right]$$

$$\ln(K_{a1}) = \left(\frac{-2307{,}1266}{T}\right) + 2{,}836\,55 - 1{,}552\,941\,3 \ln(T)$$
$$+ S^{1/2} \left[\frac{-4{,}0484}{T} - 0{,}207\,608\,41\right] + 0{,}084\,683\,45 S$$
$$- 0{,}008\,469\,34\, S^{3/2} + \ln(1 - 0{,}001\,005 S)$$

$$\ln(K_{a2}) = \left(\frac{-3351{,}6106}{T}\right) - 9{,}226\,508 - 0{,}200\,574\,3 \ln(T)$$
$$+ S^{1/2} \left[\frac{-23{,}9722}{T} - 0{,}106\,901\,77\right] + 0{,}113\,082\,2 S$$
$$- 0{,}008\,469\,34\, S^{3/2} + \ln(1 - 0{,}001\,005 S)$$

Eine weitere Schwierigkeit ist, dass wir für die Aufstellung der richtigen Ladungsbilanz des Meerwassers nicht nur die relativ große Menge an Natrium- und Chloridionen berücksichtigen müssen, sondern noch eine Vielzahl anderer Kationen und Anionen. Wir können leicht Gleichungen für die Konzentrationen derjenigen Kationen und Anionen angeben, die vom pH-Wert abhängig sind, wie H^+, HCO_3^- und CO_3^{2-}.

Aber wir benötigen auch die Konzentrationen der Komponenten des Meerwassers, die sich nicht mit dem pH-Wert ändern. Dazu gehören Na^+ und Cl^- und viele andere. Anstatt jetzt alle pH-unempfindlichen Anionen und Kationen auf beiden Seiten der Ladungsbilanzgleichung aufzuführen, ist es einfacher, die Differenz zwischen der gesamten pH-unempfindlichen Kationenkonzentration minus der gesamten pH-unempfindlichen Anionenkonzentration zu betrachten. Wir schreiben diese Zahl, die positiv und experimentell bekannt ist, auf die linke Seite der Ladungsbilanz:

$$[\text{Kationen}] = 10^{-2{,}64}\, \text{mol/L}$$

Da der pH-Wert der Ozeane etwa 8 ist, ist die Kationenkonzentration viel höher als $[H^+]$ oder $[OH^-]$ und wir können wiederum die Ladungsbilanzgleichung vereinfachen:

$$10^{-2{,}64} = [HCO_3^-] + 2\,[CO_3^{2-}]$$

Wir können nun einfach die Gleichung für $[HCO_3^-]$ als Funktion von $[H^+]$ in diesen Ausdruck einsetzen und erhalten

$$10^{-2{,}64} = \frac{K_H K_{a1} p_{CO_2}}{[H^+]} + 2\,[CO_3^{2-}]$$

Wir wollen nun diese Gleichung für die Carbonatkonzentration und nicht für den pH-Wert lösen. Das hatten wir ja bereits zuvor in diesem Kapitel erledigt. Dazu benutzen wir den allgemeinen Ausdruck für die Carbonatkonzentration

$$[CO_3^{2-}] = \frac{K_3 p_{CO_2}}{[H^+]^2}$$

und stellen diesen nach $[H^+]$ um:

$$[H^+] = \left(\frac{K_3 p_{CO_2}}{[CO_3^{2-}]}\right)^{1/2}$$

Setzt man diesen in die vereinfachte Ladungsbilanz ein, dann erhalten wir:

$$10^{-2{,}64} = \left(\frac{K_3 p_{CO_2}}{K_{a2}}\right)\left(\frac{[CO_3^{2-}]}{K_3 p_{CO_2}}\right)^{1/2} + 2\,[CO_3^{2-}]$$

Beachten Sie, dass wir $K_H K_{a1}$ durch K_3/K_{a2} ersetzt haben (siehe Abschnitt 5.1.). Dies ist eine quadratische Gleichung der Form

$$2\,[CO_3^{2-}] + b\,[CO_3^{2-}]^{1/2} - 10^{-2{,}64} = 0$$

wobei

$$b = \left(\frac{K_3 p_{CO_2}}{K_{a2}}\right)\left(\frac{1}{K_3 p_{CO_2}}\right)^{1/2} = \frac{(K_3 p_{CO_2})^{1/2}}{K_{a2}}$$

Die Lösung dieser Gleichung ist natürlich

$$[CO_3^{2-}]^{1/2} = \frac{-b + \left(b^2 + 10^{-1{,}74}\right)^{1/2}}{4}$$

Jetzt können wir $[CO_3^{2-}]$ als Funktion des atmosphärischen CO_2-Partialdrucks auftragen. Dazu benutzen wir natürlich am besten ein Tabellenkalkulationsprogramm. Zuerst bestimmen wir die Werte von K_3 und K_{a2} für die gewählte Temperatur und den gewählten Salzgehalt, um daraus b als Funktion der CO_2-Partialdrucks zu berechnen. Diese Werte benutzt man dann, um $[CO_3^{2-}]^{1/2}$ und dann nach dem Quadrieren $[CO_3^{2-}]$ zu erhalten. Es ist sinnvoll, in Einheiten von µmol/L für Carbonat und ppm für CO_2 zu arbeiten.

Die Abb. 5.1 zeigt das im Meerwasser gelöste Carbonat als Funktion der atmosphärischen CO_2-Konzentration bei 273 K (typisch für Meerwasser in der Arktis und Antarktis) und 298 K (typisch für Meerwasser in den gemäßigten Breiten). Für beide Temperaturen wurde der Salzgehalt von 35 ppth angenommen.

Der Auftragung kann man entnehmen, dass bei einem gegenwärtigen CO_2-Mischungsverhältnis von 390 ppm in der Atmosphäre die gelöste Carbonatkonzentration bei 298 K bei 250 µmol/L und bei 273 K bei etwa 95 µmol/L liegt. Die Carbonatkonzentration, bei der die Schalen skelettbildender mariner Organismen beginnen sich aufzulösen, ist mit geschätzten 70 µmol/L nicht weit vom

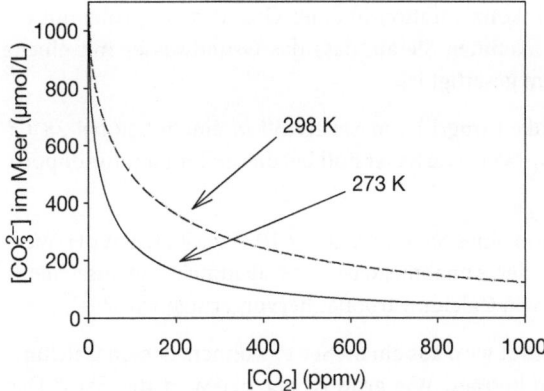

Abb. 5.1 Berechnete Konzentration von gelöstem Carbonat im Ozean als Funktion der atmosphärischen CO_2-Konzentration. Siehe Gleichung im Text.

aktuellen Wert in kaltem Wasser entfernt. Eine Erhöhung des atmosphärischen CO_2-Mischungsverhältnisses auf 600 ppm würde die Carbonatkonzentration auf deutlich unter diese 70 µmol/L absenken.

Unsere Berechnung ist aber sehr vereinfacht. Wir haben nur zwei Temperaturen und einen Salzgehalt berücksichtigt. In den Ozeanen variieren die Temperaturen und Salzgehalte allerdings kontinuierlich mit dem Standort. Wir können die Berechnungen aber für verschiedene Temperaturen und Salzgehalte und für verschiedene CO_2-Mischungsverhältnisse wiederholen und so eine Schätzung der gelösten Carbonatkonzentration als Funktion des Ortes im Ozean und als eine Funktion des atmosphärischen CO_2-Partialdrucks erhalten. Diese Aufgabe finden Sie als letzte Übungsaufgabe am Ende dieses Kapitels. Die Ergebnisse zeigen im Übrigen, dass Carbonatkonzentrationen im antarktischen Ozean bis zum Ende des 21. Jahrhunderts deutlich sinken und damit dann deutliche Probleme für skelettbildende marine Organismen auftreten würden.

5.5
Übungsaufgaben

5.1 Zeichnen Sie für einen See in Nordeuropa die folgenden Größen als Funktion des pH-Wertes im Bereich von 0–10 auf: p_{CO_2}, $[CO_2]$, $[HCO_3^-]$, $[H^+]$, $[OH^-]$ und $[CO_3^{2-}]$. Beantworten Sie mithilfe des Diagramms die folgenden Fragen: Bei welchem pH-Wert wäre die Carbonatkonzentration gleich groß wie die OH^--Konzentration? Bei welchem pH-Wert wäre die Konzentration an gelöstem CO_2 gleich der Carbonatkonzentration? Bei welchem pH-Wert würde die Carbonatkonzentration die Bicarbonatkonzentration überschreiten?

5.2 Wie groß ist der pH-Wert von reinem Wasser, das bei einem Druck von 1 atm mit CO_2 gesättigt wurde?

5.3 Schätzen Sie die Calciumkonzentration in einer Grundwasserprobe mit einem pH-Wert von 5,50 ab. Nehmen Sie an, dass das Grundwasser mit einem CO_2-Partialdruck von 0,1 atm gesättigt ist.

5.4 Wie groß ist die Löslichkeit (mg/L) von Sauerstoff in einem See bei 28 °C? Nehmen Sie an, dass der pK_H-Wert von Sauerstoff bei dieser Temperatur doppelt so groß ist wie der von CO_2.

5.5 Die Calciumkonzentration eines Sees beträgt 4×10^{-4} M. Welchen pH-Wert hat das Wasser im See unter der Annahme, dass der Calciumeintrag ausschließlich durch die Verwitterung von Calciumcarbonat hervorgerufen wird?

5.6 Das Trinkwasser einer Stadt wird aus einem See gewonnen, dessen Calciummischungsverhältnis 17 ppm beträgt. Wie groß ist der pH-Wert des Sees? Das Atomgewicht von Calcium ist 40,1 g/mol.

5.7 Eine Wasserprobe hat einen pH-Wert von 8,44 und ein Calciummischungsverhältnis von 1,55 ppm. Wie groß ist die Konzentration (in Mol pro Liter) von CO_3^{2-} und HCO_3^- in der Wasserprobe, wenn man davon ausgeht, dass im Wasser nur Ca^{2+}-, HCO_3^-- und CO_3^{2-}-Ionen vorhanden sind?

5.8 Vor dem Beginn der industriellen Revolution betrug das Volumenmischungsverhältnis von CO_2 in der Erdatmosphäre etwa 275 ppm. Wie groß ist die Änderung des pH-Wertes im Regenwasser durch den Anstieg der atmosphärischen CO_2-Konzentration, wenn man nur das im Wasser gelöste CO_2 berücksichtigt?

5.9 Eine Regenwasserprobe hat einen pH-Wert von 7,4. Nehmen Sie an, dass nur die 390 ppm CO_2 in der Atmosphäre und Kalksteinstaub den pH-Wert beeinflussen und dass jeder Regentropfen ein Volumen von 0,02 cm³ hat. Welche Menge Calcium ist in jedem Regentropfen?

5.10 Die Konzentration von Pentachloramylen (PCA) in einem See liegt bei 3,2 ng/L. Der See hat eine durchschnittliche Tiefe von 25 m. PCA wird aus diesem See nur durch Ablagerung im Sediment entfernt. Die Geschwindigkeitskonstante für diesen Prozess beträgt $2,1 \times 10^{-4}$ h^{-1}. Die einzige PCA-Quelle ist der Regen. Wie groß ist die PCA-Konzentration im Regenwasser (in ng/L) unter der Annahme, dass die Niederschlagsmenge 80 cm pro Jahr beträgt?

5.11 Ein Umweltwissenschaftler bestellt sich während seines Italienurlaubs zum Abendessen ein Flasche des lokalen Mineralwassers. Das Mineralwasser hat einen pH-Wert von 8 und laut Etikett die folgende Zusammensetzung: Na^+, 47 mg/L; K^+, 46 mg/L; Mg^{2+}, 19 mg/L; HCO_3^-, 1397 mg/L; Cl^-, 23 mg/L und NO_3^-, 5,5 mg/L. Die Ca^{2+}-Konzentration war auf dem Etikett nicht zu entziffern, sodass Sie diese aus den Angaben berechnen sollen. Verwenden Sie – falls erforderlich – die folgenden Atomgewichte: Ca, 40,1; Na, 23,0; K, 39,1; Mg, 24,3, und Cl, 35,5 g/mol.

5.12 Stellen Sie sich vor, dass ein Entsorger illegal beginnt, Natriumchlorid (NaCl) mit einer Rate von 1600 kg pro Tag in einen See einzutragen. Vor Beginn dieser Aktion betrug das NaCl-Mischungsverhältnis im See 11 ppm und deren Verweildauer 3,5 Jahre. Nach fünf Jahren werden die Umweltbehörden auf diese illegale Einleitung aufmerksam und stoppen diese sofort. Wie groß wäre das maximale NaCl-Mischungsverhältnis (in ppm) in diesem See? Der See hat ein Volumen von $1{,}8 \times 10^7$ m^3. Die Dichte von NaCl ist zweimal so groß wie die des Wassers.

5.13 Erdgas enthält etwa 6 % Ethan (C_2H_6). Ethan gelangt in die Atmosphäre nur, wenn es bei Bohrungen zur Förderung von Erdgas und aus undichten Erdgasleitungen entweicht. In der nördlichen Hemisphäre beträgt die durchschnittliche Ethankonzentration etwa 1,0 ppb. In der südlichen Hemisphäre ist sie mit etwa 0,5 ppb nur halb so groß. Ethan kann durch drei Prozesse aus der Troposphäre verschwinden: (i) Übergang in die Stratosphäre, (ii) durch OH-Radikale initiierte Reaktionen in der Troposphäre und (iii) nasse Deposition an der Erdoberfläche. Natürlich kann Ethan auch zwischen den beiden Hemisphären ausgetauscht werden. Pro Jahr werden etwa $1{,}5 \times 10^{12}$ m^3 Erdgas verbrannt. Etwa 3 % dieser Menge gelangen durch Leckagen in die Atmosphäre. Schätzen Sie ab, wie viel Ethan von der Nordhalbkugel über den Äquator in die südliche Hemisphäre transportiert wird. Nehmen Sie für die Abschätzung an, dass die genannten Prozesse alle erster Ordnung sind und sich die Ethanquellen alle in der nördlichen Hemisphäre befinden.

5.14 Der Rauch bestimmter Zigaretten enthält Tetrahydrocannabinol (THC)[6]. In einigen Amsterdamer Coffee Shops kann eine THC-Konzentration von bis zu 200 µg/m^3 erreicht werden. Obwohl nur 10 % des eingeatmeten THC tatsächlich in die Blutbahn gelangt, können die Konsumenten dieser Zigaretten eine erhebliche Menge dieser Substanz aufnehmen. Nehmen Sie an, dass die mittlere Atemfrequenz 20 L/min beträgt und THC eine Verweilzeit im Körper von 6 h besitzt.

a) Wie groß ist die quasistationäre THC-Konzentration (in ppb) im Körper eines Besuchers, der nie den Coffee Shop verlässt?
b) Welche THC-Konzentration hat sich eingestellt, wenn der Besucher den Coffee Shop nach 3 h verlässt? Nehmen Sie an, dass der durchschnittliche Gast 80 kg wiegt.

5.15 Ein Studierender sollte in einem Haus (Volumen = 595 m^3) die Luftaustauschrate bestimmen. Dazu entlässt er in die Raumluft schnell ein ungiftiges Inertgas (z. B. SF_6)[7], bis dessen Mischungsverhältnis 100 ppb beträgt. Danach bestimmt er die SF_6-Konzentration alle 6 min über einen Zeitraum von 4 h. Die

---

6) THC ist der rauschbewirkende Bestandteil der Hanfpflanze (Cannabis) und wird häufig beim Rauchen von Haschisch oder Marihuana konsumiert. THC unterliegt in Deutschland den Bestimmungen des Betäubungsmittelgesetzes.
7) Schwefelhexafluorid (SF_6) ist ein farbloses, geruchloses, unbrennbares und ungiftiges Gas. Es ist ähnlich reaktionsträge wie Stickstoff. Aufgrund seiner geringen atmosphärischen Konzentration und guten Nachweisbarkeit wird es häufig als Tracergas verwendet. Wegen seines hohen Treibhauspotenzials und seiner großen Lebensdauer in der Atmosphäre wird die Anwendung von SF_6 zunehmend kritisch beurteilt.

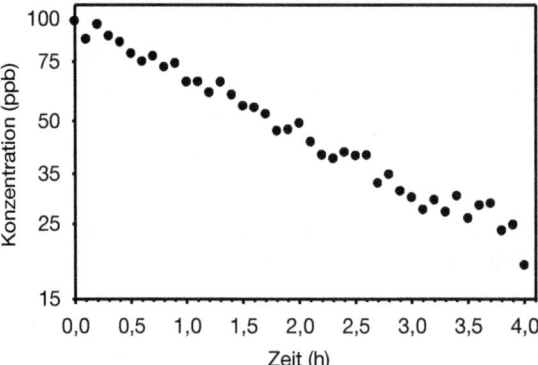

Abb. 5.2 SF$_6$-Mischungsverhältnis in einem Haus als Funktion der Zeit. Man beachte die logarithmische Auftragung des Mischungsverhältnisses.

Ergebnisse sind der Abb. 5.2 logarithmisch aufgetragen. Wie viele Luftwechsel finden in diesem Haus pro Stunde statt?

5.16 Eine Studentin hat in einem Chemielabor in einer kleinen Smogkammer mit einem Volumen von 200 cm^3 die Geschwindigkeitskonstante der Reaktion von Isopren (C$_5$H$_8$) mit OH-Radikalen mit $9{,}4 \times 10^{-11}$ cm^3 Molekül^{-1} s^{-1} bestimmt. Später kam die Frage auf, wie groß die stationäre Konzentration der OH-Radikale in dieser Kammer war. Beim nochmaligen studieren der aufgezeichneten Datensätze bemerkte die Studentin, dass die Konzentration von Isopren in 3 min um 25 % abgenommen hatte. Sie hatte 2 μl einer Lösung von Isopren in CCl$_4$ mit einer Konzentration von 6 μg/μl in die Kammer eingespritzt. Berechnen Sie mithilfe dieser Angaben die stationäre OH-Radikalkonzentration in der Smogkammer.

5.17 Der Titicacasee liegt im Hochland der südamerikanischen Anden auf einer Höhe von 3810 m. Berechnen Sie die Löslichkeit von Sauerstoff in diesem See bei einer Temperatur von 5 °C. Bei dieser Temperatur beträgt die *Henry-Konstante* $1{,}9 \times 10^{-8}$ mol L^{-1} Pa^{-1}. „Pa" bezieht sich hier auf Pascal[8], die offizielle SI-Einheiten des Drucks.

5.18 Bei 30 °C beträgt die Löslichkeit von Sauerstoff in Wasser 7,5 mg/L. Wir betrachten nun bei dieser Temperatur einen Wasserkörper, der 7,0 mg/L Sauerstoff enthält. Durch Fotosynthese werden während eines einzigen heißen Tages 1,5 mg/ml CO$_2$ in organische Biomasse mit der Zusammensetzung C$_6$H$_{12}$O$_6$ umgewandelt. Reicht die in der gleichen Zeit gebildete Menge Sauerstoff aus, um dessen Löslichkeit im Wasser zu überschreiten?

---

8) Das Pascal ist eine abgeleitete Einheit im SI-Einheitensystem. Ein Pascal ist der Druck, den eine Kraft von 1 Newton (N) auf eine Fläche von einem Quadratmeter ausübt. $1 \text{Pa} = 1 \text{N m}^{-2} = 1 \text{kg m}^{-1} \text{s}^{-2}$.

5.19 Gemeinschaftsaufgabe: Die folgende Tabelle zeigt die Oberflächentemperaturen und Salzgehalte von Meerwasser in Abhängigkeit von der geografischen Breite.

Geogr. Breite (°)	Temperatur (K)	Salzgehalt (ppth)
60	278	32,5
40	288	34,3
20	298	35,3
0	300	35,6
−20	296	35,8
−40	287	34,8
−60	274	34,0

Nehmen Sie an, dass das CO_2-Mischungsverhältnis in vorindustrieller Zeit 270 ppm betrug, dann auf gegenwärtig 390 ppm angestiegen ist, bis zum Jahr 2100 weiter auf 565 ppm ansteigen und letztlich irgendwann in einem Katastrophenszenario 790 ppm erreichen wird. Berechnen Sie für die angegebenen vier CO_2-Partialdrücke die gelöste Carbonatkonzentration in µmol/L in Abhängigkeit von der geografischen Breite und stellen Sie die Ergebnisse grafisch dar.

Dies ist eine einmalige Gelegenheit benutzerdefinierte Funktionen mit der Visual Basic Anwendung (VBA) für Excel zu erstellen. Sie könnten Funktionen für K_H, K_{a1} und K_{a2} als Funktion der Temperatur und des Salzgehaltes erstellen. Die notwendigen Gleichungen findet man in diesem Kapitel. Dann können Sie eine weitere benutzerdefinierte Funktion erstellen und damit b und dann $[CO_3^{2-}]$ berechnen. Wenn Sie Ihre Tabellenkalkulation für die vier verschiedenen CO_2-Konzentrationen ausgelegt haben, ist es sehr leicht, die entsprechenden Zeichnungen zu erstellen. Achten Sie bei den Berechnungen unbedingt auf die Verwendung der richtigen Einheiten.

Was können Sie aus der Auftragung schließen? Vergleichen Sie Ihre Ergebnisse mit der Konzentration, bei der das Carbonat in skelettbildenden marinen Organismen beginnt in Lösung zu gehen.

Literatur

1 Bozlee, B.J., Janebo, M. und Jahn, G. (2008) A simplified model to predict the effect of increasing atmospheric CO_2 on carbonate chemistry in the ocean. *Journal of Chemical Education*, **85**, 213–217.

6
Pestizide, Quecksilber und Blei

Eine der wichtigsten Errungenschaften für die Landwirtschaft und die öffentliche Gesundheit war die Entwicklung und Anwendung chemischer Verbindungen gegen Insekten, die den effizienten Anbau zahlreicher Nutzpflanzen stören oder Krankheiten auf Menschen übertragen. Zunächst waren diese Verbindungen anorganische Substanzen, die wenig selektiv waren und im Prinzip alle Schädlinge, aber auch Nützlinge, töteten. In den 1930er- und 1940er-Jahren kamen dann organische Verbindungen auf den Markt. DDT ist hier vermutlich das bekannteste Beispiel. Diese Verbindungen wurden entwickelt, um gezielt schädliche Insekten zu vernichten. Schließlich wurden auch Verbindungen gegen Unkräuter und Pilze entwickelt, die eine weitere Steigerung des landwirtschaftlichen Ertrags ermöglichten.

Trotz der großen wirtschaftlichen Vorteile dieser Verbindungen entwickelten sich durch deren Anwendung Probleme, da einige der eingesetzten Chemikalien in der Umwelt nicht oder nur sehr langsam abgebaut werden. Aufgrund dieser Persistenz genannten Stoffeigenschaft verursachten einige dieser Verbindungen unbeabsichtigt unvorhersehbare Probleme. Zum Beispiel bewirkt DDT, dass die Dicke der Eierschale bestimmter Vogelarten abnimmt und dadurch die Fortpflanzung dieser Vögel negativ beeinflusst wird. Dieses Problem erlangte in der Öffentlichkeit große Aufmerksamkeit durch das berühmte Buch *Silent Spring* [1]. Dieses Buch wird häufig als Ausgangspunkt der weltweiten Umweltbewegung und als eines der einflussreichsten Bücher des 20. Jahrhunderts bezeichnet. Vielleicht sind als Folge dieses Buches viele der damals benutzten Pestizide inzwischen nicht mehr auf dem Markt. Sie wurden durch weniger persistente Verbindungen ersetzt, die allerdings häufig für Säugetiere toxischer sind. Dass die alten Pestizide vom Markt genommen wurden bedeutet allerdings nicht, dass die ökologischen Probleme damit verschwunden sind. Aufgrund ihrer Persistenz sind noch große Mengen dieser Stoffe in der Umwelt vorhanden. Sie lassen sich immer noch in unserer Nahrung oder selbst in entlegenen Gebieten wie der Arktis nachweisen, obwohl sie dort nie benutzt wurden. Die Weltgemeinschaft hat, nachdem sie auf das Problem aufmerksam wurde, mit dem *Stockholmer Übereinkommen* reagiert. In diesem internationalen Übereinkommen wird die Beendigung oder Einschränkung der Produktion, Verwendung und Freisetzung persistenter organischer Schadstoffe geregelt. Den genauen Wortlaut dieses Übereinkommens zu-

Umweltchemie, 1. Auflage. Ronald A. Hites, Jonathan D. Raff und Peter Wiesen.
© 2017 WILEY-VCH Verlag GmbH & Co. KGaA. Published 2017 by WILEY-VCH Verlag GmbH & Co. KGaA.

sammen mit den dort aufgeführten Chemikalien, Verboten und Beschränkungen findet man auf der Webseite des deutschen Bundesumweltministeriums als PDF-Dokument.[1]

Mit diesem Übereinkommen, das inzwischen von 152 Staaten unterzeichnet und von 179 Staaten ratifiziert wurde, werden die Herstellung und der Gebrauch von neun Pestiziden (Aldrin, Chlordan, DDT, Dieldrin, Endrin, Heptachlor, Hexachlorbenzol, Mirex und Toxaphen), einer Gruppe von Industriechemikalien (polychlorierte Biphenyle) sowie zwei Gruppen unerwünschter Nebenprodukte (polychlorierte Dibenzo-p-dioxine und Dibenzofurane) eingeschränkt bzw. verboten. Diese Stoffe bzw. Stoffgruppen werden häufig auch als das *dreckige Dutzend* bezeichnet. Diese Liste ist nicht endgültig. Sie wurde z. B. im Mai 2009 und im Mai 2013 um einige bromierte Flammschutzmittel, chlorierte Insektizide oder perfluorierte Tenside wie Perfluoroctansäure (PFOS) erweitert.

In der EU wurde das Übereinkommen in der Verordnung (EG) Nr. 850/2004 des Europäischen Parlaments und des Europäischen Rates vom 29. April 2004 über persistente organische Schadstoffe umgesetzt und inzwischen in nationales Recht der Mitgliedsstaaten übernommen. Die USA sind dem Abkommen bislang nicht beigetreten.

In diesem Kapitel werden wir die Namen, Strukturen und Geschichten dieser persistenten Schadstoffe kennenlernen und uns mit einigen der Ersatzstoffe beschäftigen, die heute häufig Anwendung finden. Für die Leser, die nicht mit den Namen und Strukturen der organischen Chemie vertraut sind, ist es empfehlenswert, zunächst die Grundlagen der Nomenklatur organischer Verbindungen im Anhang A des Buches zu studieren.

6.1
Pestizide

Zur Gruppe der Pestizide gehören viele verschiedene Chemikalien, die in der Umwelt angewendet werden, um spezifisch bestimmte Schädlinge zu bekämpfen. Dies sind in der Regel Insekten (Insektizide), Unkräuter (Herbizide) oder Pilze (Fungizide). Der weltweite Einsatz von Pestiziden beträgt gegenwärtig etwa 1 Mio. t pro Jahr. Historisch gesehen unterscheiden wir verschiedene Generationen von Insektiziden.

Generation 0: Dazu gehören physikalische Methoden der Schädlingsbekämpfung, wie Steine, Holzstücke, Schuhe, Fliegenpapier, Fliegenklatschen und dergleichen. Diese Methoden sind umweltfreundlich, aber nicht besonders effektiv.

Generation I: Dies waren anorganische Verbindungen wie Schweinfurter Grün (Pariser Grün, Patentgrün oder Mitisgrün) [$Cu(C_2H_3O_2)_2 \cdot 3Cu(AsO_2)_2$] und saures Bleiarsenat [$PbHAsO_4$]. Diese toxi-

---

[1] http://www.bmub.bund.de/fileadmin/bmu-import/files/pdfs/allgemein/application/pdf/pop_konvention.pdf

schen Verbindungen töten nicht nur Insekten, sondern auch Säugetiere und werden nicht mehr verwendet.

Generation IIa: Das waren die inzwischen berühmten chlorierten organischen Verbindungen wie DDT. Diese Verbindungen verursachen erhebliche ökologische Probleme und sind in den Industrieländern inzwischen verboten. Allerdings haben die meisten dieser Verbindungen in der Umwelt so lange Lebensdauern, dass sie auch heute noch immer in manchmal überraschend hohen Konzentrationen in Umweltproben nachgewiesen werden. Die meisten dieser Verbindungen sind für Insekten wesentlich toxischer als für Säugetiere.

Generation IIb: Nachdem die Öffentlichkeit auf die Probleme mit den chlorierten organischen Verbindungen aufmerksam geworden war, begann man in der Landwirtschaft organische Phosphorverbindungen zu benutzen. Diese Verbindungen sind in der Umwelt nicht besonders langlebig, aber im Vergleich zu den chlorierten Verbindungen für Säugetiere deutlich toxischer.

Generation III: Diese Verbindungen simulieren natürliche Hormone der Insekten, wie Pheromone und Wachstumsregulatoren.

In den folgenden Abschnitten widmen wir uns den Strukturen historisch wichtiger Pestizide und solcher, die heute noch breite Anwendung finden.

6.1.1
Diphenylmethananaloga

Dichlordiphenyltrichlorethan (DDT)

Beachten Sie, dass das *para,para* (abgekürzt als *p,p'*)-Isomer abgebildet ist. *Para* (von griechisch: παρά = „neben", „trotz", „gegen[über]") bezeichnet in der Organischen Chemie die Position eines Zweitsubstituenten im Verhältnis zum Erstsubstituenten, üblicherweise am Benzolring. *Para* bedeutet hier also, dass die Chloratome an den Benzolringen in der Verbindung gegenüber zum Rest des Moleküls angeordnet sind. Dem Chemiker Paul Hermann Müller[2] wurde für die Entdeckung der starken Wirkung von DDT als Kontaktgift gegen mehrere Arthropoden (Gliederfüßer) 1948 der Nobelpreis für Medizin verliehen. Es war das erste Mal, dass ein Nichtmediziner mit diesem Preis ausgezeichnet wurde. Mindestens 2 Mio. t DDT wurden weltweit seit etwa 1940 unter anderem zur Bekämpfung der Malaria eingesetzt.

---

2) Paul Hermann Müller (1899–1965), schweizer Chemiker und Nobelpreisträger.

Nachdem bekannt wurde, dass DDT bei Vögeln zu Problemen im Calciumstoffwechsel führt, der dann in einer Verdünnung der Eierschalen sichtbar wird, wurde in den meisten Industrieländern DDT zwischen 1970 und 1975 verboten. Bemerkenswert ist, dass DDT in einigen Entwicklungsländern wieder zunehmend zur Bekämpfung von Insekten, die Malaria übertragen, eingesetzt wird.

DDT selbst ist in der Umwelt nicht persistent, aber durch Abspaltung von HCl wird es relativ schnell zu Dichlordiphenyldichlorethen (DDE) umgesetzt. Diese Verbindung ist in der Umwelt sehr stabil.

Dichlordiphenyldichlorethen (DDE)

Methoxychlor

Wenn die beiden Chloratome an den Benzolringen im DDT durch Methoxygruppen (–OCH$_3$) ersetzt werden, erhält man das Insektizid Methoxychlor. Pflanzenschutzmittel mit diesem Wirkstoff sind in keinem EU-Land zugelassen. In den USA wurde die Genehmigung zur Verwendung als Pflanzenschutzmittel oder Biozid durch die US-EPA 2004 entzogen.

6.1.2
Hexachlorcyclohexan

Von dieser Verbindung existieren mehrere *Isomere*[3], die in der Regel als HCHs abgekürzt werden. Das bekannteste Isomer ist das γ-HCH, das auch unter dem Namen Lindan bekannt ist. Seine Struktur ist

---

[3] Als Isomerie bezeichnet man das Auftreten von zwei oder mehreren Verbindungen mit gleicher Summenformel und Molekülmasse, die sich jedoch in der Verknüpfung oder der räumlichen Anordnung der Atome unterscheiden. Entsprechende Verbindungen werden Isomere genannt und lassen sich durch unterschiedliche Strukturformeln darstellen. Sie unterscheiden sich häufig in ihren chemischen und/oder physikalischen und oft auch in ihren biochemischen Eigenschaften.

Lindan

Beachten Sie in der Darstellung die Ausrichtung der Chloratome gegenüber dem Cyclohexanring. Die fetten Linien gegeben an, dass die Chloratome über der Ebene des Cyclohexanrings liegen. Bei den gestrichelten Linien liegen die Chloratome unterhalb der Ringebene. Im Gegensatz zu dieser Zeichnung ist der Cyclohexanring aber nicht planar, sondern weist eine sogenannte Sesselform auf. Lindan ist das *aaaeee*-Isomer (oder γ-Isomer), wobei *a* die axialen (senkrecht zu der Ebene des Rings) und *e* die äquatorialen (in der Ebene des Rings) Positionen bezeichnet. HCHs haben in der Umwelt Halbwertszeiten von wenigen Jahren. Sie werden aber noch immer in Säugetieren aus arktischen Gebieten gefunden. Die landwirtschaftliche Nutzung von Lindan wurde in Kanada im Jahr 2004 und in den USA im Jahr 2009 verboten. In der EU darf Lindan seit Anfang 2008 nicht mehr als Insektizid eingesetzt werden. In verschiedenen Gebieten gibt es aber noch immer große Lindan-Altlasten. So sind in Deutschland im Raum Bitterfeld/Dessau die Mulde- und Elbeauen stark mit Lindan-Rückständen belastet. Gleiches gilt für Love Canal, ein Stadtviertel von Niagara Falls im US-amerikanischen Bundesstaat New York. Dort ereignete sich einer der ersten großen Giftmüllskandale, dessen Aufarbeitung weitreichende Folgen für das wachsende Umweltbewusstsein in der Bevölkerung hatte.[4]

6.1.3
Hexachlorcyclopentadien (HCCPD)

Hexachlorcyclopentadien ist die wichtige Vorstufe für die Synthese der Insektizide Aldrin, Chlordan, Dieldrin, Endrin, Endosulfan, Heptachlor, Isodrin, Mirex und Pentac. Diese Verbindungen werden alle durch eine Diels-Alder-Reaktion[5] von Hexachlorcyclopentadien mit anderen Verbindungen, wie Cyclopentadien hergestellt.

Die in dem Beispiel generierte Verbindung nennt man Chlorden, die selbst kein Pestizid ist, aber als Vorstufe für die Herstellung der Pestizide Chlordan und Heptachlor verwendet wird.

---

4) http://www2.epa.gov/aboutepa/love-canal-tragedy
5) Eine Diels-Alder-Reaktion ist eine sogenannte [4+2]-Cycloaddition. Dies bedeutet, dass bei der Reaktion 4 bzw. 2π-Elektronen der beiden reagierenden Moleküle beteiligt sind.

Chlordan

Chlordan wurde überwiegend für landwirtschaftliche Zwecke zur Boden- und Saatgutbehandlung im Getreide-, Kartoffel- bzw. Gemüseanbau verwendet. In den USA wurde es insbesondere als Mittel gegen Feuerameisen und Termiten eingesetzt. Aufgrund seiner Toxizität und Persistenz ist die Herstellung, der Verkauf und die Anwendung in Deutschland bereits seit 1971, in der EU seit 1981 und in den USA seit 1988 verboten. Chlordan selbst hat in der Umwelt eine Halbwertszeit von ca. fünf Jahren. Beim Abbau von Chlordan bildet sich als Metabolit hauptsächlich Oxychlordan, das in der Umwelt sehr stabil ist.

Oxychlordan

Heptachlor

Heptachlor war ein weit verbreitetes Pestizid, das aber inzwischen durch das *Stockholmer Übereinkommen* weltweit verboten ist. Es ist eng verwandt mit Chlordan. Wie Chlordan wird es in der Umwelt schnell in Heptachlorepoxid umgewandelt.

Heptachlorepoxid

Aus Hexachlorcyclopentadien wurden auch die Pestizide Mirex und Kepone hergestellt. Beide waren in den USA weit verbreitet, um Ameisen zu töten, insbesondere Feuerameisen und Termiten in den südlichen US-Bundesstaaten.

Mirex

Das Sediment im Ontariosee, dem flächenmäßig kleinsten der fünf großen Seen in Nordamerika, ist durch Mirex belastet [2]. Diese Belastung stammt im Wesentlichen aus zwei Quellen: (a) Hooker Chemicals in der Stadt Niagara Falls, im Bundesstaat New York und (b) Armstrong Cork in der Stadt Oswego, im Bundesstaat New York. Herstellung, Verkauf und Verwendung von Mirex ist nach dem *Stockholmer Übereinkommen* verboten.

Kepone (Chlordecon)

Kepone oder Chlordecon ist das Ketonanalogon von Mirex. Es wurde in den USA als Insektizid gegen Ameisen und Kakerlaken eingesetzt und dort bereits 1975 verboten. Herstellung, Verkauf und Verwendung dieser Substanz ist nach dem *Stockholmer Übereinkommen* inzwischen weltweit verboten.

Dieldrin, Aldrin und Endrin
Wie bereits erwähnt, wurde Hexachlorcyclopentadien zur Herstellung weiterer Insektizide verwendet. Die meisten dieser Substanzen wurden inzwischen längst vom Markt genommen, lassen sich aber immer noch in der Umwelt nachweisen und werden im *Stockholmer Übereinkommen* aufgeführt. Diese Verbindungen werden durch die Diels-Alder-Reaktion von Hexachlorcyclopentadien mit Norbornadien synthetisiert.

Das Produkt der obigen Reaktion nennt man Aldrin. Beachten Sie, dass sich die CCl_2- und CH_2-Gruppen an den gegenüberliegenden Seiten des Moleküls befinden. Wenn die Doppelbindung auf der rechten Seite des Moleküls epoxidiert wird, erhält man – abhängig von den relativen Positionen der CCl_2- und CH_2-Gruppen – entweder Endrin oder Dieldrin. Endrin und Dieldrin sind sogenannte Stereoisomere.[6]

Endrin   Dieldrin

6.1.4
Phosphorbasierte Insektizide

6.1.4.1 Phosphate

Dichlorvos (DDVP)

$$H_3CO-\underset{\underset{O}{\|}}{\overset{\overset{OCH_3}{|}}{P}}-OCH=CCl_2$$

Dichlorvos ist eine relativ flüchtige Verbindung, die verwendet wurde, um Fliegen in Häusern zu töten. In den USA wurde DDVP in den *No-Pest Strips* der Fa. Shell verwendet, diese jedoch nach mehreren Unfällen – zum Teil mit Todesfolge – bereits Ende der 1970er-Jahre aus dem Verkehr gezogen. Für wirbellose Tiere, Fische, Vögel und Bienen ist Dichlorvos äußerst giftig. Seit dem 1. November 2012 darf DDVP in der EU nicht mehr verwendet werden.

Glyphosat (Roundup)[7]

Glyphosat ist wichtiger Bestandteil einiger Breitbandherbizide. Obwohl Herbizide in diesem Kapitel erst später beschrieben werden, ist es sinnvoll, dieses sehr populäre Herbizid hier zu erwähnen. Glyphosat, das 1974 unter dem Namen Roundup auf den Markt kam, ist das weltweit am weitesten verbreitete Pflanzenschutzmittel. Allein in den USA wurden 2012 rund 128 000 t verbraucht. Dagegen betrug im Jahr 2001 die Menge noch etwa 40 000 t. Das Herbizid findet weite Anwendung in der Landwirtschaft zur Unkrautbekämpfung. Bei gentechnisch veränder-

---

6) Stereoisomere haben grundsätzlich die gleiche Struktur und damit auch die gleiche Summenformel, unterscheiden sich aber durch die *räumliche Anordnung* der Atome.
7) Viele dieser Verbindungen haben einen Trivial- und einen Markennamen. Die Markennamen gehören immer zu einem bestimmten Unternehmen. In solchen Fällen ist der Markenname in Klammern hinter dem Trivialnamen angegeben.

tem Mais, Sojabohnen und Getreide, die gegen Glyphosat resistent sind, kann das Herbizid auch noch nach deren Auskeimen eingesetzt werden.

Bislang hatte die Weltgesundheitsorganisation (WHO) Glyphosat für Menschen als unbedenklich eingestuft. Aufgrund neuer Studien kommt man seit März 2015 zu einer neuen Einschätzung. Danach stuft die WHO Glyphosat als „wahrscheinlich krebserzeugend bei Menschen" ein. Diese neue Bewertung ist besonders interessant unter dem Hintergrund, dass die bis zum 3.12.2015 laufende Zulassung für Glyphosat in der EU um weitere zehn Jahre verlängert werden sollte. Auf Grund der noch nicht abgeschlossenen Diskussion um das Gefährdungspotential von Glyphosat wurde die auslaufende Genehmigung im Juni 2016 nur bis Ende 2017 verlängert.

6.1.4.2 Phosphorthioate

Parathion (E605)

$$O_2N-\text{C}_6H_4-O-\underset{\underset{S}{\|}}{\overset{OCH_2CH_3}{\overset{|}{P}}}-OCH_2CH_3$$

Wie die meisten der phosphorbasierten Insektizide ist Parathion gegen Insekten hoch wirksam, aber auch toxisch für Säugetiere Es blockiert das Enzym *Acetylcholinesterase* und ist verwandt mit den chemischen Kampfstoffen Tabun, Sarin und Soman, wenn auch deutlich weniger giftig. Aufgrund seiner toxischen Eigenschaften ist Parathion, das seit etwa 1950 verwendet wurde, in der EU seit 2001 verboten. In Deutschland wurde Parathion im Volksmund auch als *Schwiegermuttergift* bekannt, da mit ihm einige Morde verübt wurden. In der Luft oxidiert Parathion mit OH-Radikalen binnen weniger Stunden zu Paraoxon (E600).

Paraoxon (E600)

$$O_2N-\text{C}_6H_4-O-\underset{\underset{O}{\|}}{\overset{OCH_2CH_3}{\overset{|}{P}}}-OCH_2CH_3$$

Dieses Abbauprodukt von Parathion ist giftiger als die Ausgangssubstanz selbst. So ist bei Ratten die LD_{50} von Parathion 3,6–13 mg/kg Körpergewicht, dagegen bei Paraoxon 1,8 mg/kg Körpergewicht.[8]

Chlorpyrifos (Dursban und Lorsban)

$$\text{Cl}_3\text{C}_5\text{N}-O-\underset{\underset{S}{\|}}{\overset{OCH_2CH_3}{\overset{|}{P}}}-OCH_2CH_3$$

---

[8] Als LD_{50} bezeichnet man in der Toxikologie eine letale Dosis einer Substanz, deren letaler Effekt sich auf die Hälfte der beobachteten Population bezieht.

Chlorpyrifos ist ein Thiophosphorsäureester, der z. B. unter den Namen Dursban und Lorsban weite Anwendung findet. Im Jahr 2007 wurden etwa 3600 t in den USA verwendet, allerdings mit abnehmender Tendenz. In der EU gibt es seit 2005 eine Zulassung dieses Wirkstoffs als Pflanzenschutzmittel, die zum 31. 01. 2018 ausläuft.

6.1.4.3 Phosphordithioate (Dithiophosphorsäureester)

Malathion

Malathion ist wahrscheinlich das am wenigsten giftige phosphorbasierte Insektizid und wurde daher weit verbreitet eingesetzt. In den 1980er-Jahren wurde es in Kalifornien zur Bekämpfung der Mittelmeerfruchtfliege angewendet. Auch gegen das West-Nil-Virus kam es in Nordamerika zum Einsatz. Ähnlich wie Parathion oxidiert es in der Atmosphäre schnell zu Malaoxon. Malaoxon ist ein starker Acetylcholinesterasehemmer und etwa 60-mal toxischer als Malathion.

In der EU ist die Verwendung von Malathion bis zum 30. April 2020 zugelassen. Aufgrund neuer Studien stuft die WHO Malathion als „wahrscheinlich krebserzeugend für den Menschen" ein.

Malaoxon

6.1.5
Carbamate

Carbamate besitzen die allgemeine Struktur

wobei R ein organischer Rest ist. Biologisch wirksam sind nur Carbamate, deren Aminogruppe monomethylsubstituiert ist. Obwohl diese Verbindungen nicht mehr häufig verwendet werden, sind zwei Verbindungen dieser Gruppe erwähnenswert.

Carbaryl (Sevin)

Carbaryl wurde von der Fa. Union Carbide 1958 auf den Markt gebracht. In der EU gibt es für diesen Wirkstoff keine Zulassung. Als Acetylcholinesterasehemmer ist es in höherer Konzentration auch für Menschen toxisch.

Im indischen Bhopal produzierte Union Carbide diesen Wirkstoff durch die Reaktion von 1-Naphthol mit Methylisocyanat. Dort kam es am 3. Dezember 1984 zu einem folgenschweren Betriebsunfall, bei dem große Mengen an Methylisocyanat freigesetzt wurden. Durch den Unfall wurden vermutlich mehrere Tausend Menschen unmittelbar getötet und eine große Zahl von Menschen verletzt, die zum Teil noch heute unter den Spätfolgen der Verletzungen leiden.

Carbofuran (Furadan, Curaterr)

Carbofuran ist ebenfalls ein wirksamer Acetylcholinesterasehemmer. Seit 2007 ist es in der EU nicht mehr zugelassen. In Deutschland war Carbofuran bereits vorher nur mit Ausnahmegenehmigungen angewendet worden. Carbofuran ist bienentoxisch.

6.1.6
Analoga natürlicher Substanzen

Methopren (Apex)

Methopren wurde bereits 1974 eingeführt und ist unter verschiedenen Handelsnamen erhältlich. Es ist ein Analogon[9] des Juvenilhormons von Insekten. Der Wirkstoff behindert die Häutung und Verpuppung von Insekten, sodass die Insekten bereits im Puppenstadium getötet werden und sich somit keine ausgewachsenen Insekten bilden können. Methopren ist ungiftig, empfindlich gegenüber UV-Licht und daher in der Umwelt nicht stabil.

---

[9] Als Analoga bezeichnet man chemische Verbindungen, die entweder strukturelle oder funktionelle Ähnlichkeit besitzen.

Permethrin (Ambush oder Sprung)

Permethrin ist eine Verbindung aus der Gruppe der Pyrethroide, die sich von einem Wirkstoff bestimmter Chrysanthemen ableiten. Man beachte den Cyclopropylring mit den beiden Methylgruppen an einem C-Atom in der Strukturformel. Man findet es sehr häufig in Haushaltsprodukten wie Raid. Es hat für Warmblüter nur eine geringe akute Toxizität. Dagegen ist es für Fische akut toxisch. Durch UV-Strahlung wird Permethrin relativ schnell zersetzt.

Ersetzt man die beiden endständigen Cl-Atome im Permethrin durch Br-Atome, erhält man das ebenfalls häufig verwendete Insektizid Deltamethrin, das auch unter den Handelsnamen wie Butox, Latroxin, Scalibor und Decis im Handel ist.

6.1.7
Phenoxyessigsäuren

2,4,5-Trichlorphenoxyessigsäure (2,4,5-T)

2,4,5-T ist ein von der Phenoxyessigsäure abgeleitetes Herbizid. Aufgrund seiner Herstellung war 2,4,5-T häufig mit 2,3,7,8-TCDD verunreinigt. In Deutschland ist die Verwendung der Substanz bereits seit 1988 verboten. Zu trauriger Berühmtheit gelangte 2,4,5-T, da ihr Butylester ein Bestandteil von Agent Orange war. Dieses Entlaubungsmittel wurde in den 1960er- und 1970er-Jahren durch US-Militärs im Vietnamkrieg eingesetzt. Diese Geschichte wird im Detail in Kapitel 8 behandelt.

2,4,5-Trichlorphenoxypropionsäure (2,4,5-TP, Fenoprop, Kurosal oder Silvex)

Diese Substanz wurde ebenfalls als Herbizid verwendet, ist aber in Deutschland seit 1975 und in den USA seit 1985 nicht mehr zugelassen.

2,4-Dichlorphenoxyessigsäure (2,4-D)

Da 2,4-D nicht aus 2,4,5-Trichlorphenol hergestellt wird, sondern durch die Reaktion von 2,4-Dichlorphenol, Natriumhydroxid und Monochloressigsäure, ist dieses Herbizid nicht mit Dioxin verunreinigt. In den USA wurden im Jahr 2011 rund 14 000 t der Substanz ausgebracht. Die Zulassung in der EU lief Ende 2015 aus. Im Juni 2015 klassifizierte die WHO 2,4-D als „möglicherweise karzinogen".

6.1.8
Nitroaniline

Trifluralin (Treflan)

Trifluralin ist ein selektives Bodenherbizid. In den USA wurden im Jahr 2007 etwa 2700 t der Verbindung verwendet. In der EU wurde die Zulassung im September 2007 widerrufen.

Pendimethalin (Stomp, Sitradol oder Prowl)

Pendimethalin ist ein weiteres, häufig verwendetes Herbizid der Gruppe der Dinitroaniline. In den USA wurden im Jahr 2009 mehr als 4000 t dieser Substanz verbraucht. Damit wird es inzwischen häufiger angewendet als Trifluralin. In Deutschland sind verschiedene Pflanzenschutzmittel mit diesem Wirkstoff zugelassen.

6.1.9
Triazine

Atrazin

Triazine sind ebenfalls sehr weit verbreitete Herbizide. Die Grundstruktur dieser Verbindungen ist ein aromatischer Heterozyklus mit drei Stickstoffatomen in einem sechsgliedrigen Ringsystem. Das bekannteste und am weitesten verbreitete Triazin ist Atrazin.

Während in der EU die Verwendung von Atrazin verboten ist, wurden in den USA im Jahr 2007 etwa 34 000 t dieser Verbindung verwendet. Damit ist Atrazin nach Glyphosat in den USA das am häufigsten verwendete Pflanzenschutzmittel. Es wird dort insbesondere im Maisanbau verwendet.

Wegen seiner verbreiteten Verwendung kann man dort Atrazin inzwischen im Trinkwasser stromabwärts landwirtschaftlicher Nutzflächen nachweisen, z. B. im Trinkwasser von New Orleans. Dies ist im Übrigen der Grund, warum die Verwendung von Atrazin in Deutschland bereits im Jahr 1991 verboten wurde.

Triazine sind nicht besonders giftig für Säugetiere, aber neuere Forschungen lassen vermuten, dass diese Verbindungen möglicherweise giftig für Amphibien sind.

Simazin (Princep)

Simazin ist wie Atrazin ein Herbizid aus der Gruppe der Triazine. Die Verwendung der Substanz ist in Deutschland seit dem Jahr 2000 nicht mehr zugelassen. Da man in Untersuchungen immer häufiger Simazin-Rückstände im Trinkwasser fand, wurde die Erlaubnis zur Verwendung von Simazin als Pflanzenschutzmittel in der EU im Jahr 2003 aufgehoben. In den USA wurden im Jahr 2007 noch etwa 2700 t der Substanz verkauft.

6.1.10
Chloracetamide

Diese Verbindungen haben die Grundstruktur

$$\text{Cl-CH}_2-\underset{\underset{R_2}{|}}{\overset{\overset{O}{\|}}{C}}-N-R_1$$

wobei R_1 und R_2 verschiedene organische Reste oder aber auch Wasserstoffatome sein können. Sind R_1 und R_2 Wasserstoffatome, liegt 2-Chloracetamid vor, das als Biozid und Konservierungsmittel verbreitet Anwendung findet. Chloracetamide sind auch sehr beliebte Herbizide.

Acetochlor

In den USA wurden im Jahr 2011 mehr als 15 000 t Acetochlor – fast ausschließlich im Maisanbau – eingesetzt. Dagegen sind in Deutschland keine Pflanzenschutzmittel mit diesem Wirkstoff zugelassen.

S-Metolachlor (Dual)

Diese Substanz wird in den USA als Herbizid bei Mais und Baumwolle eingesetzt. Im Jahr 2011 wurden mehr als 15 000 t ausgebracht. Auch in Deutschland ist S-Metolachlor als Pflanzenschutzmittel zugelassen.

Propanil (DCPA, Stampede)

Propanil ist eigentlich kein Chloracetamid, sondern ein Anilid. In den USA gehört es zu den häufig verwendeten Herbiziden (ca. 2000 t im Jahr 2011). In der EU wurde seine Zulassung durch die EU-Kommission im Jahr 2008 zurückgezogen. Die

EU-Mitgliedstaaten mussten dadurch die Zulassungen von Propanil enthaltenden Pflanzenschutzmitteln bis zum 30. März 2009 widerrufen.

6.1.11
Fungizide

Fungizide werden verwendet, um die Zerstörung von Baustoffen, insbesondere Holz, durch Pilze zu verhindern. Viele Fungizide basieren auf chlorierten Benzolderivaten.

Pentachlorphenol (PCP oder Dowicide 7)

PCP war wohl eines der am häufigsten verwendeten Holzschutzmittel. Aufgrund seiner geringen biologischen Abbaubarkeit und seiner ökotoxikologischen Wirkung wurde in Deutschland mit der PCP-Verbotsverordnung von 1989 die Herstellung, das Inverkehrbringen und die Verwendung von PCP verboten. In verschiedenen Ländern, so auch in den USA, wird es noch immer im Textilschutz und bei der Lederverarbeitung verwendet. PCP ist häufig mit Dioxinen verunreinigt, die sich bei der Herstellung von Chlorphenolen durch Chlorierung von Phenol oder durch Hydrolyse von Hexachlorbenzol bilden. Der Gehalt an Verunreinigungen ist stark abhängig vom Produktionsprozess.

Hexachlorbenzol (HCB)

HCB wurde häufig als Beizmittel für Saatgut verwendet, um es so gegen Pilzbefall zu schützen. HCB gehört zum sogenannten *dreckigen Dutzend*, einer Gruppe von zwölf Giftstoffen, deren Verwendung und Verbreitung nach dem *Stockholmer Abkommen* verboten ist. Es ist persistent und reichert sich in der Nahrungskette an.

Chlorthalonil (Daconil, Bravo, Exotherm, Termil)

[Strukturformel: Benzolring mit CN oben, NC links unten, und vier Cl-Substituenten]

Chlorthalonil wird zur Bekämpfung verschiedener Pilzerkrankungen eingesetzt. Aufgrund seiner geringen Wasserlöslichkeit und seiner Stabilität gegenüber UV-Licht eignet es sich auch als Anstrichfungizid. In den USA wurde 2011 etwa 4500 t dieser Verbindung verbraucht.

6.2 Quecksilber

Quecksilber (Hg) ist ein giftiges Schwermetall. Als sogenanntes Neurotoxin schädigt Quecksilber das zentrale Nervensystem (ZNS). Bei Wirbeltieren besteht das ZNS aus dem Gehirn und dem Rückenmark.

Die Symptome einer chronischen Quecksilbervergiftung sind vielfältig. Zunächst treten sehr unspezifische Zeichen wie Müdigkeit, Kopf- und Gliederschmerzen, Zahnfleischentzündungen, Zahnausfall, vermehrter Speichelfluss, Durchfälle und Nierenentzündungen auf.

Erst später können dann Schädigungen des ZNS auftreten, die Muskelzuckungen, Stimmungsschwankungen, Erregungs- und Angstzustände, Hör-, Seh-, Gefühls-, Sprach- und Gangstörungen sowie Merkschwäche und Persönlichkeitsveränderungen hervorrufen. Das klassische Beispiel einer chronischen Quecksilbervergiftung ist das *Hutmachersyndrom*, dass im 18. Jahrhundert bei Hutmachern durch die Verwendung von mit Quecksilbersalzen behandelten Filzen und Fellen verursacht wurde.

Die Toxizität von Quecksilber hängt stark von seiner Oxidationsstufe bzw. Wertigkeit ab. Nullwertiges, metallisches Quecksilber ist als Flüssigkeit praktisch inert und wird vom menschlichen Körper so gut wie gar nicht resorbiert. Außerdem wird flüssiges Quecksilber vom Körper wieder schnell ausgeschieden. Dagegen sind Quecksilberdämpfe toxisch, da sie vom menschlichen Körper deutlich besser resorbiert werden als flüssiges Quecksilber.

Die Salze des einwertigen Quecksilbers [Hg_2^{2+} oder Hg(I)], wie z. B. Kalomel (Hg_2Cl_2), sind in der Regel wenig wasserlöslich und wegen ihrer geringen Resorption im Körper auch nicht sehr giftig. Bis auf Quecksilbersulfid, das auch als rotes Farbpigment unter dem Namen Zinnoberrot bekannt ist, sind dagegen alle zweiwertigen Quecksilberverbindungen [Hg^{2+} oder Hg(II)] sehr toxisch.

Eine extrem hohe Toxizität besitzen organische Quecksilberverbindungen wie Methyl- und Dimethylquecksilber. Dimethylquecksilber überwindet problemlos die Blut-Hirn-Schranke und bildet vermutlich mit der Aminosäure Cystein einen

Komplex, ähnlich wie Methylquecksilber, das als Ion vorliegt und mit Hydroxid- oder Chloridionen eine Verbindung eingehen kann.

Die Verwendung von Quecksilber und Quecksilberverbindungen wurde in den vergangenen Jahren deutlich reduziert. So werden heute in Deutschland praktisch keine quecksilberhaltigen Fieberthermometer mehr verwendet. In der EU wurde der Quecksilbergehalt in Batterien und Akkus drastisch reduziert. In Schweden und Norwegen ist die Verwendung von Quecksilber – auch in Zahnfüllungen mit Amalgam – generell verboten.

Eine bedeutende Emissionsquelle für Quecksilber ist heute noch die Goldgewinnung beim nicht industriellen Goldschürfen. Bei diesem Verfahren wird Gold mit Quecksilber als Goldamalgam von Gesteinsresten getrennt und danach das reine Gold durch Erhitzen des Amalgams und Abrauchen des Quecksilbers erhalten. So gelangen große Mengen giftige Quecksilberdämpfe in die Umwelt. Schätzungen gehen davon aus, dass die weltweiten Quecksilberemissionen um ca. 30 % gesenkt werden könnten, wenn Goldsucher generell auf ein umweltschonenderes Verfahren bei der Goldgewinnung wechseln würden.

Eine weitere bedeutende Emissionsquelle für Quecksilber sind Kohlekraftwerke. Obwohl der Quecksilbergehalt der Kohle generell gering ist – in den USA beträgt der durchschnittliche Quecksilbergehalt 0,17 ppm – führt die enorme Menge an verbrannter Kohle zu erheblichen Quecksilberemissionen in die Atmosphäre. Man kann vermuten, dass der anhaltende Ausbau von Kohlekraftwerken in China, die Kohleverbrennung zur größten Emissionsquelle von Quecksilber werden lässt. Die Energiewirtschaft verursachte in Deutschland im Jahr 2011 eine Quecksilberemission von 6,66 t in die Atmosphäre. Dies entspricht einem Anteil von rund 70 % der gesamten Quecksilberemissionen in Deutschland [3].

In den USA gibt es seit dem Jahr 2011 für die ca. 1100 Kohlekraftwerke strenge Emissionsgrenzwerte für Quecksilber. Ähnlich strenge Auflagen gibt es bislang in Europa nicht.

Eine historisch wichtige Emissionsquelle für Quecksilber war die Chlor-Alkali-Elektrolyse nach dem Amalgamverfahren. Bei diesem Verfahren wird aus einer Natriumchloridsole mit Quecksilber elektrolytisch Natronlauge (NaOH) und Chlorgas (Cl_2) hergestellt. In diesem Verfahren wird Quecksilber als eine der Elektroden verwendet. Die Abb. 6.1 zeigt schematisch eine fließende Quecksilberzelle zur elektrolytischen Herstellung von NaOH und Chlorgas.

Aufgrund der Quecksilberemissionen und des hohen Stromverbrauchs wird das Amalgamverfahren inzwischen weltweit immer mehr durch das *Membranverfahren* ersetzt, bei dem eine chlorbeständige, spezielle PTFE-Membran als Kationentauschermembran zum Einsatz kommt.

Der wohl berühmteste Fall einer chronischen Quecksilbervergiftung von Menschen ist in der Stadt Minamata an der Yatsushiro-See im Süden Japans aufgetreten. Wie die meisten Japaner aßen die Menschen in dieser kleinen Stadt viele Fische (ca. 350 g/Tag). An diesem Ort betrieb ein Chemiekonzern eine Produktionsstätte zur Herstellung von Acetaldehyd aus Acetylen. Bei diesem Herstellungsprozess kamen auch größere Mengen Quecksilbersulfat als Katalysator zum Einsatz. Durch die Einleitung von Abwässern waren im Zeitraum 1932–1968 etwa

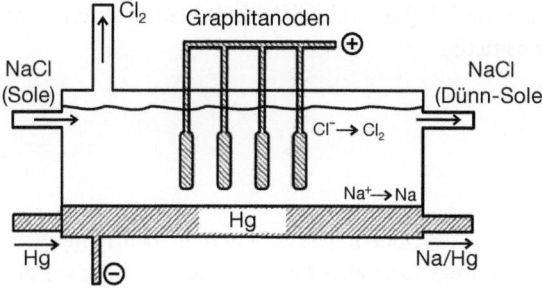

Abb. 6.1 Schema einer Chlor-Alkali-Zelle nach dem Amalgamverfahren, in der ein elektrischer Strom (geringe Spannung, sehr hohe Stromstärke) durch eine Natriumchloridlösung (Kochsalzlösung) geleitet wird. Chlorgas wird an der positiven Elektrode erzeugt. Natrium löst sich in elementarem Quecksilber, das als Kathode dient, unter Bildung von Natriumamalgam. Das Natriumamalgam wird dann in einer separaten Zelle hydrolysiert, wobei Natriumhydroxid und gasförmiger, elementarer Wasserstoff (H_2) entsteht. An Stelle der Grafitanoden werden heute üblicherweise Titananoden verwendet, da diese deutlich größere Standzeiten aufweisen.

400 t Quecksilber in die Bucht eingetragen und dort deponiert worden. Etwa Mitte der 1950er-Jahre traten in der Bucht von Minamata schwere Schäden am ZNS von Katzen auf und bis 1960 zeigten rund 1300 Menschen ähnliche Symptome.

In der Nähe der Chemiefabrik waren die Auswirkungen auf Tiere und Menschen noch schlimmer. Nach einer eingehenden staatlichen Untersuchung wurde schließlich die Produktionsanlage für Acetaldehyd in der Chemiefabrik als Verursacher der Probleme festgestellt. Die Einleitung von Methylquecksilberiodid ins Meerwasser hatte zu einer dramatischen Anreicherung von Quecksilberverbindungen im Sediment, in den Meeresalgen und somit in den Fischen, dem Hauptlebensmittel der Einwohner des Küstenortes, geführt. Die nachgewiesene Belastung des Sediments in der Nähe der Mündung des Abwasserkanals der Chemiefabrik in die Bucht war im Jahr 1959 mit bis zu 2 kg Quecksilber je Tonne Sediment extrem hoch. Bei der Analyse von Haarproben betroffener Anwohner ergaben sich Quecksilberkonzentrationen von bis zu mehr als 700 ppm. Es ist kaum zu glauben, aber erst 1968 wurde in der Chemiefabrik die Acetaldehydproduktion mithilfe von Quecksilbersulfat eingestellt und damit auch die Einleitung quecksilberhaltiger Abwässer in die Bucht beendet.

Bis heute ist nicht eindeutig geklärt, wie viele Menschen getötet oder verletzt wurden oder jetzt noch an den Spätfolgen einer chronischen Quecksilbervergiftung leiden.

Eine der Folgen dieser Umweltkatastrophe war, dass im Jahr 2013 von 92 Staaten das *Minamata-Übereinkommen* unterzeichnet wurde, mit dem die Quecksilberemissionen weltweit eingedämmt werden sollen. Das Abkommen enthält konkrete Vorschriften zu quecksilberhaltigen Produkten, die ab 2020 verboten oder nur noch mit Einschränkungen gehandelt werden sollen. Dazu gehören Fieberthermometer, Batterien, elektrische Schalter und Relais, Leuchtstoffröhren, aber auch bestimmte Seifen und Kosmetika.

6.3
Blei

Blei (Pb) ist wie Quecksilber ein Schwermetall, das Schäden im Zentralnervensystem verursacht. Blei kommt auf der Erde allerdings deutlich häufiger vor als Quecksilber. Die Schäden, die Blei verursachen kann, sind sehr stark von der Exposition abhängig. Generell sind Kinder deutlich empfindlicher als Erwachsene. Bei niedrigeren Dosen kann es Anämie und Nierenschäden hervorrufen. Man unterscheidet verschiedene Konzentrationsbereiche für Blei im menschlichen Blut mit den entsprechenden Auswirkungen:

< 10 µg/100 mL	durchschnittliche, normale Umgebungsbedingungen
40 µg/100 mL	Auswirkungen auf das Verhalten und den IQ
70 µg/100 mL	periphere Neuropathie
> 190 µg/100 mL	Auftreten von Verwirrtheitszuständen und Krämpfen

In einer wichtigen Veröffentlichung beschreiben Needleman *et al.* [4] die realen Auswirkungen von Blei auf das Lernverhalten von Kindern und auf ihren IQ. Die Abb. 6.2 zeigt die Verteilung negativer Bewertungen von Lehrern von neun Schulklassen im Bezug auf den Bleigehalt in den Milchzähnen der Kinder. Während der durchschnittliche IQ der Gruppe mit niedrigem Bleigehalt bei 106,6 lag, betrug er für die Gruppe mit hohem Bleigehalt in den Zähnen nur 102,1. Dieser Unterschied von 4,5 IQ-Einheiten ist statistisch signifikant mit einem Vertrauensbereich von 97 %.

Die Veröffentlichung von Needleman *et al.* aus dem Jahr 1979 hatte in den USA einen großen Einfluss auf die Debatte über die Auswirkungen von Blei. Die Arbeit wurde aber schon bald von Claire Ernhart kritisiert. Der über Jahre währende Streit um die richtige Datenerhebung und Auswertung wurde schließlich 1983 von der US-EPA mit dem Ergebnis entschieden, dass beide Wissenschaftler methodische Fehler gemacht hätten. Dem widersprach Needleman mit seinen Koautoren und legte weitere Analysen der Daten vor. Schließlich stimmte die EPA den Schlussfolgerungen im Jahr 1986 zu und senkte die Grenzwerte für Blei.

Bis zum Jahr 1990 kritisierte Ernhart, unterstützt von ihrer Kollegin Sandra Scarr, die Arbeiten von Needleman *et al.* Beide fungierten in dieser Zeit auch als Gutachter im Auftrag der Industrie vor Gericht. Sie warfen schließlich der Needleman-Gruppe vor dem *National Institutes of Health*[10] wissenschaftliches Fehlverhalten vor. Im Jahr 1992 wurde eine öffentliche Anhörung zu den Anschuldigungen von Ernhart und Scarr vor einem Expertengremium durchgeführt. Beide Seiten wurden durch Anwälte vertreten. Interessanterweise wurden Ernhart und

---

10) Die National Institutes of Health (NIH) ist eine Behörde des US-amerikanischen Ministeriums für Gesundheitspflege und Soziale Dienste in Bethesda (Maryland).

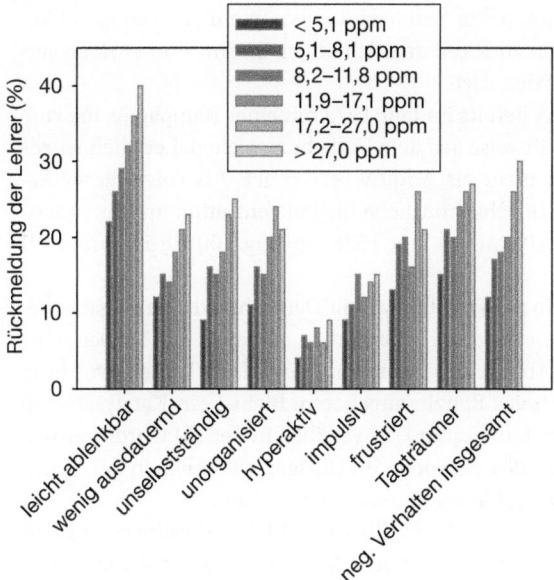

Abb. 6.2 Verteilung negativer Verhaltensweisen in Bezug auf die Bleikonzentration in Milchzähnen von Schülern (verändert nach Needleman et al. [4]).

Scarr von der gleichen Anwaltskanzlei vertreten, die auch die Interessen der Bleiindustrie vertritt. Needleman und seine Koautoren wurden von allen Vorwürfen freigesprochen. Auch noch Jahre später leugnen Ernhart und Scarr, dass sie ein Werkzeug der Bleiindustrie waren [5].

Historisch gesehen besaß Blei eine Vielzahl von Verwendungen:

- Keramikglasur (seit ca. 6000 v. Chr., inzwischen verboten),
- Kochutensilien,
- Klempnerei (z. B. in Wasserrohren),
- Bleilot (z. B. Abdichten von Konservendosen)[11],
- Bleiakkus in Autos (der weltweite Bleiverbrauch beträgt gegenwärtig ca. 3×10^6 t pro Jahr. Das meiste davon wird in Batterien verwendet.),
- Pigmente in Farbe (Bleiweiß, $Pb(OH)_2 \cdot 2PbCO_3$, dies wurde inzwischen durch Titandioxid ersetzt),
- Benzinadditiv (in hochverdichteten Motoren wurde Bleitetraethyl verwendet, um das Klopfen des Motors zu verhindern).

Im Jahr 1980 wurden in den USA etwa 10^5 t Bleitetraethyl verbraucht. Inzwischen ist die Verwendung dieser Bleiverbindung in vielen Ländern verboten. Die Bleikonzentrationen in der Atmosphäre liegen in ländlichen Gebieten bei etwa

---

11) Man vermutet heute, dass die Offiziere der letzten Franklin-Expedition in die Arktis (1845–1848) an den Folgen schwerer Bleivergiftungen starben, da die benutzten Konservendosen mit Bleilot verschlossen worden waren.

0,1 µg/m³ und bei etwa 0,6 µg/m³ in Ballungsräumen. In einigen wenigen Ländern sind die Konzentrationen zum Teil deutlich höher, da dort immer noch verbleites Benzin verwendet werden darf.

In den USA begann die EPA bereits im Jahr 1972 mit einer Kampagne, die zum Ziel hatte, Bleitetraethyl schrittweise aus dem Verkehr zu ziehen. Letztlich wurde die Substanz seit 1994 nicht mehr als Additiv verwendet. Als Folge dieser Regulierungsmaßnahme ist die durchschnittliche Bleikonzentration im Blut amerikanischer Kinder von 14 µg/100 mL im Jahr 1976 auf 3 µg/100 mL im Jahr 1991 gesunken [6].

Um klopffestes Superbenzin zur erhalten, war in Deutschland eine Zugabe dieser Verbindung von 0,85 g/L erforderlich. Nachdem ab Mitte der 1980er-Jahre immer mehr Fahrzeuge mit Abgaskatalysatoren auf den Markt kamen, wurde an Tankstellen zunehmend bleifreies Benzin angeboten. Blei ist ein Katalysatorgift und zerstört die Funktion des Katalysators irreversibel. In der EU wurde verbleites Benzin dann am 1. Januar 2001 verboten. Im Übrigen wird auch in der Volksrepublik China seit 2001 kein verbleites Benzin mehr verkauft.

Die Regulierungsmaßnahmen für Quecksilber und Blei sind weitere Beispiele für erfolgreiche Umweltpolitik zum Schutz des Menschen und der Natur.

6.4
Übungsaufgaben

6.1 Die Nachweisgrenze vieler chlorierter Schadstoffe wie DDT, Chlordan und PCBs beträgt in der Gaschromatografie etwa 5 pg. Wir betrachten eine Probe von humanem Fettgewebe, die 34 ppt DDT enthält. Das Verfahren zur DDT-Extraktion hat eine Effizienz von 75 %. Von der endgültigen Probe können 5 % zur Analyse in einen Gaschromatografen injiziert werden. Welche Menge an Fettgewebe (in cm³) muss einem Probanden entfernt werden, um diese Menge an DDT zweifelsfrei zu detektieren?

6.2 Bei dem in Kapitel 8 genauer beschrieben Times Beach-Skandal in Missouri wurden durch einen Händler etwa 76 000 L Altöl von einer Hexachlorophenproduktionsstätte entfernt, das mit etwa 30 ppm 2,3,7,8 Tetrachlordibenzo-p-dioxin kontaminiert war.

a) Wie viel Dioxin war in diesem Altöl insgesamt enthalten?
b) Ein Teil des Altöls wurde auf den Boden von Reithallen gesprüht, um die Staubentwicklung zu reduzieren. An einigen Stellen der Reithallen wurden Dioxinmischungsverhältnisse von etwa 2000 ppb gemessen. Wie viel von dieser Erde muss von einem 100 g schweren Meerschweinchen aufgenommen werden, um die LD_{50} von 0,6 µg/kg zu erreichen?

6.3 Die Weltgesundheitsorganisation empfiehlt für eine Person mit 60 kg Körpergewicht eine wöchentliche Aufnahme von weniger als 0,2 mg Quecksilber. In

Kanada können Fische aus den Großen Seen verzehrt werden, wenn der Quecksilbergehalt unter 0,5 ppm liegt. Sind die beiden Werte kompatibel?

6.4 Die Probe einer Farbe enthält 0,4 Gew.-% Blei im nassen Zustand. Beim Trocknen verliert die Farbe 62 % ihres Gewichts. Nehmen wir an, dass ein Kind mit einem Körpergewicht von 13 kg auf einem Objekt kaut, das mit dieser Farbe bemalt wurde. Wie viel der getrockneten Farbe muss das Kind aufnehmen, um die von der Weltgesundheitsorganisation empfohlene maximale tägliche Bleiaufnahme von 5 µg/kg Körpergewicht zu überschreiten?

6.5 Nehmen wir an, dass der durchschnittliche Arbeitnehmer, der durch einen langen Autotunnel täglich zur Arbeit und wieder nach Hause fährt, im Blut einen Bleispiegel von 155 µg/L aufweist. Pro Tag werden 25 µg Blei entweder ausgeschieden oder in den Knochen abgelagert. Wie groß ist die Verweilzeit von Blei im Blut der Arbeiter?

6.6 Eine Recyclingfirma für Blei nimmt am Ufer eines bislang sauberen Sees den Betrieb auf. Das Volumen des Sees beträgt $3{,}0 \times 10^6$ m^3. Aus der Firma werden stündlich 12 m^3 Abwasser in den See geleitet, die 15 ppm Pb^{2+} enthalten. In den See fließen pro Stunde 8400 m^3 sauberes Wasser. Die gleiche Menge Wasser verlässt den See dann auch pro Stunde.

a) Wie hoch ist die Steady-State-Konzentration von Pb^{2+} im See, wenn man annimmt, dass der See gut durchmischt ist und dass es keine weitere Quelle oder Senke für Pb^{2+} gibt?
b) Wie groß ist die Verweilzeit von Pb^{2+} im See im stationären Zustand?
c) Wie lange dauert es, bis die Pb^{2+}-Konzentration auf 99 % der Konzentration im stationären Zustand angestiegen ist?

6.7 Angenommen der Bodensee wird nur durch den Alpenrhein gespeist (Durchfluss = 240 m^3/s) und nur durch den Hochrhein entwässert. Das Mischungsverhältnis einer wenig flüchtigen Verbindung betrage beim Eintritt in den Bodensee 2,7 ppt und 1,2 ppt beim Verlassen des Sees. Wie viel dieser Verbindung wird durchschnittlich im Sediment des Sees abgelagert. Die Fläche des Bodensees beträgt etwa 536 km^2. Niederschläge und Verdunstung können vernachlässigt werden.

6.8 Neue Messungen des pH-Wertes des Schmelzwassers vom grönländischen Eisschild und aus dem hohen Himalaja ergaben statt des erwarteten Wertes einen Wert von 5,15. Diese Differenz kann zum Teil durch die Temperaturabhängigkeit Gleichgewichtskonstante für die Löslichkeit von CO_2 in Wasser erklärt werden.

a) Berechnen Sie den pH-Wert von Wasser bei 0 °C, das im Gleichgewicht mit CO_2 steht.
b) Wie groß müsste der CO_2-Partialdruck (in ppm) sein, um einen Niederschlag mit einem pH = 5,15 bei dieser Temperatur zu erhalten? Beachten Sie, dass bei 0 °C pK_H = 1,11, pK_{a1} = 6,57 und pK_{a2} = 10,62 ist.
c) Was schließen Sie daraus?

6.9 Eine Chemikalie wird einem Tier regelmäßig einmal pro Tag in gleicher Konzentration zugeführt. Die mittlere Konzentration nach häufiger Gabe der Chemikalie erhält man mit:

$$C = \frac{1{,}44 D_0 f t_{1/2}}{\Delta t}$$

In der Gleichung ist D_0 die jeweils verabreichte Dosis, Δt der zeitliche Abstand zwischen der Verabreichung der jeweiligen Dosen, f der Anteil der absorbierten Dosis, und $t_{1/2}$ die Halbwertszeit der Chemikalie im Tier. Bitte leiten Sie diesen Ausdruck mithilfe folgender Näherungen her: $1 + x + x^2 + x^3 + \cdots = 1/(1-x)$, wenn $x < 1$ und $e^x = 1 + x + x^2/2! + x^3/3! + \ldots$

6.10 Bei 25 °C beträgt die Reaktionsgeschwindigkeitskonstante der Reaktion $NO + O_3 \rightarrow NO_2 + O_2$ $1{,}8 \times 10^{-14}$ cm^3 Moleküle^{-1} s^{-1}. In einer relativ sauberen Atmosphäre findet man 0,10 ppb NO und 15 ppb O_3. Wie groß ist die Reaktionsgeschwindigkeit der Reaktion unter diesen Bedingungen? Wie groß ist die Halbwertszeit für NO, unter Annahme eines Überschusses an Ozon?

6.11 Toxaphen war eines der weltweit am häufigsten verwendeten Pestizide. Im Südosten der USA wurde es beim Anbau von Baumwolle eingesetzt. Als Substanz des *dreckigen Dutzend* ist die Herstellung, Verkauf und Anwendung von Toxaphen weltweit durch die *Stockholmer Konvention* verboten. Wegen seiner hohen Flüchtigkeit und geringen Abbaubarkeit ist es inzwischen ubiquitär in der Umwelt vorhanden, so auch in Schwebstoffen im Mississippi River in Baton Rouge, der Hauptstadt des US-Bundesstaates Louisiana. Die nachfolgende Tabelle zeigt die gemessenen Konzentrationen von Toxaphen, der Schwebstoffe sowie der entsprechenden Durchflussmengen des Mississippi River in Abhängigkeit von der Jahreszeit.

Jahreszeit	Toxaphen (ng/g Schwebstoff)	Schwebstoffe (mg/L)	Durchflussmenge (m^3/s)
Winter	12,1	38	8 000
Frühling	22,8	48	14 750
Sommer	9,5	35	6 200
Herbst	8,7	32	5 800

Wie viel Kilogramm Toxaphen werden pro Jahr auf den Schwebstoffen in den Golf von Mexiko gespült entladen? Warum ist die Toxaphenkonzentration im Frühjahr besonders hoch?

6.12 Eine Studentin bekam die Aufgabe, den möglichen Zusammenhang zwischen zwei Methoden zum Nachweis von PCB im menschlichen Fettgewebe zu untersuchen. Die Tabelle zeigt das Ergebnis (in ppm) von sieben verschiedenen Proben, die mit den beiden Methoden untersucht wurden. Sie erhalten die folgenden Ergebnisse (in ppm) für sieben verschiedene Proben mit zwei verschiedenen analytischen Methoden. Gibt es einen statistischen Zusammenhang zwischen den Methoden, und wenn ja, wie groß ist dieser? (Benutzen Sie zur Lösung der Aufgabe am besten Excel)

Probe #	1	2	3	4	5	6	7
Methode A	9,0	18,2	17,5	14,2	11,0	10,1	12,2
Methode B	7,5	15,5	14,3	12,2	19,0	8,5	9,8

6.13 Mit einer Fläche von 594 km^2 ist der Plattensee in Ungarn der größte Binnensee Mitteleuropas. Der einzige Zufluss des Sees ist die Zala mit einer mittleren Fließgeschwindigkeit von 7 m^3/s. PCBs werden in den See durch diesen Fluss und Niederschläge eingetragen und sollen ausschließlich durch Sedimentation verloren gehen. Die hypothetische PCB-Konzentration im Flusswasser betrage 1,0 ng/L und 20 ng/L im Regenwasser. Die Niederschlagshöhe ist im Mittel 650 mm/Jahr. Durch den Sió-Kanal, den einzigen Abfluss des Sees, werden keine PCBs ausgetragen. Wie groß ist der PCB-Fluss in das Seesediment?

6.14 Die Verweildauer von PCBs in einem See beträgt 3,4 Jahre. Der See wird nur durch Regenwasser gespeist, wobei die verdunstete Wassermenge dem Eintrag an Regenwasser entspricht. Wie hoch ist die PCB-Konzentration im See, wenn dessen durchschnittliche Tiefe 50 m und die PCB-Konzentration im Regen 40 ppt beträgt?

6.15 Während seiner letzten Reise fuhr Professor Düsentrieb mit einem TGV von Paris nach Bordeaux. Für die 420 km Strecke betrug die Fahrzeit 2 h und 25 min. Während er aus dem Fenster schaute, fuhr ein anderer TGV in entgegengesetzter Richtung an seinem Zug vorbei. Dieses Ereignis dauerte 3,2 s. Wie lang war der in Richtung Paris fahrende Zug?

6.16 Nanopartikel werden inzwischen immer häufiger verwendet, sodass man damit rechnen muss, dass einige dieser Partikel in die Umwelt gelangen. Es ist daher wichtig, das Verhalten solcher Nanopartikel zu kennen. Bitte schätzen Sie die Zahl der Silberatome in einem Silbernanopartikel ab, das einen Durchmesser von 10 nm hat.

6.17 Gemeinschaftsaufgabe: Lernen Sie die Namen und Strukturen der Pestizide in diesem Kapitel auswendig. Für Nichtchemiker mag das so sein als würden wir darum bitten, Chinesisch zu lernen. Es ist aber wirklich wichtig, dass Sie sich mit den Verbindungen und deren Strukturen vertraut machen. Es wird sehr helfen, wenn Sie zunächst den Anhang A durcharbeiten. Hilfreich beim Lernen ist die Verwendung von Karteikarten.

Literatur

1. Carson, R. (2012) *Der stumme Frühling*, 4. Aufl., Verlag C.H. Beck, ISBN-13:978-3406649080.
2. Pickett, R.L. und Dossett D.A. (1979) Mirex and the circulation of Lake Ontario. *Journal of Physical Oceanography*, **9**, 441–445.
3. Umweltbundesamt (UBA) (2013) Emissionsentwicklung 1990–2011 für Schwermetalle, Dessau-Roßlau.
4. Needleman H.L. *et al.* (1979) Deficits in psychologic and classroom performance of children with elevated dentine lead levels. *New England Journal of Medicine*, **300**, 689–695.
5. Ernhart, C.B. Scarr, S. und Geneson, D.F. (1993) On being a whistleblower: The Needleman case. *Ethics and Behavior*, **3**, 73–93.
6. Needleman, H.L. (2000) Removal of lead from gasoline: Historical and personal reflections. *Environmental Research*, **84**, 20–35.

7
Organische Verbindungen und ihr Abbau in der Umwelt

Was geschieht eigentlich mit einer organischen Verbindung, wenn sie in die Umwelt gelangt? Offensichtlich hängt die Antwort von den physikalischen und chemischen Eigenschaften der Verbindung ab. Zum Beispiel wird eine große Emission von Methan nicht zu einer Wasserverschmutzung führen. Dagegen könnte der Eintrag einer großen Menge DDT in die Umwelt große Probleme für Biota[1] verursachen. In diesem Kapitel werden wir uns kurz mit einigen ausgewählten Methoden beschäftigen, mit denen wir solche Probleme quantitativ beschreiben können. Zur Vertiefung der hier kurz vorgestellten Methoden wird auf das Buch von Klöpffer verwiesen, in dem Sie eine umfassende Darstellung dieser Methoden finden [1].

Wir werden die Verteilung organischer Verbindungen in der Umwelt zwischen den Phasen Luft, Wasser, Boden und Biota im Gleichgewicht untersuchen. Wenn wir uns diese Phasen paarweise ansehen, können wir die verschiedenen physikalischen und chemischen Eigenschaften angeben, die die Verteilungskoeffizienten zwischen diesen Phasen kontrollieren:

Luft – Wasser	Dampfdruck und Wasserlöslichkeit
Wasser – Boden	Adsorption und Wasserlöslichkeit
Boden – Luft	Adsorption und Dampfdruck
Alle Phasen – Biota	Fettlöslichkeit oder Lipophilie

Die Verteilung einer Substanz zwischen Luft und Wasser hängt von ihrem Dampfdruck und ihrer Wasserlöslichkeit ab. Eine sehr lösliche Verbindung mit niedrigem Dampfdruck wie Natriumchlorid wird sich nicht durch die Luft-Wasser-Grenzfläche bewegen und daher nahezu vollständig in der wässrigen Phase bleiben. Dagegen würde eine sehr flüchtige Verbindung wie Methan leicht aus der wässrigen Phase in die Luft übergehen, sodass in erster Näherung im Laufe der Zeit die Methankonzentration in Wasser gegen null geht.

Die Verteilung einer Substanz in Luft und Boden (oder Sediment) hängt auch von ihrer Adsorption an der Oberfläche und ihrem Dampfdruck ab. Zum Beispiel hat DDT einen niedrigen Dampfdruck, aber eine hohe Tendenz zur Adsorption an Oberflächen. Daher wird es nur langsam von Böden und Sedimenten in die Luft

---

1) Der Ausdruck Biota bezeichnet *alle* Lebewesen der Umwelt.

Umweltchemie, 1. Auflage. Ronald A. Hites, Jonathan D. Raff und Peter Wiesen.
© 2017 WILEY-VCH Verlag GmbH & Co. KGaA. Published 2017 by WILEY-VCH Verlag GmbH & Co. KGaA.

übergehen. Dieses Verhalten hilft uns zu verstehen, warum DDT z. B. in der Arktis oder Antarktis gefunden wird, obwohl es dort noch nie benutzt wurde. Sobald DDT z. B. an einem warmen Tag aus dem Boden freigesetzt wird, wird es durch Windströmungen weitreichend transportiert. Da es chemisch sehr stabil ist, wird es bei diesem Transport nicht abgebaut. Sobald es eine Region erreicht, die hinreichend kalt ist, wird es auf atmosphärischen Partikeln kondensieren, die dann nach einer gewissen Zeit auf dem Boden deponiert werden. Dieser Vorgang kann sich wiederholen, bis DDT schließlich in der Arktis landet. Es ist bemerkenswert, dass die Konzentrationen von Schadstoffen wie z. B. DDT, Lindan und anderen Pestiziden zuweilen in Gebieten, in denen sie kaum zur Anwendung kommen, höher sind als in tropischen Ländern, wo sie zur Schädlingsbekämpfung eingesetzt werden. Diesen Prozess des atmosphärischen Ferntransports nennt man auch *Globale Destillation* oder *Grashüpfereffekt*.

Letztlich hängt die Verteilung und Anreicherung von Schadstoffen in Biota von allen vorher genannten Faktoren ab. Sie sind aber im besonderen Maße von der Fettlöslichkeit der Verbindung im Organismus abhängig. Letzteres bezeichnet man auch als *Lipophilie*.[2]

Wenn diese verschiedenen physikalischen und chemischen Eigenschaften bekannt sind, dann können wir vorhersagen, in welche Phase und wie viel einer organischen Verbindung in diese Phase am Ende gelangen wird. Schauen wir uns nun diese Eigenschaften etwas genauer an.

7.1
Dampfdruck

Der Dampfdruck ist der Druck, der sich einstellt, wenn sich in einem abgeschlossenen System ein Dampf mit der zugehörigen flüssigen Phase im thermodynamischen Gleichgewicht befindet. In unserem Fall könnte man auch sagen, der Dampfdruck ist die Löslichkeit einer Verbindung in der Luft.

Gase wie Methan haben bei Raumtemperatur einen hohen Dampfdruck, nämlich 1 Atmosphäre (atm) oder 760 Torr.[3] Einige Schädlingsbekämpfungsmittel haben Dampfdrücke *im mittleren Bereich*. Zum Beispiel hat Hexachlorbenzol einen Dampfdruck von etwa 10^{-7} atm. Andere Verbindungen, wie z. B. Decachlorbiphenyl, haben dagegen einen Dampfdruck, der so gering ist (10^{-10} atm), dass die

---

2) Der Begriff *lipophil* leitet sich aus dem Griechischen ab. Lipos ist *das Fett* und philos bedeutet *liebend* oder *Freund*. Man könnte also *Lipophile* als *Fettliebe* und *lipophil* als *fettliebend* übersetzen, im Gegensatz zu dem Begriff *Lipophobie* bzw. *lipophob*. Begriffe mit ähnlicher Bedeutung sind *Hydrophilie/hydrophil* und *Hydrophobie/hydrophob*.

3) Bitte beachten Sie, dass die gesetzlich zugelassene SI-Einheit des Drucks Pascal (Pa) ist. 1 Pa entspricht dabei einem Druck von $1\,N/m^2$. Ebenfalls zulässig ist die Einheit Bar; 1 bar entspricht dabei $100\,000\,Pa = 1000\,hPa$ oder $100\,kPa$. Daneben gibt es noch eine Reihe von Druckeinheiten, die aber nicht SI-konform sind. Dazu gehören: Meter Wassersäule (mWS), physikalische Atmosphäre (atm), technische Atmosphäre (at), mmHg-Säule (Torr) und weitere.

Substanzen nicht flüchtig sind. Uns interessiert hier besonders der Druckbereich 10^{-4}–10^{-8} atm.

Dampfdrücke zeigen eine starke Temperaturabhängigkeit, die durch die *Clausius-Clapeyron'sche Gleichung* bzw. die *August'sche Dampfdruckformel* beschrieben wird:

$$\ln(p) = -\frac{\Delta H_{vap}}{R}\left(\frac{1}{T}\right) + \text{const.}$$

In dieser Gleichung ist ΔH_{vap} die molare Verdampfungsenthalpie, R die allgemeine Gaskonstante (8,314 J/(mol K)), T die absolute Temperatur des Systems und const. eine dimensionslose, stoffspezifische Konstante.[4]

Um diese Gleichung zu verwenden, muss man den Dampfdruck bei einer gegebenen Temperatur und die Verdampfungsenthalpie ΔH_{vap} der Verbindung wissen. Letztere liegt üblicherweise im Bereich von 50–90 kJ/mol. Die Gleichung wird häufig benutzt, indem man $\ln p$ gegen $1/T$ in einem Diagramm aufträgt. Man erhält dann eine Gerade mit einer Steigung von $-\Delta H_{vap}/R$.

Wenn wir den Siedepunkt einer Substanz kennen (das ist die Temperatur, für die gilt $p_{vap} = 1$ atm), können wir ihren Dampfdruck bei einer vorgegebenen Temperatur (T) mit folgender Gleichung berechnen:

$$\ln p_L = -(4{,}4 + \ln T_B)\left[1{,}8\left(\frac{T_B}{T} - 1\right) - 0{,}8\ln\left(\frac{T_B}{T}\right)\right]$$

wobei p_L der Dampfdruck (atm) der unterkühlten Flüssigkeit[5] und T_B der Siedepunkt in Kelvin ist. Der Dampfdruck eines Feststoffs (p_S) ist

$$\ln\left(\frac{p_S}{p_L}\right) = -6{,}8$$

Potenzieren beider Seiten dieser Gleichung ergibt dann

$$p_S = 0{,}0011\, p_L$$

7.2
Wasserlöslichkeit

Die Wasserlöslichkeit einer Substanz bezeichnen wir mit C_w^{sat}, die üblicherweise in mol/L angegeben wird. Für typische organische Schadstoffe ist sie in der Regel sehr klein. Benzol hat mit 0,1 mol/L eine relativ hohe Wasserlöslichkeit, Decachlorbiphenyl mit 10^{-10} mol/L dagegen eine sehr geringe. C_w^{sat} ändert sich mit der Temperatur, aber nicht so viel wie der Dampfdruck. Für eine Diskussion von Methoden, um die Wasserlöslichkeit organischer Verbindungen vorherzusagen, wird der Leser auf das Buch von Klöpffer [1] verwiesen.

[4] Streng genommen muss man in der Gleichung den Druck p auf den Standarddruck $p°$ beziehen, da Logarithmen immer dimensionslos sind.
[5] Eine unterkühlte Flüssigkeit liegt auch bei einer Temperatur unterhalb des Gefrierpunktes noch flüssig vor, ist also nicht erstarrt.

7.3
Henry-Konstante

Wie wir in Kapitel 5 gesehen haben, ist die *Henry-Konstante* einer Verbindung das Verhältnis ihrer Wasserlöslichkeit zu ihrem Partialdruck über dem Wasser. In diesem Kapitel werden wir das Symbol H für die *Henry-Konstante* verwenden:

$$H = \frac{p_L}{C_w^{sat}}$$

Beachten Sie, dass die Einheit von H atm L/mol ist und dass

$$H = \frac{1}{K_H}$$

Für CO_2 ist $H = 10^{+1{,}47}$ atm L/mol. Mitunter wird auch eine dimensionslose *Henry-Konstante* verwendet:

$$H' = \frac{H}{RT} = \frac{C_{Luft}}{C_{Wasser}}$$

Wie beim Dampfdruck beobachtet man auch bei der *Henry-Konstante* eine starke Temperaturabhängigkeit. Für eine Diskussion von Methoden zur Vorhersage der *Henry-Konstanten* organischer Verbindungen sei auch an dieser Stelle wiederum auf das Buch von Klöpffer [1] verwiesen.

Wie groß ist die dimensionslose *Henry-Konstante* für CO_2 bei 25 °C?

Ansatz: Aus dem Kapitel 5 wissen wir, dass $K_H = 10^{-1{,}47}$ mol/L atm bei *Raumtemperatur* (298 K) ist. Somit gilt:

$$H' = \frac{H}{RT} = \frac{1}{K_H RT}$$

$$H' = \left(\frac{L \times atm}{10^{-1{,}47} \, mol}\right) \left(\frac{K \times mol}{0{,}082 \, L \times atm}\right) \left(\frac{1}{298 \, K}\right) = 1{,}20$$

7.4
Verteilungskoeffizienten

Ein Verteilungskoeffizient ist das Verhältnis der Konzentrationen einer organischen Verbindung in zwei Phasen, die miteinander im Gleichgewicht stehen. Stellen Sie sich einen Scheidetrichter mit einem organischen Lösungsmittel in der oberen und Wasser in der unteren Schicht vor. Unsere Verbindung X ist zunächst nur in der einen oder der anderen Schicht. Dann schütteln Sie den Trichter kräftig und warten, bis sich die beiden Phasen wieder getrennt haben. Dann messen Sie die Konzentration der Verbindung X in beiden Phasen. Der Verteilungskoeffizient ist dann

$$K = \frac{C_{organisch}}{C_{Wasser}}$$

Beachten Sie, dass die Konzentration C_{Wasser} geringer sein wird als C_w^{sat}. Ein hoher K-Wert zeigt, dass die Verbindung wenig wasserlöslich, aber gut löslich in dem organischen Lösungsmittel ist. Eine solche Verbindung wird als lipophil oder fettlöslich bezeichnet.

7.5
Lipophilie

Um Lipide (Fette) in Biota zu simulieren, haben Pharmakologen längst eine Modellsubstanz gewählt, nämlich n-Octanol. Somit ist der Verteilungskoeffizient, der am besten die Lipophilie beschreibt, der Octanol-Wasser-Verteilungskoeffizient. Dieser wird in der Regel mit dem K_{ow} bezeichnet. Die interessanten Werte von K_{ow} liegen üblicherweise im Bereich von 10^2-10^7. Daher wird häufig der Logarithmus von K_{ow} verwendet.

Offensichtlich ist K_{ow} mit der Wasserlöslichkeit verknüpft. Eine hohe Wasserlöslichkeit bedeutet einen geringen K_{ow}-Wert. Tatsächlich gibt es eine empirische Beziehung zwischen diesen zwei Parametern:

$$\log K_{\text{ow}} = -0{,}86 \log C_w^{\text{sat}} + 0{,}32$$

Denken Sie daran, das C_w^{sat} in mol/L angegeben wird.

Wenn man die $\log K_{\text{ow}}$-Werte einer Verbindung kennt, dann ist es möglich, den $\log K_{\text{ow}}$-Wert einer verwandten Verbindung durch Addieren oder Subtrahieren sogenannter π-Werte zu berechnen. Die π-Werte gängiger Substituenten sind wie folgt:

Funktionelle Gruppe	π-Wert	Funktionelle Gruppe	π-Wert
NH$_2$	−1,23	F	0,14
OH	−0,67	N(CH$_3$)$_2$	0,18
CN	−0,57	CH$_3$	0,56
NO$_2$	−0,28	Cl	0,71
COOH	−0,28	Br	0,86
OCH$_3$	−0,02	C$_2$H$_5$	0,98
H	0,00	CH(CH$_3$)$_2$	1,35

Ein einfaches Beispiel: Angenommen Sie wissen, dass der $\log K_{\text{ow}}$-Wert für Trichlorbiphenyl 6,19 ist und Sie möchten den $\log K_{\text{ow}}$-Wert für Tetrachlorbiphenyl abschätzen. Dann addieren Sie einfach den π-Wert für Chlor (0,71) zu diesem $\log K_{\text{ow}}$-Wert und erhalten: $6{,}19 + 0{,}71 = 6{,}90$.

Die Strukturen von DDT und Methoxychlor finden Sie unten links bzw. rechts. Der log K_{ow}-Wert für DDT ist 5,87. Wie groß ist der log K_{ow}-Wert von Methoxychlor? Um welchen Faktor ist es mehr oder weniger lipophil als DDT?

Ansatz: Der einzige strukturelle Unterschied zwischen diesen beiden Molekülen ist die Substitution von zwei Chloratomen (Cl) im DDT durch zwei Methoxygruppen (OCH$_3$) im Methoxychlor. Wir subtrahieren also zunächst die π-Werte der beiden Chloratome vom K_{ow} für DDT und addieren anschließend die π-Werte der beiden Methoxygruppen.

Der log K_{ow}-Wert von Methoxychlor ist also: $5{,}87 - 2 \times 0{,}71 + 2 \times (-0{,}02) = 4{,}41$. Durch Entlogarithmieren erhält man die K_{ow}-Werte der beiden Verbindungen. Also für DDT: $K_{ow} = 10^{5{,}87} = 7{,}41 \times 10^5$ und für Methoxychlor: $K_{ow} = 10^{4{,}41} = 2{,}57 \times 10^4$. Da DDT einen höheren K_{ow}-Wert hat, ist es lipophiler als Methoxychlor und zwar um den Faktor

$$\frac{7{,}41 \times 10^5}{2{,}57 \times 10^4} = 29$$

Wir konnten dieses Problem tatsächlich nur mit den π-Werten lösen und dabei den Rest des Moleküls ignorieren. Beachten Sie, dass der Unterschied in den beiden log K_{ow}-Werten $2 \times 0{,}71 - 2 \times (-0{,}02) = 1{,}46$ ist. Da es sich um eine Differenz von Logarithmen handelt, kann man auch schreiben:

$$\log K_{ow}(\text{DDT}) - \log K_{ow}(\text{Methoxychlor}) = 2 \times 0{,}71 + 2 \times 0{,}02 = 1{,}46$$

$$\frac{K_{ow}(\text{DDT})}{K_{ow}(\text{Methoxychlor})} = 10^{1{,}46} = 29$$

7.6
Bioakkumulation

Da viele organische Schadstoffe lipophil sind, ist es nicht verwunderlich, dass sie in Organismen, die ihnen ausgesetzt sind, gefunden werden und dort auch akkumulieren. Ein einfaches Beispiel eines Lebewesens im Gleichgewicht mit seiner Umgebung ist ein Fisch. Wir können jetzt einen Verteilungskoeffizienten definieren für die Konzentration der organischen Verbindung in den Fischen relativ zu der Konzentration der Verbindung im Wasser in dem die Fische leben:

$$K_B = \frac{C_{\text{Fisch}}}{C_{\text{Wasser}}}$$

In dieser Gleichung ist C_{Fisch} die Konzentration eines Schadstoffs im gesamten Fisch, in der Regel in Einheiten von g/g Feuchtgewicht der Fische, und C_{Wasser} ist die Konzentration des gleichen Schadstoffs im umgebenden Wasser, in der Regel in Einheiten von μg/cm³. Den Verteilungskoeffizienten K_B nennt man *Bioakkumulationsfaktor* (BAF). Berücksichtigt man in der oberen Gleichung die Dichte des Wassers, dann ist K_B dimensionslos. Da als Modellsystem *n*-Octanol ausgewählt wurde, um die Löslichkeit tierischer Fette zu simulieren, ist K_B direkt mit K_{ow} über die empirische Beziehung

$$\log K_B = \log K_{\text{ow}} - 1{,}32$$

verknüpft. Potenzieren beider Seiten ergibt:

$$K_B = 0{,}048\, K_{\text{ow}}$$

Für Tiere, die in der Nahrungskette höher stehen als Fische, sind die K_B-Werte oft größer. Dieser Vorgang wird als *Biomagnifizierung* bezeichnet und ist ein großes Problem für hydrophobe und persistente Schadstoffe wie PCB oder DDT. So ist es nicht ungewöhnlich, dass die K_B-Werte in einer Robbe mehr als zehnmal höher sind als in den Fischen, die sie frisst. In einem Eisbären sind dann die K_B-Werte mehr als 100-mal höher als in den Robben, die ihm als Nahrung dienen.

7.7
Adsorption

Unter Adsorption verstehen wir die Anreicherung organischer Verbindungen auf Oberflächen wie Boden, suspendiertes Sediment und Aerosolen. Die meisten dieser Oberflächen sind mit einer Schicht aus organischem Material bedeckt, sodass letztlich die Adsorption durch die Wechselwirkung zwischen zwei organischen Materialien verursacht wird. Die Adsorption wird durch den Verteilungskoeffizienten (K_d) zwischen der festen und wässrigen Phase beschrieben. Der Verteilungskoeffizient ist das Verhältnis der Konzentration der Verbindung auf dem Feststoff und dessen Konzentration im Wasser, das den Feststoff umgibt:

$$K_d = \frac{C_{\text{fest}}}{C_{\text{Wasser}}}$$

Die Konzentration auf dem Feststoff gibt man in mol/kg und die Konzentration im Wasser in mol/L an. Daher hat K_d die Einheit von L/kg. Nimmt man an, dass der Feststoff eine Dichte von 1 kg/L besitzt, dann kann man die Einheit von K_d ignorieren. K_d hängt oft davon ab, wie viel von der Gesamtmasse der Teilchen aus organischem Material besteht. Dann muss K_d durch den Anteil an organischem Material (f_{om}) in den Partikeln korrigiert werden:

$$K_{\text{om}} = \frac{K_d}{f_{\text{om}}}$$

Beachten Sie, dass f_{om} immer kleiner 1 und oft sogar kleiner als 0,1 ist. Da die Verteilung aus dem Wasser auf das organische Material der Teilchen erfolgt, sollte es nicht überraschen, dass K_{om} empirisch mit K_{ow} und der Wasserlöslichkeit zusammenhängt:

$$\log K_{om} = +0{,}82 \log K_{ow} + 0{,}14$$
$$\log K_{om} = -0{,}75 \log C_w^{sat} + 0{,}44$$

Eine abgedeckte Suppenschüssel enthält 1 L einer stark verdünnten, kalten Suppe (bei 25 °C), 1 L Luft und einem schwimmenden Klumpen Fett mit einem Volumen von 1 mL. Das System enthält zusätzlich 1 mg Naphthalin. Der $\log K_{ow}$ für Naphthalin ist 3,36 und die dimensionslose *Henry*-Konstante 0,0174. Schätzen Sie bitte den Betrag von Naphthalin ab, die Sie aufnehmen, wenn Sie nur den Fettklumpen essen. Nehmen Sie an, dass das System im Gleichgewicht ist.

Ansatz: Wir stellen zunächst Gleichungen für die Massebilanz und die Verteilung des Naphthalins auf und berechnen daraus die Naphthalinkonzentration im Fett:

$$M_{Naphth} = C_{Luft}(1\,L) + C_{Wasser}(1\,L) + C_{Fett}(0{,}001\,L) = 1\,mg$$

$$H' = \frac{C_{Luft}}{C_{Wasser}} = 0{,}0174$$

$$K_{ow} = \frac{C_{Fett}}{C_{Wasser}} = 10^{3{,}36} = 2290$$

$$M_{Naphth} = H' C_{Wasser}(1\,L) + C_{Wasser}(1\,L) + C_{Fett}(0{,}001\,L)$$

$$M_{Naphth} = H' \left(\frac{C_{Fett}}{K_{ow}}\right)(1\,L) + \left(\frac{C_{Fett}}{K_{ow}}\right)(1\,L) + C_{Fett}(0{,}001\,L)$$

$$C_{Fett}\left(\frac{H'}{K_{ow}} + \frac{1}{K_{ow}} + \frac{0{,}001}{1}\right) = 1\,mg/L$$

$$C_{Fett}\left(\frac{0{,}0174}{2290} + \frac{1}{2290} + \frac{0{,}001}{1}\right) = 0{,}00144\, C_{Fett} = 1\,mg/L$$

$$C_{Fett} = 693\,mg/L$$

Folglich erhält man für die Aufnahme von 0,001 L Fett die folgende Menge Naphthalin:

$$M_{Naphth} = \left(\frac{693\,mg}{L}\right)(0{,}001\,L) = 0{,}7\,mg$$

7.8
Phasenübergang Wasser-Luft

Wir wollen uns nun mit der Verteilung einer Verbindung zwischen zwei Phasen beschäftigen, wenn das System nicht im Gleichgewicht ist. Dazu schauen wir uns die Verteilung einer Verbindung in der Luft über einem See und dem Wasser des Sees an. Solche Systeme wurden detailliert untersucht, so beispielsweise das Eintragen von PCBs aus der Luft in die Großen Seen in Nordamerika. Nehmen wir an, dass die Konzentration einer organischen Verbindung in der Luft über dem See C_{Luft} ist. Die Konzentration im Wasser des Sees nennen wir C_{Wasser}. Die Flussdichte zwischen Wasser und Luft ist dann:

$$\text{Flussdichte} = v_{\text{tot}} \left(C_{\text{Wasser}} - \frac{C_{\text{Luft}}}{H'} \right)$$

Beachten Sie, dass in der Gleichung die dimensionslose *Henry-Konstante* benutzt wird. Wenn das System im Gleichgewicht ist gibt es keinen Fluss durch die Phasengrenzfläche ($F = 0$) und somit wird $C_{\text{Wasser}} = C_{\text{Luft}}/H'$. Dies ist nichts anderes als die Definition der *Henry-Konstante*.

Die Variable v_{tot} in der obigen Gleichung ist die Geschwindigkeit des Stoffaustauschs über der Luft-Wasser-Grenzfläche. Sie hat die Einheit einer Geschwindigkeit (meist cm/s) und setzt sich zusammen aus zwei Komponenten: der Geschwindigkeit, mit der die Verbindung durch die Grenzschicht in das Wasser (v_w) eintritt, und der Geschwindigkeit, mit der die Verbindung durch die Grenzfläche in die Luft (v_a) eintritt. Die Gesamtgeschwindigkeit des Stoffaustauschs ist dann gegeben durch:

$$\frac{1}{v_{\text{tot}}} = \frac{1}{v_w} + \frac{1}{v_a H'}$$

Für eine gegebene Verbindung hängen die Werte v_w und v_a von der Windgeschwindigkeit über dem Wasser ab. Je mehr Wind desto schneller wird der Stoffaustausch stattfinden. Die Windgeschwindigkeit wird in der Regel mit dem Symbol u in der Einheit m/s angegeben. Der Wert v_a ist gegeben durch

$$v_a = (0{,}2u + 0{,}3) \left(\frac{18}{\text{MW}} \right)^{0{,}5}$$

wobei MW das Molekulargewicht der Verbindung ist. Die resultierende Einheit von v_a ist dann cm/s.

Der Wert von v_w ist gegeben durch

$$v_w = 4 \times 10^{-4} \left(0{,}1u^2 + 1 \right) \left(\frac{32}{\text{MW}} \right)^{0{,}5}$$

mit u in m/s. MW ist das Molekulargewicht unserer Verbindung. Die resultierende Einheit von v_w ist dann auch cm/s.

p-Dichlorbenzol (DCB) wurde früher häufig in Toiletten als Desinfektionsmittel verwendet, obwohl es keine keimtötende Wirkung hat. Die folgenden Daten sind für DCB bekannt: Das Molekulargewicht beträgt 146 g/mol, der Dampfdruck 1,3 Torr und die Wasserlöslichkeit $5{,}3 \times 10^{-4}$ mol/L. Im Zürichsee ist die gemessene DCB-Konzentration 10 ng/L. Die durchschnittliche Windgeschwindigkeit beträgt 2,3 m/s. Wie groß ist die Flussdichte dieser Verbindung in und aus dem See?

Ansatz: Wir berechnen zunächst die dimensionslose *Henry-Konstante*:

$$H = \frac{p_L}{C_w^{sat}} = \left(\frac{1{,}3 \text{ Torr}}{1}\right)\left(\frac{1 \text{ atm}}{760 \text{ Torr}}\right)\left(\frac{L}{5{,}3 \times 10^{-4} \text{ mol}}\right) = 3{,}23 \text{ L} \times \text{atm/mol}$$

$$H' = \frac{H}{RT} = \left(\frac{3{,}23 \text{ atm} \times L}{\text{mol}}\right)\left(\frac{\text{mol} \times K}{0{,}082 \text{ L} \times \text{atm}}\right)\left(\frac{1}{288 \text{ K}}\right) = 0{,}14$$

Dann bestimmen wir die entsprechenden Massetransferkoeffizienten:

$$v_a = (0{,}2 \times 2{,}3 + 0{,}3)\left(\frac{18}{146}\right)^{0{,}5} = 0{,}27 \text{ cm/s}$$

$$v_w = 4 \times 10^{-4}\left(0{,}1 \times 2{,}3^2 + 1\right)\left(\frac{32}{146}\right)^{0{,}5} = 2{,}86 \times 10^{-4} \text{ cm/s}$$

Der Koeffizient für den gesamten Stoffübergang ist dann

$$\frac{1}{v_{tot}} = \frac{1}{2{,}86 \times 10^{-4}} + \frac{1}{0{,}27 \times 0{,}14}$$

$$v_{tot} = \frac{1}{3492 + 26{,}5} = 2{,}84 \times 10^{-4} \text{ cm/s}$$

Beachten Sie, dass der Term für den Stoffaustausch im Wasser mit dem Wert 3492 wesentlich größer ist als in Luft mit nur 26,5. Das lässt vermuten, dass die Diffusion dieser Verbindung durch die Grenzschicht den Übergang von Wasser in die Luft limitiert und nicht ihr Abstand von der Oberfläche durch die darüber hinweggehende Luft.

Unter der Annahme, dass die Konzentration von DCB in der Luft über dem Zürichsee näherungsweise null ist, erhält man für die Flussdichte:

$$\text{Flussdichte} = v_{tot} C_w = \left(\frac{2{,}84 \times 10^{-4} \text{ cm}}{s}\right)\left(\frac{10 \text{ ng}}{L}\right)\left(\frac{L}{10^3 \text{ cm}^3}\right)$$

$$\times \left(\frac{3600 \text{ s}}{h}\right)\left(\frac{10^4 \text{ cm}^2}{m^2}\right) = 102 \text{ ng m}^{-2} \text{ h}^{-1}$$

Wir können dieses Ergebnis nun mit Daten vergleichen, die im Zürichsee direkt gemessen wurden. Der See hat eine Fläche von 68 km² und eine durchschnittliche Tiefe von 50 m. Für den See gibt es zwei DCB-Quellen: Abwasser mit 62 kg DCB pro Jahr und Zuflüsse, hauptsächlich die Linth, mit 25 kg pro Jahr. Der Abfluss aus dem See erfolgt im Wesentlichen über die Limmat. Darüber werden 27 kg DCB pro Jahr aus dem See entfernt. Es gibt keine DCB-Anreicherung im Sediment des Sees. Wie groß ist der Verdunstungsverlust von DCB aus dem See in ng m⁻² h⁻¹? Vergleichen Sie das Ergebnis mit der vorherigen Berechnung.

Ansatz: Wir können den Verlust von DCB aus dem See als Differenz zwischen Eintrag und Austrag berechnen. Wir nehmen dazu in guter Näherung an, dass dieser Verlust ausschließlich durch Verdampfen verursacht wird.

$$\text{Flussdichte} = \frac{\text{Fluss}}{\text{Fläche}} = \left[\frac{(62+25-27)\,\text{kg}}{\text{Jahr}}\right]\left(\frac{1}{68\,\text{km}^2}\right)$$

$$= \left(\frac{60\,\text{kg}}{\text{Jahr}}\right)\left(\frac{1}{68\,\text{km}^2}\right)\left(\frac{10^{12}\,\text{ng}}{\text{kg}}\right) \times \left(\frac{\text{km}^2}{10^6\,\text{m}^2}\right)\left(\frac{\text{Jahr}}{24 \times 365\,\text{h}}\right)$$

$$= 101\,\text{ng}\,\text{m}^{-2}\,\text{h}^{-1}$$

Dies stimmt mit der vorherigen Berechnung exakt überein, ist aber vermutlich eher Zufall bzw. pures Glück.

Die Halbwertszeit für das Verdampfen einer Verbindung aus einem See ergibt sich zu:

$$t_{1/2} = \frac{\ln(2)}{k} = \ln(2)\tau$$

Die Verweilzeit ist gegeben durch

$$\tau = \frac{M}{\text{Fluss}} = \frac{C_w V}{\text{Fluss}}$$

Wir erinnern uns daran, dass

$$\text{Fluss} = \text{Flussdichte} \times A$$

und

$$V = A\overline{d}$$

Dies setzen wir in die Gleichung für die Halbwertszeit ein und erhalten

$$t_{1/2} = \ln(2)\frac{C_w A \overline{d}}{\text{Flussdichte} \times A}$$

Für die Verdunstung wissen wir, dass gilt:

$$\text{Flussdichte} = C_w v_{\text{tot}}$$

Für die Halbwertszeit der Verdunstung erhalten wir dann

$$t_{1/2} = \frac{(\ln 2)\,C_w A \overline{d}}{C_w v_{\text{tot}} A} = \frac{(\ln 2)\,\overline{d}}{v_{\text{tot}}}$$

Für DCB im Zürichsee ergibt sich somit

$$t_{1/2} = \left(\frac{\ln 2\,\text{s}}{2{,}84 \times 10^{-4}\,\text{cm}}\right)\left(\frac{50\,\text{m}}{1}\right)\left(\frac{100\,\text{cm}}{\text{m}}\right) \times \left(\frac{\text{Tag}}{60 \times 60 \times 24\,\text{s}}\right)$$

$$= 140\,\text{Tage}$$

7.9
Reaktiver Abbau organischer Substanzen

Wie bereits zuvor erwähnt, wird die chemische Lebensdauer einer Verbindung in der Luft im Wesentlichen durch direkte und indirekte Fotolyse bestimmt. Für Substanzen, die vorwiegend im Wasser gelöst oder an Böden und Sedimenten adsorbiert vorliegen, können chemische oder biochemische Transformationsprozesse eine wichtige Rolle spielen. Jeder dieser Prozesse besitzt eine charakteristische Geschwindigkeitskonstante. Hier einige Beispiele:

Reaktionstyp	Reaktant	Wichtig für
Direkte Fotolyse	Photonen	Luft, Oberflächenwasser, Substanzen, die an Oberflächen adsorbiert sind
Indirekte Fotolyse	OH, $^1O_2$, O_3, CO_3 etc.	Luft, Oberflächenwasser
Hydrolyse	H_2O, HO^-, H^+	Wasser, Boden, Biota
Redox	Redoxaktive Substanzen	Boden, Wasser, Biota
Mikrobiell	Enzyme	Boden, Wasser, Biota

Die Bedeutung der direkten Fotolyse hängt nicht nur von der Fähigkeit der betrachteten Substanz ab, das Sonnenlicht zu absorbieren sowie der Effizienz der fotochemischen Reaktion, sondern auch von der Verfügbarkeit des Sonnenlichts. Ist eine Chemikalie im Wasser gelöst oder im Boden bzw. Sediment adsorbiert, müssen wir berücksichtigen, dass deutlich weniger Licht am Grund eines Sees oder in der Tiefe des Bodens verfügbar ist als an der Oberfläche. Folglich werden die Fotolysegeschwindigkeiten im Wasser geringer sein als in der Atmosphäre.

Indirekte Fotolyse ist der Prozess, durch den hochreaktive Radikale gebildet werden, wenn lichtabsorbierende Substanzen (z. B. in einer natürlichen organischen Matrix) fotolysiert werden. In vielen Gewässern werden OH-Radikalreaktionen eine wichtige Rolle spielen. Hydroxylradikale werden durch die Fotolyse von Nitrat, Nitrit, H_2O_2 und metallhaltigen (z. B. Ti und Fe) Mineralien gebildet. Nitrat und Nitrit sind besonders wichtige Quellen für Hydroxylradikale in Gebieten mit intensiver Landwirtschaft oder mit hoher Deposition von atmosphärischem NO_x.

Die Mechanismen für diese Reaktionen sind:[6]

$$NO_3^-(aq) + h\nu \quad (\lambda < 320\,nm) \rightarrow NO_2(g) + O^-(aq)$$
$$NO_2^-(aq) + h\nu \quad (\lambda < 400\,nm) \rightarrow NO(g) + O^-(aq)$$
$$O^- + H_2O \rightarrow OH + HO^-$$

In Gewässern wird die Konzentration der OH-Radikale durch Reaktion mit gelösten organischen Stoffen (dissolved organic matter, DOM) und anorganische

---

[6] In den Reaktionsgleichungen bedeutet „(aq)", dass die Substanz gelöst in der wässrigen Phase vorliegt.

Spezies wie Bicarbonat und Carbonat beeinflusst. Tatsächlich ist die Zahl der verfügbaren OH-Radikale für einen in Wasser gelösten organischen Schadstoff sehr gering. Sie liegt typischerweise in der Größenordnung von 10^{-16}–10^{-18} M. Das Hydroxylradikal ist gegenüber organischen Substanzen aber so reaktiv, dass es trotzdem im wässrigen Medium noch eine wichtige Rolle spielt.

7.10
Verteilung und Persistenz

Wir haben nun die Werkzeuge, die wir brauchen, um unsere Eingangsfrage in diesem Kapitel zu beantworten: *In welchem Umweltkompartiment ist eine chemische Verbindung zu finden und wie lange wird sie dort verbleiben?* Dazu erstellen wir ein Modell, das die Umgebung vereinfacht in drei Phasen aufteilt, nämlich Luft, Wasser und Boden/Sediment. Wir betrachten Boden und Sediment als ein Kompartiment, weil sie sehr ähnlich sind. Sie treten allerdings in unterschiedlichen Bereichen auf. Unter Boden versteht man terrestrische Oberflächen. Das Sediment bedeckt dagegen den Boden von Gewässern. Die Verteilung organischer Substanzen in Böden und Sedimenten ist abhängig von der jeweiligen Verbindung und ihren speziellen Eigenschaften. Wir nehmen an, dass n-Octanol eine gute Modellsubstanz ist und dass der K_{ow}-Wert einer Verbindung die Verteilung im Boden und Sediment beschreibt.

Unser Modell basiert auf dem Ansatz von Gouin *et al.* [2] mit einem hypothetischen System bestehend aus 10^{14} m^3 Luft, 2×10^{11} m^3 Wasser und $1{,}5 \times 10^8$ m^3 Boden/Sediment (bzw. n-Octanolphase) (siehe Abb. 7.1). Die relativen Anteile einer Substanz in den entsprechenden Kompartimenten sind gegeben durch:

$$f_{Luft} = \frac{M_{Luft}}{M_{tot}}$$

$$f_{Wasser} = \frac{M_{Wasser}}{M_{tot}}$$

$$f_{Oct} = \frac{M_{Oct}}{M_{tot}}$$

Diese Verhältnisse sagen uns, wie sich eine chemische Verbindung nach Eintrag in die Umwelt in dieser dann verteilt.

Wenn wir nur über die Menge einer Substanz in Luft, Wasser und Octanol reden, können wir diese für jede Phase durch die entsprechenden Verteilungskoeffizienten, ihre Konzentration in der wässrigen Phase und das Volumen des entsprechenden Kompartiments wie folgt berechnen:

$$M_{Luft} = C_{Wasser} H' V_{Luft}$$

$$M_{Wasser} = C_{Wasser} V_{Wasser}$$

$$M_{Oct} = C_{Wasser} K_{ow} V_{Oct}$$

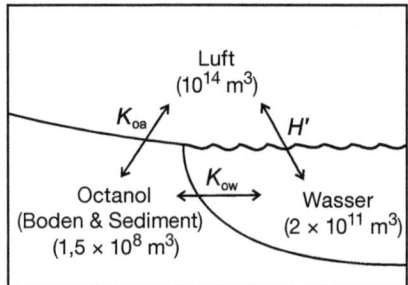

Abb. 7.1 Ein einfaches Modell, um die Verteilung einer chemischen Verbindung in Luft, Wasser und Boden bzw. Sediment zu beschreiben.

Die Gesamtmenge in der Umwelt ist dann:

$$M_{tot} = M_{Luft} + M_{Wasser} + M_{Oct}$$

oder nach Substitution

$$M_{tot} = C_{Wasser}(H'V)_{Luft} + V_{Wasser} + K_{ow}V_{Oct}$$

Somit ist der Massenanteil einer Substanz in den verschiedenen Kompartimenten:

$$f_{Luft} = \frac{M_{Luft}}{M_{tot}} = \frac{H'V_{Luft}}{H'V_{Luft} + V_{Wasser} + K_{ow}V_{Oct}}$$

$$f_{Wasser} = \frac{M_{Wasser}}{M_{tot}} = \frac{V_{Wasser}}{H'V_{Luft} + V_{Wasser} + K_{ow}V_{Oct}}$$

$$f_{Oct} = \frac{M_{Oct}}{M_{tot}} = \frac{K_{ow}V_{Oct}}{H'V_{Luft} + V_{Wasser} + K_{ow}V_{Oct}}$$

Wir wenden nun das an, was wir in Kapitel 2 bereits gelernt hatten: Wie schätze ich die gesamte Lebensdauer einer Substanz in unserer hypothetischen Umwelt ab? Die Gesamtverlustrate oder Fluss einer Substanz aus der Umwelt wird beschrieben durch:

$$k_{tot}M_{tot} = k_{Luft}M_{Luft} + k_{Wasser}M_{Wasser} + k_{Oct}M_{Oct}$$

Berücksichtigt man, dass die Menge in jedem Kompartiment M_{Luft}, M_{Wasser} und M_{oct} ein Bruchteil f der Gesamtmenge M_{tot} ist, können wir dies umschreiben als:

$$k_{tot}M_{tot} = k_{Luft}f_{Luft}M_{tot} + k_{Wasser}f_{Wasser}M_{tot} + k_{Oct}f_{Oct}M_{tot}$$

oder

$$k_{tot} = k_{Luft}f_{Luft} + k_{Wasser}f_{Wasser} + k_{Oct}f_{Oct}$$

Wenn wir also die relativen Mengen der Substanz in jedem Kompartiment kennen und wissen, wie schnell diese in Wasser, Luft, Sediment und Boden abgebaut wird, können wir die Lebensdauer der Substanz abschätzen, sobald diese in die Umwelt eingetragen wurde. Normalerweise werden Labor- oder Feldstudien durchgeführt, um die Geschwindigkeitskonstanten in den jeweilgen Kompartimenten zu bestimmen. Zum Beispiel könnten wir versuchen, die Geschwindigkeitskonstante des Abbaus einer Substanz im Boden durch mikrobiellen Stoffwechsel zu ermitteln.

Die einfache Art der Berechnung der Lebensdauer kann Entscheidungsträgern helfen, Substanzen zu identifizieren, die mehr oder weniger persistent sind und ggf. reguliert werden müssen. Zum Beispiel bezeichnen eine Reihe von Behörden und das Umweltprogramm der Vereinten Nationen (UNEP) eine Chemikalie als persistenten organischen Schadstoffe (POP), wenn seine Halbwertszeit in Luft, Wasser und Boden/Sediment größer ist als 2, 60 bzw. 180 Tage.

Beschreiben Sie mit dem Modell aus Abb. 7.1 den Abbau von Lindan in der Umwelt und bestimmen Sie, ob diese Verbindung ein POP ist oder nicht. Verwenden Sie in Ihrer Berechnung die folgenden physikalischen Eigenschaften für Lindan: log H' = 3,94; log K_{ow} = 3,78. Die Geschwindigkeitskonstanten für die Reaktion (pseudo-) erster Ordnung für den Abbau in Luft, Wasser und Boden/Sediment sind 0,1, 0,01 und 0,0006 Tage^{-1}.

Ansatz: Der Massenanteil von Lindan in den jeweiligen Kompartimenten wird uns zeigen, in welcher Phase dieses Pestizid schlussendlich landen wird. Dies können wir wie folgt berechnen:

$$M_{tot} = (10^{11,3}) + (2 \times 10^{-4})(10^{14}) + (10^{3,78})(1,5 \times 10^8) = 10^{12,05} \text{ m}^3$$

$$f_{Luft} = \frac{10^{-3,94}(10^{14} \text{ m}^3)}{10^{12,05} \text{ m}^3} = 0,010$$

$$f_{Wasser} = \frac{2 \times 10^{11} \text{ m}^3}{10^{12,05} \text{ m}^3} = 0,18$$

$$f_{Oct} = \frac{(10^{3,78})(1,5 \times 10^8 \text{ m}^3)}{10^{12,05} \text{ m}^3} = 0,81$$

Die Koeffizienten zeigen, dass nur 1 % des Lindans in der Atmosphäre, 18 % in der wässrigen Phase und 81 % im Boden und Sediment adsorbiert werden.

Jetzt stellen wir die Frage, welche Lebensdauer Lindan besitzt, wenn es erst einmal in die Umwelt eingetragen wurde. Zur Beantwortung der Frage berechnen wir nun die gesamte Halbwertszeit $t_{1/2}$ mit:

$$k_{tot} = k_{Luft} f_{Luft} + k_{Wasser} f_{Wasser} + k_{Oct} f_{Oct}$$
$$k_{tot} = (0,1)(0,01) + (0,01)(0,18) + (0,0006)(0,81) = 0,0033 \text{ Tage}^{-1}$$

Setzen wir diesen Wert nun in unsere Gleichung für die Halbwertszeit ein, dann erhalten wir:

$$t_{1/2} = \frac{\ln(2)}{k_{tot}} = \frac{0,693 \text{ Tage}}{0,0033} = 210 \text{ Tage}$$

Wir schließen daraus, dass Lindan überwiegend Böden und Sediment oder andere hydrophobe Phasen (wie Biota) verunreinigt und dass es persistent ist. Tatsächlich ist bekannt, dass Lindan bioakkumuliert und auch weiträumig in der Atmosphäre transportiert wird. So ist es kein Wunder, dass Lindan als persistenter organischer Schadstoff im *Stockholmer Übereinkommen* aufgeführt ist.

7.11
Übungsaufgaben

7.1 Schätzen Sie die maximale Konzentration von 1,2,4-Trichlorbenzol (1,2,4-TCB) (in ppm) in Regenbogenforellen ab, wenn diese in Wasser mit einer 1,2,4-TCB-Konzentration von 2,3 ppb schwimmen. Das Molekulargewicht dieser Verbindung ist 181,5 g/mol und bei 25 °C beträgt deren $\log K_{ow} = 4{,}04$.

7.2 Das Herbizid Trifluralin (α, α, α-Trifluor-2,6-dinitro-N,N-dipropyl-p-toluidin), das auch unter dem Namen Treflan vertrieben wurde, besitzt zwei Nitro-($-NO_2$)-Gruppen. Um welchen Faktor verändert sich die Lipophilität der Verbindung, wenn die beiden Nitrogruppen durch zwei Methylgruppen ($-CH_3$)-Gruppen, ersetzt würden?

7.3 Triazine sind eine wichtige Klasse von Herbiziden, die folgende Struktur besitzen:

In diesen Verbindungen variieren R_1 bis R_4 wie folgt:

Substanz	R_1	R_2	R_3	R_4
1	C_2H_5	C_2H_5	C_2H_5	C_2H_5
2	C_3H_7	H	C_2H_5	C_2H_5
3	C_2H_5	H	C_2H_5	C_2H_5
4	C_3H_7	H	C_3H_7	H
5	C_2H_5	H	C_3H_7	H
6	C_2H_5	H	C_2H_5	H

wobei C_2H_5 eine Ethyl- und C_3H_7 eine Isopropylgruppe ist. Der $\log K_{ow}$-Wert der Substanz 5 ist 2,64. Wie groß sind die $\log K_{ow}$-Werte der anderen Verbindungen?

7.4 Im Eagle Lake im Acadia National Park im US-Bundesstaat Maine wurden an einem Tag etwa 1350 tote Fische gefunden. Der geschätzte Fischbestand in diesem See war etwa 2700. Die Parkranger vermuteten als Todesursache 2,4,5-Trifluorgrahamol, das im Wasser in einem Mischungsverhältnis von 20 ppb nachgewiesen wurde. Für diese Substanz ist die LD_{50} – also die Dosis bei der 50 % der Fische getötet werden – 25 mg/kg Fisch. Wie groß ist die Wasserlöslichkeit dieses Schadstoffs (in µmol/L)? Nehmen Sie für die Berechnung an, dass ein typischer Fisch in diesem See 0,4 kg wiegt und der Fettanteil am Körpergewicht 14 % beträgt.

7.5 Berechnen Sie die Flussdichte für den Austausch von 1,1,1-Trichlorethan (TCE) zwischen der Luft und dem Oberflächenwasser des Arktischen Ozeans bei einer Temperatur von 0 °C und einer mittleren Windgeschwindigkeit von 10 m/s. Verwenden Sie zur Berechnung die folgenden Daten: C_a = 0,93 ng/L; C_W = 2,5 ng/L, H = 6,5 atm L mol^{-1} bei 0 °C; Molekulargewicht = 133,4 g/mol.

7.6 Aufgrund eines Unfalls gelangte eine erhebliche Menge an TCE (siehe Aufgabe 7.5) in einen kleinen, gut durchmischten Teich mit einem Volumen V = 1×10^4 m^3, Gesamtfläche A = 5×10^3 m^2 und einer Temperatur T = 15 °C. Durchgeführte Messungen im See während eines Zeitraums von einer Woche nach dem Unfall ergaben, dass sich das Verschwinden des TCE aus dem Teich durch einen Prozess erster Ordnung mit einer Halbwertszeit von 40 h beschreiben lässt. Da der Austrag von TCE durch den Abfluss des Teiches vernachlässigt werden und davon ausgegangen werden kann, dass weder Sedimentation noch chemische Umwandlungen des TCE eine wichtige Rolle spielen, weist die beobachtete Abnahme der TCE-Konzentration auf einen Austausch mit der Atmosphäre hin.

a) Berechnen Sie die durchschnittliche Geschwindigkeit des Massetransfers v_{tot} von TCE für den angegebenen Zeitraum unter der Annahme, dass die Konzentration von TCE in der Luft über dem Teich sehr klein ist, d. h., dass $C_w \gg C_a/H'$ ist.
b) Welche durchschnittliche Windgeschwindigkeit ergibt sich aus dem Wert von v_{tot}?

7.7 Ein See hat eine Fläche von 120 km^2 und eine durchschnittliche Tiefe von 62 m. Die Konzentration einer toxischen Verbindung im See beträgt im Durchschnitt 40 ng/L, ihre Wasserlöslichkeit 210 ppm, das Molekulargewicht 236 g/mol und ihr Dampfdruck 12 Torr. Gehen Sie von einer Windgeschwindigkeit von 5 m/s, bei einer Temperatur von 300 K aus und dass die Konzentration der Verbindung in der Luft über dem See sehr gering ist.

a) Wie groß ist die *Henry-Konstante*, die Austauschgeschwindigkeit (v_{tot}) und die Flussdichte der Verdunstung der Verbindung aus diesem See? Wie groß ist die Halbwertszeit der Verbindung im See?
b) Der See wird nur durch einen einzigen Zufluss mit 25×10^9 m^3/Jahr gespeist und besitzt nur einen einzigen Abfluss. Im Mittel beträgt die Konzentration der toxischen Substanz im Zufluss 75 ng/L und im Abfluss 50 ng/L. Berechnen Sie mit diesen Daten die Flussdichte für die Verdunstung der Verbindung aus dem See und vergleichen Sie das Ergebnis mit dem Wert aus der Teilaufgabe a.

7.8 Ein See in Deutschland besitzt eine Fläche von 180 km^2 und eine durchschnittliche Tiefe von 50 m. Die Verweilzeit des Wassers im See beträgt 0,3 Jahre.

Die Flussdichte eines Schadstoffs in das Sediment des Sees beträgt $10\,\text{ng}\,\text{cm}^{-2}$ Jahr^{-1} und seine Konzentration im Wasser 1,8 ng/L. Nehmen Sie an, dass gilt $v_{\text{tot}} = 1\,\text{cm/h}$. Berechnen Sie den Wasserzu- und -abfluss des Sees sowie die Flussdichte für den Verdunstungsverlust des Schadstoffs.

7.9 Die Halbwertszeit für den Verdunstungsverlust von Toluol einem See beträgt 120 Tage. Das Molekulargewicht von Toluol ist 92 g/mol und die durchschnittliche Tiefe des Sees beträgt 75 m. Nehmen Sie eine Windgeschwindigkeit von 5 m/s an. Wie groß ist die dimensionslose *Henry-Konstante* dieser Verbindung?

7.10 Die folgenden drei Fragen beziehen sich alle auf ein toxikologisches Modell aus einem Kompartiment, mit dem die Aufnahme einer toxischen Substanz aus Wasser durch einen aquatischen Organismus beschrieben wird. Die Geschwindigkeitskonstanten der Reaktion erster Ordnung k_1 und k_2 beschreiben die Aufnahme der Substanz aus dem Wasser und das Ausscheiden aus dem Organismus nach einer Metabolisierung. Startbedingungen für das Problem sind C_w (Konzentration des Giftstoffs in Wasser) = 0,020 ppm; Halbwertszeit für das Ausscheiden des Giftstoffs aus dem Organismus = 3 Tage und $\log K_{\text{ow}} = 5{,}48$.

a) Berechnen Sie die Steady-State-Konzentration des Giftstoffs in dem Organismus.
b) Wie lange würde es dauern, bis die Konzentration des Giftstoffs in dem Organismus 5 ppm erreicht? Nehmen Sie für die Berechnung an, dass das Wasser ein unerschöpfliches Reservoir des Giftstoffs ist.
c) Eine Elritze wird in einen großen Behälter mit kontaminiertem Wasser eingesetzt und verbleibt dort für vier Tage. Anschließend wird sie in einen Behälter mit sauberem Wasser eingesetzt. Welche Konzentration des Giftstoffs stellt sich nach vier Tagen im Gewebe der Elritze und im Wasser ein?

7.11 Die Schwebstoffe in einem See bestehen zu 2 % aus Organika. Die Konzentration eines im Wasser gelösten bromhaltigen Schadstoffs ist 60 ng/L. Seine Wasserlöslichkeit beträgt 2,8 mmol/L. Wie groß ist die Konzentration dieser Verbindung auf den Schwebstoffen?

7.12 Die K_{ow}-Werte von PCBs variieren mit der Anzahl der Chloratome. Stellen Sie sich vor, dass zwei unterschiedliche PCBs in einen See in einem Verhältnis 1 : 1 eingeleitet werden. Die eine Verbindung enthält drei Chlor- und die zweite fünf Chloratome. In welchem Verhältnis wird man diese beiden PCBs in Fischen finden?

7.13 Die Konzentration eines Schadstoffs in den Forellen eines Sees beträgt im Mittel 0,2 ppm. Die Konzentration im Seewasser ist 7 ng/L. Wie groß ist der Octanol-Wasser-Verteilungskoeffizient dieser Verbindung?

7.14 Wie groß ist die Steady-State-Belastung von 1 kg Seeforelle mit Heptachlorbiphenyl, wenn das Seewasser mit 0,009 ppt dieser Verbindung belastet ist. Nehmen Sie für diese Verbindung $\log K_{\text{ow}} = 6{,}5$ an.

7.15 Die Konzentration eines bestimmten PCB-Kongeners im Wasser des nördlichen Michigansees ist 0,15 ng/L. Nehmen Sie an, dass die Wasserlöslichkeit dieser Substanz 0,01 mol/L, ihr Dampfdruck 5×10^{-9} atm und ihr Molekulargewicht 320 g/mol beträgt. Wie viel dieser Verbindung (in Tonnen pro Jahr) geht an einem warmen Sommertag im nördlichen Michigansee vom Wasser in die Luft über? Nehmen Sie für die Berechnung eine Wassertemperatur von 25 °C und eine Windgeschwindigkeit von 5 m/s an. Das Gebiet des nördlichen Michigansees ist 2×10^4 km² groß.

7.16 Im Huronsee sind Forellen sehr wichtig für die Sportfischerei. Wir nehmen Folgendes an: Die Konzentration eines Schadstoffs – wir nennen ihn HCB – im Huronsee ist 15 ppb; die Halbwertszeit für die Ausscheidung von HCB aus Forellen beträgt vier Tage und HCB hat einen log K_{ow}-Wert von 5,43.

a) Wie groß ist die Steady-State-Konzentration (in ppm) von HCB in Forellen aus dem Huronsee?
b) Unbelastete Forellen werden in den Huronsee eingesetzt. Wie viele Tage dauert es, bis die HCB-Konzentration in diesen Forellen 75 ppm erreicht hat?
c) Unbelastete Forellen werden für eine Woche in den Huronsee eingesetzt und dann für eine weitere Woche in ein Becken mit sauberem Wasser umgesetzt. Wie groß ist die HCB-Konzentration (in ppm) in diesen Fischen am Ende dieses Zeitraums?

7.17 Die Konzentration von Tetrabromxylol (TBX) im Ontariosee (Volumen = $1,67 \times 10^{12}$ m³, durchschnittliche Tiefe = 85,6 m) kann man mit einem einfachen Modell beschreiben, in dem drei Einträge und drei Austräge enthalten sind. Leider wurden nur drei Einträge und zwei Austräge genau untersucht. TBX gelangt in den See durch Regen (Konzentration = 10 ng/L), Flüsse (344 kg/Jahr), und Bäche (102 kg/Jahr). TBX verlässt den See durch Flüsse (310 g/Tag), Verdampfung von der Oberfläche des Sees (251 kg/Jahr) und Sedimentation. Wir nehmen an, dass die TBX-Konzentration im See quasistationär ist und seine Verweilzeit 7,2 Jahre beträgt.

a) Wie groß ist die Geschwindigkeit, mit der TBX im Sediment abgeschieden wird?
b) Wie groß ist die TBX-Konzentration im Wasser des Sees?
c) In 15 gefangenen Fischen wurde die durchschnittliche TBX-Konzentration von 0,21 ppm gemessen. Wie groß ist der Verteilungskoeffizient in Biota (bitte als log K_B angeben)?

7.18 Ein Forschungsschiff auf dem Ontariosee hatte ein kleines Leck im Tank, aus dem Dieselkraftstoff in den See gelangte, als es rund um den See zur Entnahme von Sedimentproben kreuzte. Über einen Zeitraum von mehreren Tagen verlor das Schiff etwa 230-L Dieselkraftstoff. Nachdem das Leck bemerkt wurde, konnte es von der Besatzung geschlossen werden. Die Forscher auf dem Schiff begannen sofort die ökologischen Auswirkungen der Leckage zu hinterfragen.

Zur Vereinfachung gingen sie davon aus, dass der Dieselkraftstoff vollständig aus n-Hexadecan ($C_{16}H_{34}$) bestand. In einem wissenschaftlichen Nachschlagewerk an Bord fanden sie die folgenden Informationen über n-Hexadecan: MW = 226,4; Dichte = 0,7733 g/mL; $-\log C_w^{sat}$ = 7,80 mol/L; $-\log p$ = 5,73 atm. Nehmen Sie an, dass die Substanz gleichmäßig im See verteilt wurde und sie nur durch Verdampfung aus dem See entfernt wird. Die mittlere Windgeschwindigkeit über dem See beträgt 4 m/s. Wie lange dauert es, bis die Substanz aus dem See verschwunden ist, wenn man annimmt, dass fünf Halbwertszeiten ausreichend sind, dass die n-Hexadecankonzentration unterhalb der Nachweisgrenze liegt?

7.19 Die reversible Adsorption einer organischen Verbindung an einer Oberfläche, gefolgt von Reaktionen und der Bildung von Produkten, kann durch die folgenden drei Gleichungen beschrieben werden:

$$A + S \rightarrow A(ads)$$
$$A(ads) \rightarrow A + S$$
$$A(ads) \rightarrow Produkte$$

wobei A eine beliebige, in Wasser gelöste Substanz ist. S ist eine freie Stelle auf der Oberfläche, auf der unsere Substanz adsorbiert wird und A(ads) ist die dann die adsorbierte Substanz. Die Konzentration eines adsorbierten Stoffes an einer Oberfläche [A(ads)] kann durch die *Langmuir-Adsorptionsisotherme*[7] beschrieben werden:

$$[A(ads)] = \frac{[S_{max}][A]K_L}{1 + [A]K_L}$$

wobei $[S_{max}]$ die maximale Anzahl von Stellen auf der Oberfläche ist, unabhängig davon, ob diese belegt oder noch für eine Adsorption zur Verfügung stehen (d. h. $[S_{max}]$ = [S] + [A(ads)]). K_L ist die Gleichgewichtskonstante und kann auch als das Verhältnis $K_L = k_1/k_{-1}$ der Geschwindigkeitskonstanten für die Absorption und Desorption beschrieben werden. Leiten Sie die Gleichung für die *Langmuir-Adsorptionsisotherme* her. Benutzen Sie dafür die gleiche Vorgehensweise wie für die Ableitung der *Michaelis-Menten-Gleichung* in Kapitel 2.

7.20 Die nachfolgende Tabelle zeigt die Gleichgewichtskonzentrationen des Explosivstoffs Trinitrobenzolsulfonsäure adsorbiert auf Ton (C_s) und gelöst im Wasser (C_W) [3]. Bitte passen Sie an diese Daten die linearisierte Form der *Langmuir-Adsorptionsisotherme* aus der Aufgabe 7.19 an und leiten daraus einen Wert für K_L ab.

---

[7] Die Langmuir-Isotherme nach dem amerikanischen Physiker Irving Langmuir (1881–1957) ist das einfachste Modell zur Beschreibung der Adsorption einer Substanz an einer Oberfläche. Es werden die folgende Annahmen getroffen: Die Adsorption erfolgt in einer einzelnen molekularen Schicht (Monoschicht), alle Adsorptionsplätze sind gleichwertig und die Oberfläche ist gleichförmig, es existieren keinerlei Wechselwirkungen zwischen benachbarten Adsorptionsplätzen und den adsorbierten Teilchen. Die Langmuir-Isotherme kann eine maximale Beladung der Adsorptionsoberflächen abbilden und ist Ausgangsbasis für weitere Adsorptionsmodelle, z. B. die BET-Isotherme.

C_w (µM)	C_s (mmol kg^{-1})
0	0
5	28
10	40
20	80
70	138
220	168
325	172
400	171

7.21 Gemeinschaftsaufgabe: Polybromierte Diphenylether (PBDE) sind Flammschutzmittel (siehe Kapitel 8), die durch atmosphärischen Ferntransport in Regionen der Erde gelangen, in denen sie nie verwendet oder hergestellt wurden. In einer Publikation von Raff und Hites wurde das Verhalten von drei verschiedenen PBDE mit einem einfachen Massebilanzmodell bewertet [4]. Ihre Aufgabe ist es, das Verhalten von BDE-28 und BDE-154 in der Luft über dem Oberen See zu beschreiben und die Emissionsraten dieser Kongenere zu bestimmen (in Kilogramm pro Jahr). Lösen Sie dazu die folgenden Aufgaben:

a) Schreiben Sie die Gleichungen für die Flüsse für das Verschwinden von BDE-28 und BDE-154 aus der Atmosphäre durch Fotolyse, Reaktion mit OH-Radikalen, trockne Deposition, nasse Deposition und Gas-Wasser-Austausch auf.

b) Beachten Sie, dass BDE-28 und BDE-154 drei bzw. sechs Bromatome beinhalten. Schätzen Sie die Lebensdauer beider Substanzen gegenüber Fotolyse und Reaktion mit OH-Radikalen mithilfe der Informationen in der Publikation von Raff und Hites [4] ab.

c) Bestimmen Sie die Fraktion (f) dieser Substanzen in der Partikelphase mithilfe der folgenden Funktion:

$$f = 1{,}005 \left[1 + \exp\left(\frac{5{,}207 - \#\text{Br}}{0{,}876}\right)\right]^{-1} \tag{7.1}$$

In der Gleichung ist #Br die Anzahl der Bromsubstituenten.

d) Suchen Sie die *Henry-Konstante* und den Massetransferkoeffizienten (K_L ist das Gleiche wie v_{tot} in diesem Kapitel) für BDE-28 und BDE-154 im Literaturzitat Nr. 37 der Veröffentlichung von Raff und Hites [4]. Ermitteln Sie die Verhältnisse der Auswaschung dieser Chemikalien (d. h. das Verhältnis der PBDEs in Regen und der Luft) im Literaturzitat Nr. 3 in der Veröffentlichung von Raff und Hites [4].

e) Wie groß ist die Konzentration dieser Substanzen im Wasser und in der Gasphase (in Kilogramm pro Kubikkilometer)? Bestimmen Sie die Gasphasenkonzentrationen von BDE-28 und BDE-154 in der Abb. 1 in der Publikation von Raff und Hites [4] und unter der Annahme, dass die PBDE-Konzentration (Summe der sechs PBDE-Kongenere) in der Gasphase 3 pg/m^3 ist. Nehmen Sie an, dass die Konzentration von BDE-28 und BDE-154 im See jeweils 0,08 pg/L ist.

f) Bestimmen Sie F_{Foto}, F_{OH}, $F_{trocken}$, F_{vap} und F_{nass} (in Kilogramm pro Jahr) unter Verwendung der Gleichungen in der Teilaufgabe a und der Daten aus den Teilaufgaben b)–e). Verwenden Sie diese Werte, um F_{em}, die Emissionsrate dieser Substanzen, in die Luft über dem See abzuleiten.

g) Stellen Sie die Flüsse für BDE-28 und BDE-154 in einem Diagramm ähnlich der Abb. 4 im Artikel von Raff und Hites [4] in der Luft über dem Oberen See dar. Vernachlässigen Sie in Ihrem Diagramm die Sedimentationsgeschwindigkeit. Was können Sie abschließend über das Schicksal dieser Kongenere in der Atmosphäre sagen?

Literatur

1 Klöpffer, W. (2012) *Verhalten und Abbau von Umweltchemikalien: Physikalisch-chemische Grundlagen*, Wiley-VCH Verlag GmbH, Weinheim, ISBN-13: 978-3527326730.

2 Gouin, T., Mackay, D., Webster, E. und Wania, F. (2000) Screening chemicals for persistence in the environment. *Environmental Science and Technology*, **34**, 881–884.

3 Haderlein, S.B., Weissmahr, K.W. und Schwarzenbach, R.P. (1996) Specific adsorption of nitroaromatic explosives and pesticides to clay minerals. *Environmental Science and Technology*, **30**, 612–622.

4 Raff, J.D. und Hites, R.A. (2007) Deposition versus photochemical removal of PBDEs from Lake Superior air. *Environmental Science and Technology*, **41**, 6725–6731.

8
PCB, Dioxine und Flammschutzmittel

Es gibt drei Klassen halogenierter organischer Schadstoffe, die wegen ihrer großen Verweilzeit in der Umwelt und ihrer hohen potenziellen Toxizität besondere Aufmerksamkeit verdienen. Dies sind die polychlorierten Biphenyle, Dioxine und polybromierten Flammschutzmittel. Diese Verbindungen sind alle stark lipophil und bioakkumulativ. Ihre Auswirkungen auf die Umwelt sind besonders schwerwiegend. In der *Stockholmer Konvention*[1] werden sie als persistente organische Schadstoffe (POPs[2]) aufgeführt. Mit diesen Schadstoffen werden wir uns in den folgenden Abschnitten genauer beschäftigen.

8.1
Polychlorierte Biphenyle (PCB)

Halogenierte Pestizide, wie DDT und Lindan wurden wegen ihrer insektiziden Eigenschaften in der Vergangenheit in großen Mengen hergestellt. Durch Aufsprühen dieser Substanzen auf Kulturpflanzen wurden sie in erheblichem Umfang in die Umwelt eingetragen. Es ist daher wenig überraschend, dass einige dieser Verbindungen ubiquitär anzutreffen sind.

Die polychlorierten Biphenyle – allgemein auch bekannt als PCBs – wurden zunächst als chemisch sehr stabile, nicht brennbare dielektrische Fluide hergestellt und vermarktet. Insbesondere wurden sie in Transformatoren und Kondensatoren verwendet. Aufgrund ihrer chemischen und physikalischen Eigenschaften wurden PCBs bald aber auch in vielen anderen Bereichen verwendet und gelangten so in die Umwelt. Im Jahr 1966 wurden PCBs in einem toten Seeadler (*Haliaeetus albicilla*) aus Südschweden entdeckt. Es wurde dann sehr schnell klar, dass auch PCBs ubiquitär in der Umwelt anzutreffen sind.

Bevor wir uns weiter mit diesen Substanzen im Detail beschäftigen, müssen wir uns zunächst ihrer Nomenklatur widmen.

---

1) Stockholmer Konvention, auch POP-Konvention genannt, ist eine Übereinkunft über völkerrechtlich bindende Verbots- und Beschränkungsmaßnahmen für bestimmte langlebige organische Schadstoffe. Die Konvention trat am 17. Mai 2004 in Kraft.
2) POP = persistent organic pollutant.

Umweltchemie, 1. Auflage. Ronald A. Hites, Jonathan D. Raff und Peter Wiesen.
© 2017 WILEY-VCH Verlag GmbH & Co. KGaA. Published 2017 by WILEY-VCH Verlag GmbH & Co. KGaA.

8.1.1
Nomenklatur der PCBs

Das Kohlenstoffgerüst ist für alle PCBs gleich. Es besteht aus zwei kondensierten Phenylringen mit insgesamt zwölf Kohlenstoffatomen. Diese Struktur kann mit ein bis zehn Chloratomen substituiert sein. Die Chloratome können an verschiedenen Stellen der Phenylringe angeordnet werden, wodurch unterschiedliche Verbindungen entstehen. Zum Beispiel gibt es drei chemisch unterschiedliche, einfach chlorierte Biphenyle, weil das Chlor entweder am aromatischen Ring direkt neben der Phenylbindung, gegenüber der Phenylbindung oder dazwischen substituiert werden kann. Es ergeben sich dann die folgenden drei Strukturen:

2-Chlorbiphenyl (PCB-1)   3-Chlorbiphenyl (PCB-2)   4-Chlorbiphenyl (PCB-3)

Beachten Sie, dass die Nummerierung der Kohlenstoffatome immer mit „2" für das Kohlenstoffatom neben der Bindung zwischen den Phenylringen beginnt und das in beiden Ringen gleich.

In unserem Beispiel gibt es also drei einfach chlorierte Biphenyle, sogenannte *Kongenere*. Dies sind Substanzen deren Kohlenstoffgerüst gleich ist, die sich aber in der Position und der Anzahl der Chloratome unterscheiden. Für die Substitution von zwei Chloratomen in einem Biphenylgerüst gibt es demnach zwölf Kongenere.

Insgesamt gibt es 209 mögliche PCB-Kongenere mit ein bis zehn Chloratomen. Da die systematischen Namen dieser Verbindungen mit steigender Zahl der Chloratome schwieriger werden, wurde jedem der 209 Kongenere eine Zahl im Bereich von 1 bis 209 zugeordnet. Zum Beispiel wurden die drei Monochlorbiphenyle mit den Zahlen 1, 2 und 3 (siehe die obigen Strukturen) belegt. Die drei Nonachlorbiphenyle mit den Zahlen 206, 207 und 208 und das Decachlorbiphenyl mit der Zahl 209. Die gesamte Liste der 209 PCB-Kongeneren kann man sich unter der Internetadresse http://de.wikipedia.org/wiki/Liste_der_PCB-Kongenere ansehen. Von den 209 möglichen Kongeneren kamen ca. 110 in den kommerziellen PCB-Produkten zum Einsatz.

Die Toxizitäten der verschiedenen PCB-Kongenere können sehr unterschiedlich sein. Die Kongenere mit Wasserstoffatomen an allen vier Positionen neben der Bindung zwischen den Phenylringen (z. B. PCB-126) sind toxischer als die anderen. Vermutlich passen diese Kongenere besser an bestimmte Enzyme, da sie *flacher* sind und somit eine verstärkte biologische Wirkung haben. Die Kongenere mit Wasserstoffatomen an diesen Positionen werden als *koplanare* oder *dioxinähnliche* PCBs bezeichnet.

3,3′,4,4′,5-Pentachlorbiphenyl (PCB-126)

8.1.2
Herstellung und Verwendung

Es ist nicht genau bekannt, wann PCBs erstmals kommerziell produziert wurden. Vermutlich war dies aber in den 30er-Jahren des letzten Jahrhunderts. Bis 1954 wurden dann etwa 180 000 t PCBs in den Industrieländern produziert und verkauft (siehe Abb. 8.1). In den USA, Großbritannien und Japan wurden PCBs durch die Monsanto Corporation hergestellt und unter dem Handelsnamen *Aroclor* verkauft. Es gab verschiedene Arten von *Aroclor* auf dem Markt. Die bekannteste war *Aroclor 1242*, das aus verschiedenen di-, tri- und tetrachlorierten Kongeneren bestand. In verschiedenen Ländern wurden PCBs auch unter anderem Handelsnamen, wie z. B. *Kanechlor* in Japan, verkauft.

Mitte der 1970er-Jahre wurde es immer offensichtlicher, dass PCBs in die Umwelt eingetragen wurden, eine sehr lange Verweilzeit aufwiesen und giftig für alle Lebewesen und Ökosysteme waren. In den USA wurden sie daher als Teil der vom Kongress im Jahr 1976 verabschiedeten *Toxic Substances Control Act (Tosca)* – ein Gesetz zur Überwachung von Gefahrstoffen – verboten. Zu diesem Zeitpunkt hatte die Herstellung und Verwendung der PCBs bereits ihren Höhepunkt überschritten. In den Industrieländern wurden über den Zeitraum ihres kommerziellen Verkaufs und ihrer Verwendung mehr als 1 Mio. t PCBs produziert, davon alleine mehr als die Hälfte in den USA. Bis heute ist nicht genau bekannt, in welchem Umfang PCBs in Ländern der ehemaligen Sowjetunion und in China produziert wurden und wann die Produktion dort eingestellt wurde.

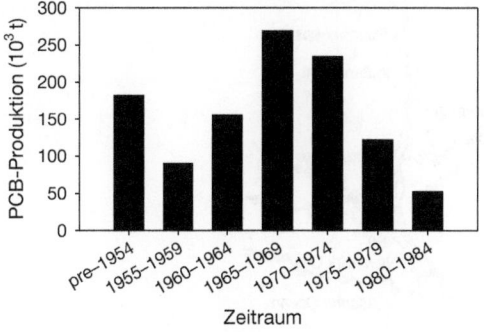

Abb. 8.1 Summierte PCB-Produktion in den Industrieländern USA, Deutschland, Frankreich, Großbritannien, Japan, Spanien und Italien als Funktion der Zeit [1].

8.1.3
PCBs im Hudson River

Der Hudson River beginnt in den Adirondack Mountains im US-Bundesstaat New York und fließt von dort fast genau nach Süden. Er endet am Battery Park, an der Südspitze von Manhattan in New York (siehe Abb. 8.2). Der Hudson River war eine wichtige Wasserstraße zwischen dem Bundesstaat New York und den großen Häfen der internationalen Schifffahrt im Großraum von New York City und New Jersey. Die Schifffahrt auf dem Hudson River und die Eisenbahnen an seinen Ufern ermöglichten die Industrialisierung des nördlichen Teils des Bundesstaates New York. Heutzutage leben mehr als sieben Mio. Menschen im Einzugsgebiet des Hudson River. Etwa 70 % davon leben in den fünf südlichsten Landkreisen mit New York City und seinen Vororten im Bundesstaat New York und in New Jersey.

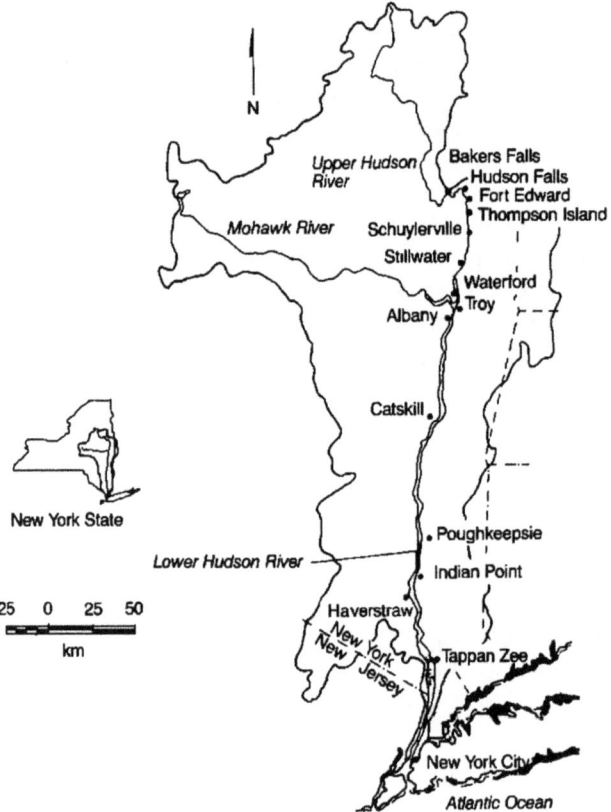

Abb. 8.2 Karte des Hudson River mit den Messpunkten der PCB-Kontamination ab Hudson Falls und Fort Edward im Norden bis Troy im Süden. (Nachdruck mit freundlicher Genehmigung der American Chemical Society [2].)

Die Firma General Electric (GE) betrieb an mehreren Stellen entlang des Hudson River verschiedene Produktionsstätten. GE wurde von Thomas Edison im Jahre 1892 gegründet und war maßgeblich an der Elektrifizierung Nordamerikas beteiligt. Zu den Produkten von GE gehörten unter anderem große und kleine Kondensatoren und Transformatoren. Diese wurden für die Transformation der hohen elektrischen Spannung in den Überlandleitungen auf die niedrige Netzspannung in den Häusern verwendet. Die Produktion dieser Geräte erfolgte in Betrieben der Städte Hudson Falls und Fort Edward (siehe Abb. 8.2). Um richtig zu funktionieren, mussten die Kondensatoren und Transformatoren mit einer elektrisch nicht leitenden Flüssigkeit gefüllt werden. Diese sogenannte *dielektrische Flüssigkeit* bestand zunächst aus erdölbasierten Produkten. Diese waren aber brennbar, sodass die Kondensatoren und Transformatoren mitunter Feuer fingen oder sogar explodierten.

Seit 1947 benutzte GE zur Füllung seiner Kondensatoren und Transformatoren PCBs, überwiegend Aroclor 1242 von Monsanto. Die Verwendung von PCBs löste das Problem mit den Explosionen, da PCBs nicht brennbar und chemisch äußerst stabil sind.

Leider wurden durch Leckagen in den Betrieben PCBs in den Hudson River eingetragen und akkumulierten dort im Flusssediment. Bereits im Jahr 1969 wurden PCBs in Fischen des Hudson Rivers nachgewiesen. Es dauerte aber noch bis Mitte der 1970er-Jahre bis das Ausmaß des Problems richtig erkannt wurde. Durch die Verabschiedung des Toxic Substance Control Act (TOSCA) wurde der PCB-Eintrag in den Hudson River schließlich beendet. Schätzungen der US-Umweltbehörde EPA ergaben, dass über den Zeitraum von 1947–1977 vermutlich 600 t PCB in den Fluss gelangen konnten. Diese Menge entspricht etwa 0,1 % der gesamten US-Produktion an PCB während dieses Zeitraums. Der Hudson River hat bis heute die zweifelhafte Ehre, den längsten Flussabschnitt mit PCB-Belastungen in den USA zu besitzen.

Die in den Fluss eingetragenen PCBs landeten überwiegend im Flusssediment. Dort waren sie z. B. für verschiedene Fischarten wie die gründelnden Karpfen biologisch verfügbar. Die PCB-Konzentration in diesen Fischen lag deutlich über den Grenzwerten der US-EPA und wurde als bedenklich für die Gesundheit eingestuft. Letztlich wurde der Verzehr der Fische verboten, was wiederum erhebliche negative wirtschaftliche Auswirkungen auf mehrere Gemeinden entlang des Hudson Rivers hatte. Die kommerzielle Fischerei im Hudson River wurde komplett untersagt, und es wurde von der Sportfischerei abgeraten. Letzteres war besonders ein Problem für die ärmere Bevölkerung, die Sportfischerei betrieb, um die gefangenen Fische selbst zu verzehren und damit Geld zu sparen. Die PCB-kontaminierten Flusssedimente wurden im Laufe der Zeit weiter stromabwärts transportiert und verunreinigten dadurch weitere Teile des Flusses.

Angesichts der hohen PCB-Belastungen im Sediment am Oberlauf des Hudson River war zu erwarten, dass dieses Sediment über einen langen Zeitraum als *PCB-Reservoir* die Fische im Fluss verseuchen würde. In den späten 1970er-Jahren begannen Gespräche zwischen GE und der Regierung des Bundesstaates New York, wie die Kontamination des Flusses mit PCBs verringert werden könnte. Die ersten Maßnahmen waren die Verringerung bzw. die Vermeidung des PCB-Eintrags aus den GE-Fabriken. Zu dieser Zeit wurde aber von Seiten der Regierung des Bundesstaates New York noch keine vollständige Reinigung des Flusses verlangt.

Es wurden Teile des Ufers stabilisiert, die einer stärkeren Erosion ausgesetzt waren, um so einen weiteren Transport des kontaminierten Materials stromabwärts zu verhindern. Gleichzeitig wurden umfangreiche Programme zur Sedimentkartierung und zur Überwachung der Fischpopulation im Hudson River begonnen. Diese Daten sollten den Regulierungsbehörden künftig die Lokalisierung der PCBs und Aussagen über zeitliche Veränderungen ermöglichen. Zwischen 1977 und 1981 beobachtete man einen Rückgang der PCB-Konzentrationen im Sediment und den Fischen. Hervorgerufen wurde dies vermutlich durch Verdünnung und Abdeckung des kontaminierten Sediments mit unbelastetem Material.

Eine dauerhafte Lösung des Problems wurde durch zwei Faktoren verzögert. Erstens, argumentierte GE mithilfe wissenschaftlicher Daten, dass PCBs im Sediment *in situ* abgebaut würden. Der Rest könne dann mit sauberem Sediment, das man weiter stromaufwärts gewinnen könne, abgedeckt werden. Zweitens würden Baggerarbeiten im Fluss, um kontaminiertes Sediment zu entfernen, nur dazu führen, dass kontaminiertes Sediment aufgewirbelt und damit vermehrt PCBs stromabwärts transportiert würden. Darüber hinaus war nicht klar, wo das kontaminierte Sediment deponiert werden konnte. Folglich argumentierte GE, dass es der beste Weg sei, nichts zu tun und der Natur ihren Lauf zu lassen. Natürlich was dies auch der preiswerteste Lösungsansatz. Eine der Unwägbarkeiten bei diesem Lösungsansatz war allerdings die Zeit. Es war nicht klar, wie lange diese natürlichen Prozesse tatsächlich dauern würden und wie viel kontaminiertes Material während dieser Zeit verteilt werden würde.

Die US-EPA führte in den folgenden Jahren weitere Untersuchungen des Sediments und der Fischpopulation durch. Bis zum Jahr 2002 lag dann eine große Zahl von Daten vor. Eine Lösung des Problems ließ aber immer noch auf sich warten. Dann wurde durch die US-EPA endlich der Entschluss gefasst, im Jahr 2005 mit einer Reinigung des Flusses zu beginnen. Der Plan war, etwa 2 Mio. m^3 Sediment aus dem 60 km langen Flussabschnitt zu entfernen, der besonders stark belastet war. Die erste Phase dieser Arbeit wurde dann tatsächlich von Mai bis November 2009 durchgeführt. Während dieser Zeit wurden etwa 200 000 m^3 kontaminiertes Sediment aus einem 16 km langen Flussabschnitt in der Nähe von Fort Edward entfernt. Abschätzungen mithilfe der vorhandenen Daten ergaben, dass selbst durch diese relativ begrenzte Reinigung bereits etwa 70 t PCB aus dem Fluss entfernt wurden.

Das ausgebaggerte Sediment wurde auf Schiffen auf dem Champlain-Kanal zu einer Deponie in der Nähe von Fort Edward transportiert und dort entwässert. Anschließend wurde das entwässerte Sediment per Eisenbahn zu einer speziellen Deponie für PCB-haltige Abfälle transportiert und dort endgelagert. Während dieses Reinigungsprozesses untersuchte die US-EPA stromabwärts die PCB-Konzentrationen im Sediment und der Fischpopulation. Hiermit sollte der Eintrag von PCBs in sauberere Bereiche des Hudson River kontrolliert werden. GE musste zwar das Reinigungsprogramm bezahlen, war aber immer noch überzeugt, dass das Ausbaggern des Sedimentes unnötig sei. Schließlich gäbe es keine ausreichenden Belege für die gesundheitsschädigende Wirkung von PCBs auf Menschen.

In einer zweiten Phase der Reinigung des Hudson Rivers sollten dann die restlichen kontaminierten Sedimente auf der 60 km langen Strecke zwischen Fort Edward und Troy, New York entfernt werden. Diese Phase begann im Juni 2011 und soll etwa fünf bis sieben Jahre dauern. In dieser Zeit sollen jedes Jahr etwa 300 000 m^3 kontaminiertes Sediment entfernt werden.

8.1.4
PCBs in Bloomington, Indiana

Bloomington im US-Bundesstaat Indiana ist eine Stadt mit rund 80 000 Einwohnern und einigen mittelständischen Industrieunternehmen. Die Westinghouse Corporation eröffnete dort im Jahr 1957 ein Werk, in dem Kondensatoren und Transformatoren hergestellt wurden. Wie bei GE wurden diese Bauteile mit PCBs von Monsanto als dielektrische Flüssigkeit gefüllt.

Von 1958–1974 wurden PCB-haltige Abfälle von Westinghouse auf Deponien in Bloomington und der umliegenden Landkreise gelagert. PCB-haltiges Abwasser wurde von Westinghouse in die städtische Kläranlage geleitet. Darüber hinaus wurden PCBs durch Einwohner in die Stadt gebracht, die Kondensatoren und Transformatoren wegen ihres Kupfergehaltes auf den Deponien sammelten. Zusätzlich wurde kontaminierter Klärschlamm aus der Kläranlage als Dünger verteilt.

1975 informierte Westinghouse die Stadt über einen *minimalen Eintrag* von PCBs in das städtische Abwassersystem. Tatsächlich fand die Stadt dann PCBs im Abwasser der Kläranlage. Die Stadt eröffnete daraufhin ein Gerichtsverfahren, in das auch die US-EPA eingebunden wurde. Im Verlauf eines Jahres detektierte die US-EPA PCBs im Sickerwasser der Deponien, im Abwasser der Westinghouse-Fabrik und in der städtischen Kläranlage. Die zuständigen Gesundheitsbehörden warnten daraufhin die Öffentlichkeit vor dem Verzehr von Fisch aus heimischen Fließgewässern. Die Stadt Bloomington führte mit der Westinghouse Corporation Anhörungen zu den PCB-Lecks durch. Einige dieser Anhörungen wurden durch Westinghouse-Mitarbeiter gestört, die Angst vor dem Verlust ihrer Arbeitsplätze hatten. Lokale Interessengruppen und Gruppen nationaler Umweltschutzorganisationen bildeten einen Dachverband, um ihrer großen Besorgnis wegen des Umweltproblems Ausdruck zu verleihen.

Im Jahr darauf hatte Westinghouse den schrittweisen Ausstieg aus der PCB-Nutzung abgeschlossen. Die Stadt Bloomington und Westinghouse versuchten über mehrere Jahre vergeblich, sich außergerichtlich zu einigen, während das öffentliche Interesse an der PCB-Problematik durch die Verhandlungen hinter verschlossenen Türen zunehmend geringer wurde. 1980 hatte die Stadt einen Anwalt beauftragt, eine Einigung mit Westinghouse herbeizuführen. Die US-EPA wies Westinghouse und die Eigentümer der Deponien an, diese zu sanieren. Die stadteigene Kläranlage wurde stillgelegt und eine neue Anlage gebaut. Da die Verhandlungen scheiterten, verklagte die Stadt Westinghouse auf 150 Mio. $ Schadenersatz. Später erhöhte sie die Summe auf 330 Mio. $, als festgestellt wurde, dass eine städtische Deponie ebenfalls kontaminiert war.

Die Deponien wurden schließlich alle in eine Dringlichkeitsliste mit den 110 am stärksten kontaminierten Deponien in den USA aufgenommen. Diese Liste entstand unter einem neuen Gesetz, das zum Ziel hatte, die dringlichsten Probleme mit unkontrollierten Mülldeponien zu beseitigen.[3]

Der Generalstaatsanwalt des US-Bundesstaates Indiana versuchte die beteiligten Parteien an einen Tisch zu bekommen. Eine Klage von Westinghouse aber führte zu einem Gerichtsurteil, dass die Verwendung zuvor gesammelter Beweise verbot. Darauf hin verklagten dann die US-EPA und der Bundesstaat Indiana die Westinghouse Corporation, die kontaminierten Deponien zu sanieren. Die Parteien bestanden auf der einen Seite aus der Stadt Bloomington, dem Landkreis Monroe County, dem Staat Indiana und der US-EPA und auf der anderen Seite der Westinghouse Corporation. Schließlich legten die Stadt, der Landkreis, der Bundesstaat und die US-EPA ihre Klagen zusammen. Letztlich lief das Problem dann aber darauf hinaus, wie man überhaupt PCBs aus ca. 500 000 m^3 Boden entfernt.

Bis 1984 gab es in der Stadt, im Landkreis und auf Landes- und Bundesebene immer wieder verschiedene Protestaktionen. In Bloomington wurde ein *Toxic Waste Information Network-Büro* eröffnet, das schnell ein Zentrum für Umweltaktivisten wurde. Etwa zur gleichen Zeit wurde der leitende Chemiker in der Stadtverwaltung nach einem Streit über das Vorgehen bei den PCB-Tests und seiner Kritik an den Sanierungsplänen gefeuert. Er wechselte den Beruf und wurde schließlich Rechtsanwalt. Im Jahr 1985 veröffentlichte die Stadt, der Landkreis, der Bundesstaat Indiana und die US-EPA zusammen mit Westinghouse den Entwurf eines Vergleichs, durch den alle Klagen eingestellt werden sollten. Ziel dieses Vergleichs war die Errichtung einer großen Müllverbrennungsanlage, in der die mit PCBs kontaminierte Erde verbrannt werden sollte. Da verunreinigte Erde bekanntlich aber alleine nicht brennt, wurde vorgeschlagen, den Müll der Stadt mit dem kontaminierten Boden im Verhältnis von 10 : 1 zu mischen. Dieser Plan löste eine noch heftigere öffentliche Debatte aus, zumal inzwischen bekannt war, dass beim Verbrennen von PCBs die noch viel giftigeren Dioxine entstehen.

Die Stadt veranstaltete mehrere öffentliche Workshops, um mehr Zustimmung für diesen Vorschlag zu erhalten. Letztlich blieb die Unterstützung aber aus, weil niemand in der Nähe seines Wohnortes eine solche Verbrennungsanlage haben wollte. Aus diesem Verhalten resultiert das heute im Englischen gebräuchliche Akronym *NIMBY* für *Not In My Back Yard* (*Nicht in meinem Hinterhof*). Der entsprechende deutsche Ausdruck lautet Sankt-Florians-Prinzip.

Trotzdem genehmigte Bloomington die Vereinbarung und letztlich dann auch der Landkreis, der Bundesstaat und die US-EPA. Ein US-Bezirksrichter machte aus diesem Vergleich einen rechtskräftigen Gerichtsbeschluss. Die breite Öffent-

---

[3] http://www.epa.gov/superfund/policy/cercla.htm und http://www.epa.gov/superfund/

lichkeit lehnte diesen Vergleich allerdings ab. Es wurde ein Rechtsanwalt beauftragt, für die PCB-Opfer rechtliche Schritte gegen den Vergleich einzuleiten.

Bis 1986 hatte Westinghouse von der Stadt die notwendigen Genehmigungen eingefordert, um mit dem Bau der Müllverbrennungsanlage beginnen zu können. Zur Bewertung dieser Anträge wurden von der Stadt Spezialisten angestellt. Das Verfahren zog sich immer weiter in die Länge und die US-EPA drohte damit, die Sanierung durch Anwendung einer Notfallverordnung zu beginnen, falls die Arbeiten nicht umgehend aufgenommen würden. Schließlich begann die Westinghouse Corporation mit der Abtragung des kontaminierten Bodens. Sedimente aus belasteten Bächen wurden ausgebaggert und alte, belastete Kondensatoren und Transformatoren in ein Zwischenlager verbracht. Die Kommunalwahl im Jahr 1987 wurde von der PCB-Frage dominiert. Etwa Mitte 1988 verlor die Stadt Bloomington eine Klage gegen Monsanto, den PCB-Hersteller. Die Stadt hatte Monsanto auf Zahlung von mehr als 17 Mio. $ verklagt, um damit die Sanierungsarbeiten zu unterstützen.

Innerhalb weniger Jahre änderten sich dann die Bundesgesetze für den Betrieb von Müllverbrennungsanlagen, mit der Folge, dass der Bau der Müllverbrennungsanlage durch Westinghouse gestoppt wurde. An besonders belasteten Stellen wurde daraufhin die Oberfläche abgetragen. Gleiches geschah mit den Oberflächen der belasteten Mülldeponien. Das so abgetragene Material wurde schließlich auf eine zugelassene Mülldeponie außerhalb des Bundesstaates verbracht.

Doch ist es moralisch vertretbar, den kontaminierten Abfall aus Bloomington in einem anderen Bundesstaat zu deponieren? Diese Idee, den Müll nach Arkansas zu bringen, wurde verworfen. Letztlich landete der Giftmüll in Michigan. Der größte Teil des kontaminierten Bodens ist aber bis heute noch an seinem Platz. Die Verbrennungsanlage von Westinghouse wurde im Jahr 2006 abgerissen, ohne dass sie jemals in Betrieb genommen werden konnte. Die PCB-Sanierung in Bloomington war jahrelang ein Politikum. Eigentlich gab es immer nur zwei Lösungsmöglichkeiten: Man konnte den Giftmüll entweder vergraben oder verbrennen. Beide Optionen waren in der Bevölkerung nicht durchsetzbar. Somit passierte zu guter Letzt nur wenig und selbst das hat sehr lange gedauert.

8.1.5
Die Yushō- und Yu-Cheng-Krankheit

Im Jahr 1968 erkrankten im Westen Japans etwa 2000 Menschen an einer zunächst nicht diagnostizierbaren Krankheit. Die Symptome waren unter anderem schwere Akne (sogenannte Chlorakne), eine dunkle Färbung der Haut und der Fuß- und Fingernägel, Haut- und Schleimhautläsionen, starker Tränenfluss, Abmagerungen, Leber-, Milz- und Nierenschäden. Als Ursache der Erkrankungen wurde schließlich nach eingehenden Untersuchungen an der Universität Kyūshū ein handelsübliches Reisöl identifiziert, das von den Erkrankten zum Kochen verwendet wurde. Das Reisöl war erheblich mit PCBs und Furanen kontaminiert. Die

PCB-Konzentrationen lagen im Bereich 800–1000 ppm. Man nannte die Krankheit wegen ihrer Ursache „Yushō" [3], das japanische Wort für *Öl- Symptom*.

Bei Nachforschungen in der Raffinationsanlage des Herstellers entdeckte man zwei Lecks in einer Heizschlange, ein kleineres infolge von Korrosion, ein größeres als Folge von fehlerhaften Schweißarbeiten im Januar 1968. Durch diese Leckagen gelangten kleine, aber signifikante Mengen an PCBs in das Reisöl.

Durch die Erwärmung des PCB-Gemisches auf Temperaturen von über 200 °C entstanden dann polychlorierte Dibenzofurane (PCDF), die noch erheblich giftiger als PCBs sind. Somit war das Reisöl deutlich giftiger als die Belastung mit PCBs vermuten ließ. Vermutlich waren die PCDFs die wichtigste Ursache für die Yushō-Krankheit. Etwa 6 % der beobachteten Toxizität wurde durch PCB-126 (Struktur siehe Abschn. 8.1.1) und etwa 70 % wurde durch 2,3,4,7,8-Pentachlordibenzofuran hervorgerufen.

2,3,4,7,8-Pentachlordibenzofuran (23478PeCBF)

Der Grad der beobachteten Erkrankung variierte bei den Patienten mit der Menge des verzehrten Öls. Je mehr Öl verzehrt worden war, umso schwerer waren die Krankheitssymptome. Medizinisch war Yushō schwierig zu behandeln, vermutlich aufgrund der Persistenz der PCDFs bei den Patienten. Im Laufe der Zeit gingen manche Symptome zurück, manche bleiben aber selbst nach einem Zeitraum von 30 Jahren noch präsent.

Um ähnliche Vorfälle zukünftig zu verhindern, wurden in Japan die Vorschriften für die Lebensmittelsicherheit verschärft. Der Verkauf und die Verwendung von PCBs wurden verboten, und es wurde eine japanische Version des US-amerikanischen Gefahrstoffüberwachungsgesetzes TOSCA erlassen. Natürlich klagten die Opfer von Yushō auf Schadensersatz. Die Gerichte stellten fest, dass der Reisölproduzent in diesem speziellen Fall fahrlässig mit den PCBs umgegangen war und auch der PCB-Hersteller keine ausreichenden Warnungen über die Toxizität der PCBs veröffentlicht hatte. Später jedoch entschied ein höheres Gericht, dass der japanische PCB-Hersteller nicht haftbar war. Schließlich billigte der japanische oberste Gerichtshof eine Vereinbarung zwischen den Parteien, die den Fall 20 Jahre nach den ersten Vorfällen der Krankheit abschloss.

Yu-Cheng [4], chinesisch für *Öl-Krankheit*, war eine Krankheit mit den gleichen Symptomen wie Yushō, die in Taiwan im Jahr 1979 auftrat. Die ersten Vorfälle wurden unter den Lehrern und Schülern der Hwei-Ming-Schule für blinde Kinder beobachtet. Zur gleichen Zeit erkrankten etwa 80 Arbeiter in einer örtlichen Fabrik, in der Kunststoffschuhe hergestellt wurden, mit den gleichen Symptomen. Ein Zusammenhang wurde zunächst nicht erkannt. Die Ärzte vor Ort konnten anfangs keine Ursache für die Erkrankung finden. Erst eine epidemiologische Studie ergab, dass sowohl die Erkrankten in der Schule als auch in der Schuhfabrik ein bestimmtes Reisöl zum Kochen verwendet hatten.

Es dauerte dann nicht lange, bis die Ähnlichkeit der taiwanesischen Symptome mit denen von Yushō bemerkt wurde und die nationale taiwanesische Gesundheitsbehörde ihre Kollegen in Japan konsultierte. Von den Yu-Cheng-Opfern wurden Blutproben zusammen mit Proben des Reisöls gesammelt und analysiert. In diesen wurden PCB-Konzentrationen von 30–90 ppm nachgewiesen. Damit lagen die Konzentrationen etwa zehnmal niedriger als bei den Vorfällen in Japan. Der Produzent des taiwanesischen Reisöls behauptete, dass es in seinem Werk keine PCB-haltigen Geräte gegeben habe. Außerdem seien PCBs bereits seit mehreren Jahren nicht mehr verwendet worden. Dennoch war die Ursache der Krankheit der Öffentlichkeit bald bekannt, und der Vertrieb dieses Reisöls wurde eingestellt. Es wurde aber weiter über neue Fälle berichtet (z. B. unter Mönchen und Nonnen eines örtlichen Tempels). Bis 1983 wurden über 2000 Krankheitsfälle erfasst. Zum Teil traten neue Krankheitsfälle bei Kindern auf, deren Mütter das Reisöl verzehrt hatten.

Es ist bis heute nicht bekannt, wie das Reiseöl mit PCBs kontaminiert wurde. Es wird vermutet, dass auch in diesem Fall ein undichter Wärmetauscher dafür verantwortlich war. Wie bei Yushō könnte das wiederholte Erhitzen der PCBs in dem Wärmetauscher zur Bildung von PCDF geführt haben. In der Tat wurde 23478-PeCDF auch in den Yu-Cheng-Ölproben nachgewiesen. Die Verarbeitung von Reisöl mit jeder Art von PCB-haltigen Geräten ist in Taiwan und in den meisten anderen Ländern inzwischen verboten.

8.1.6
Der Envio-PCB-Skandal

Bereits seit 2003 führte das Landesamt für Natur-, Umwelt- und Verbraucherschutz (LANUV) des Landes Nordrhein-Westfalen Untersuchungen zur Anreicherung organischer Verbindungen in Grünkohl und Gras durch. Während man bei diesen Untersuchungen generell eine Konzentrationsabnahme beobachtete, zeigten die Ergebnisse an einer Dortmunder Messstelle seit 2006 erhöhte PCB-Werte. Im Jahr 2008 ergaben dann weitere Probenahmen in Kleingärten östlich des Dortmunder Hafens stark erhöhte PCB-Werte. Ab 2010 erfolgten dann Betriebsüberprüfungen, um potenzielle Emittenten ausfindig zumachen.

Die Fa. Envio wurde an 30. April 2010 unangekündigt überprüft. Die Ergebnisse der Überprüfung lagen am 5. Mai 2010 vor und führten zur Stilllegung des Betriebs.

Die Firma hatte sich auf die Entsorgung PCB-haltiger Transformatoren und die Vermarktung der gewonnenen Rohstoffe spezialisiert. Neben der Entsorgung von Bauteilen aus deutschen Umspannwerken wurden auch mehr als 8000 t Transformatoren aus der Untertagedeponie Herfa-Neurode verarbeitet, die hochgradig mit PCB kontaminiert waren. Darüber hinaus wurden in den Jahren 2007–2009 über 10 000 schwerstverseuchte Kondensatoren per Bahn und Flugzeug aus Kasachstan eingeführt und verarbeitet, vermutlich ohne die entsprechende Genehmigung durch die zuständigen deutschen Behörden.

Beim Arbeiten mit den kontaminierten Transformatoren wurden die Vorschriften des Arbeitsschutzes grob missachtet. Zum Teil wurden die Transformatoren in Zelten auf dem Betriebsgelände ohne entsprechende Lüftung demontiert. Den Leihkräften in der Belegschaft stellte Envio nicht einmal Monteuranzüge. Die Arbeiter nahmen ihre Arbeitskleidung zum Teil mit nach Hause und kontaminierten so auch noch ihre Familien mit PCB.

Nachdem Ende Juni 2010 bei einigen Arbeitern die PCB-Konzentrationen im Blut die Grenzwerte um das bis zu 25 000-fache überschritten hatten, erstattete die zuständige Bezirksregierung Strafanzeige gegen Envio wegen fahrlässiger oder vorsätzlicher Körperverletzung. Envio ging dann im Oktober 2010 in die Insolvenz. Die PCB-Belastungen der Mitarbeiter waren die höchsten, die jemals in Deutschland gemessen wurden

Bislang ist immer noch unklar, wie hoch die Sanierungskosten des Firmengeländes sind und wer die Kosten dafür tragen muss.

Zwei Jahre nach Bekanntwerden des Skandals begann dann im Mai 2012 dessen juristische Aufarbeitung durch Anklageerhebung gegen vier leitende Mitarbeiter des Unternehmens. Auch dieses Verfahren ist noch nicht abgeschlossen.

Kaum zu glauben ist, dass der Fa. Envio noch 2009 aus den Händen des damaligen NRW-Umweltministers Uhlenberg der Ökoprofit-Preis der Stadt Dortmund für die Entwicklung maßgeschneiderter Umweltprogramme verliehen wurde.[4]

8.1.7
Schlussfolgerungen

Vermutlich wurden PCBs zu einem großen Umweltproblem, weil große Mengen dieses Materials in vielen Ländern über so viele Jahre produziert wurde. Wir sprechen hier von einer Produktion von mindestens 1 Mio. t. Die chemische Stabilität der PCBs, die sie für viele Anwendungen populär machte, wurde zum Fluch und hat sie in der Umwelt persistent gemacht. Vermutlich ist immer noch ein großer Teil der produzierten PCBs entweder auf Deponien, in aquatischen Sedimenten oder in alten Kondensatoren und Transformatoren zu finden. Aber es gibt Hoffnung. In vielen Bereichen der Umwelt sind die PCB-Konzentrationen erheblich gesunken. Seit dem PCB-Verbot haben z. B. in den USA im Michigansee die PCB-Konzentrationen in Forellen mit einer Geschwindigkeitskonstante von etwa 0,23 Jahr^{-1} abgenommen. Sie sind inzwischen von etwa 20–25 ppm in den 1970er-Jahren bis auf etwa 2 ppm heute (siehe Abb. 8.3) zurückgegangen. In der Abb. 8.3 erkennt man aber auch, dass die PCB-Konzentration in den letzten 25 Jahren nur noch sehr langsam abnimmt. Dies dokumentiert, dass ein vollständiger Abbau der PCBs in der Umwelt ein sehr lang dauernder Prozess ist.

---

4) Siehe auch https://www.youtube.com/watch?v=M_sodVe2ujo.

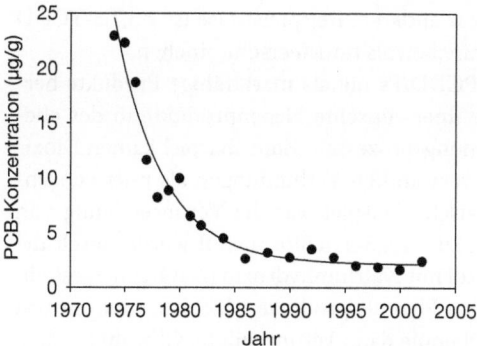

Abb. 8.3 PCB-Konzentrationen (ng/g) in Forellen des Michigansees als Funktion der Zeit.

8.2
Polychlorierte Dibenzo-*p*-Dioxine und Dibenzofurane

8.2.1
Nomenklatur der Dioxine

Polychlorierte Dibenzo-*p*-Dioxine (PCDD) und ihre Verwandten, die polychlorierten Dibenzofurane (PCDF), sind bekannte Umweltgifte. Abhängig von der Position der Chloratome an den aromatischen Ringen gibt es 210 chemisch verschiedene PCDD/F-Kongenere. Diese 210 Verbindungen werden oft als *Dioxine* bezeichnet, obwohl die Mehrheit von ihnen tatsächlich Dibenzofurane sind.

Dibenzo-*p*-dioxin   Dibenzofuran

Die vollständigen Namen dieser Verbindungen enthalten die Positionsnummern der Chloratome am Dioxin- oder Dibenzofuranringgerüst. PCDD/Fs haben insbesondere wegen der akuten Toxizität von 2,3,7,8-Tetrachlor-*p*-dioxin (2,3,7,8-TCDD) traurige Berühmtheit erlangt. 2,3,7,8-TCDD hat einen der niedrigsten bekannten LD_{50}-Werte. Unter LD_{50} versteht man die letale Dosis, bei der 50 % der Population der Versuchstiere bei Einnahme der Substanz sterben. Zum Beispiel braucht man nur etwa 0,6 µg 2,3,7,8-TCDD pro Kilogramm Körpergewicht, um ein männliches Meerschweinchen zu töten.

In der Presse wird 2,3,7,8-TCDD häufig als *Ultragift aus der Chlorchemie* bezeichnet oder als *die giftigste von Menschen je hergestellte Substanz*. Die polychlorierten Dibenzofurane sind nur geringfügig weniger giftig. Zum Beispiel ist die LD_{50} von 2,3,7,8-TCDF für männliche Meerschweinchen etwa 6 µg/kg. Andere Dioxine und Furane sind ebenfalls sehr giftig und viele dieser Verbindungen haben akute und chronische Wirkungen. Im Übrigen variiert die Toxizität von Dioxinen drastisch von einer Tierart zur anderen. Beispielsweise ist 2,3,7,8-TCDD ca. 500-mal weniger toxisch für Kaninchen als für Meerschweinchen.

Im Gegensatz zu PCBs wurden PCDD/Fs nie als marktfähige Produkte hergestellt. Tatsächlich waren Dioxine unerwünschte Nebenprodukte in der chemischen Industrie und bei Verbrennungsprozessen. Zum Beispiel kamen Dioxine in chlorierten Phenolen und in verwandten Verbindungen als unerwünschte Verunreinigungen vor. Das klassische Beispiel war die Verunreinigung von 2,4,5-Trichlorphenol mit 2,3,7,8-TCDD. 2,4,5-Trichlorphenol wurde durch die Reaktion von 1,2,4,5-Tetrachlorbenzol mit Natriumhydroxid (NaOH) hergestellt. Die Dimerisierung des resultierenden Phenols produziert kleinste Mengen von 2,3,7,8-TCDD, das die chlorierten Phenole dann verunreinigte. Obwohl Dioxine nur in Spuren in diesen kommerziellen Produkten vorhanden waren, führte deren breite Anwendung zur Freisetzung von PCDD/Fs in der Umwelt in Konzentrationen, die Maßnahmen erforderlich machten.

2,4,5-Trichlorphenol   2,3,7,8-Tetrachlordibenzo-*p*-dioxin

In den folgenden Abschnitten werden wir uns mit der Geschichte der Dioxine in der Umwelt während der letzten 50 Jahre und mit einer möglichen Lösung des Problems beschäftigen.

8.2.2
Die Ödemkrankheit bei Hühnerküken

Im Jahre 1957 wurden im östlichen und mittleren Westen der USA Millionen junger Hühner durch eine geheimnisvolle Krankheit getötet. Die Symptome waren überschüssige Flüssigkeit im Herzbeutel und der Bauchhöhle. Als Ursache für die Erkrankung wurden Fettsäuren identifiziert, die dem Futter der Hühner zugesetzt worden waren. Unter großen Anstrengungen gelang es nach mehreren Jahren eine toxische Substanz zu isolieren und durch Röntgenkristallografie als 1,2,3,7,8,9-Hexadibenzo-*p*-dioxin zu identifizieren.

Die Quelle des Dioxins in den verfütterten Fettsäuren wurde bis in die Gerbereiindustrie zurückverfolgt. Tierhäute haben eine Fettschicht, die vor dem Gerben entfernt werden muss. Bis Mitte des 20. Jahrhunderts wurden in der Gerberei die Häute mit großen Mengen Salz zur Konservierung behandelt. In den letzten 50–60 Jahren wurden die Salze zunehmend durch moderne Konservierungsmittel, wie chlorierte Phenole, verdrängt. Wir wissen inzwischen, dass diese Phenole mit PCDD/Fs kontaminiert waren.

Beim Entfernen der Fettschicht von den Tierhäuten gelangten die lipophilen, chlorierten Phenole und ihre Verunreinigungen in das abgetragene Tierfett. Durch Verseifen wurden aus diesem Material Fettsäuren hergestellt, die dann durch Hochtemperaturdestillation gereinigt wurden. Beide Prozesse führten vermutlich zur Bildung von Dioxinen durch Dimerisierung der in Spuren vorhandenen chlorierten Phenole. Die Dioxine gelangten dann mit den Fettsäuren in das Hühnerfutter. Tatsächlich wurden bei der Analyse der kontaminierten Fettsäureprodukte Spuren von 2,3,4,6-Tetrachlorphenol nachgewiesen.

Diese Substanz kann durch eine *Smiles-Umlagerung* [5] (s. u.) dimerisieren und 1,2,3,7,8,9,-Hexachlordibenzo-*p*-dioxin bilden. Tatsächlich zeigten die Analysen der Fettproben auch die Anwesenheit mehrerer anderer Dioxine. Die Toxizität des 1,2,3,7,8,9- und 1,2,3,6,7,8-Hexachlordibenzo-*p*-dioxins beträgt etwa 10 % der des 2,3,7,8-TCDD, was die Verwendung von chlorierten Phenolen in einem Material zur Herstellung von Lebensmitteln verbietet.

Obwohl die Ursache der Ödemkrankheit bei Hühnern bekannt und dann in den frühen 1970er-Jahren das Problem beseitigt wurde, trat die Krankheit Mitte der 1980er-Jahre erneut auf. Die neuen Krankheitsfälle wurden durch Pentachlorphenol verursacht, das Holzspäne als Einstreu für die Hühnerställe verunreinigt hatte. In diesem Fall waren die hepta- und octachlorierten Dibenzo-*p*-dioxin- und Dibenzofurankongenere in Konzentrationen von etwa 20 ppm in den Holzspänen nachweisbar. In den Hühnern und Holzspänen wurden aber auch Spuren von 1,2,3,6,7,8- und 1,2,3,7,8,9-Hexachlordibenzo-*p*-Dioxin nachgewiesen.

8.2.3
Agent Orange

Wie bereits kurz in Kapitel 6 erwähnt, verwendete das US-Militär während des Krieges in Vietnam ein Herbizid namens *Agent Orange* als Entlaubungsmittel. Es wurde im südlichen Vietnam 1965–1971 von Flugzeugen und Hubschraubern während der *Operation Ranch Hand* versprüht. Damit sollten die von den Nordvietnamesen und dem Vietcong verwendeten Nutzpflanzen vernichtet werden. Gleichzeitig sollten die Bäume rund um die US-Militärbasen entlaubt werden, um diese besser verteidigen zu können. *Agent Orange* war ein Gemisch aus etwa gleichen Mengen der *n*-Butylester von 2,4-Dichlorphenoxyessigsäure (2,4-D) und 2,4,5-Trichlorphenoxyessigsäure (2,4,5-T[5]). Letztere wurde aus 2,4,5-Trichlorphenol hergestellt. Durch die Verwendung dieses Ausgangsmaterials waren 2,4,5-T und damit *Agent Orange* mit geringen Mengen 2,3,7,8-TCDD verunreinigt.

Es lässt sich heute nicht mehr eindeutig feststellen, wie hoch die Konzentration von 2,3,7,8-TCDD in *Agent Orange* war. Aktuelle Schätzungen gehen im Durchschnitt von etwa 3 ppm aus. Insgesamt wurden mehr als 45 Mio. L *Agent Orange* während des Vietnamkriegs versprüht. Damit lässt sich abschätzen, dass insgesamt in Vietnam, in Verbindung mit den eingesetzten Herbiziden, etwa 150 kg 2,3,7,8-TCDD freigesetzt wurden.

Die wissenschaftlichen Fragestellungen im Zusammenhang mit *Agent Orange* verblassen aber gegenüber dem Politikum mit den Vietnamkriegsveteranen und den Vietnamesen. Beide Gruppen führen an, dass ihre Gesundheitsschäden, die seit den 1970er-Jahren auftreten, durch Dioxinverunreinigungen in *Agent Orange* verursacht wurden.

Im Falle der US-Veteranen wurde im Jahr 1979 eine groß angelegte epidemiologische Studie begonnen. Das Ziel war, die *Agent Orange*-Exposition mit Auswirkungen auf die Gesundheitsschäden zu verknüpfen, die durch medizinische Untersuchungen bestimmt wurden. Die Studie konzentrierte sich auf jene Veteranen der US Air Force, die *Agent Orange* versprüht hatten und somit vermutlich der Substanz ausgesetzt waren. Etwa 1000 dieser Veteranen und eine gleiche Zahl von Veteranen, die nicht an der *Operation Ranch Hand* beteiligt waren, wurden in die Studie eingeschlossen. Ihr Gesundheitszustand wurde alle fünf Jahre beurteilt. Erste Ergebnisse ergaben keine statistisch signifikanten Unterschiede im Gesundheitszustand der beiden Gruppen.

Zu einem späteren Zeitpunkt wurden die Bewertungen mit den gemessenen Konzentrationen von 2,3,7,8-TCDD in Gewebe- oder Blutproben korreliert. Im Laufe der Zeit entwickelten sich langsam gesundheitliche Unterschiede zwischen der exponierten Gruppe und der Kontrollgruppe. Leider wurde die epidemiologische Studie dann im Jahr 2006 trotz des Protestes vieler Wissenschaftler beendet. Es wurden aber alle Proben, die medizinischen Aufzeichnungen und Daten vom US-Institute of Medicine archiviert. Die Gesamtkosten dieser über 27 Jahre laufenden Studie betrugen mehr als 140 Mio. $. Die jüngste Bewertung der *Operation Ranch Hand* und andere Daten vom US-Institute of Medicine zeigen, dass es ausreichende Beweise für einen Zusammenhang zwischen der Herbizidexposition und dem Auftreten von Weichteilsarkomen, des Non-Hodgkin-Lymphoms, der Hodgkin-Krankheit, der chronischen lymphatischen Leukämie und der Chlorakne gibt. Vietnamveteranen können nun eine Entschädigung erhalten, wenn sie als

---

5) Strukturformeln findet man in Kapitel 6.

Folge einer *Agent Orange*-Exposition unter einer dieser Erkrankungen leiden. Für eine 50 %ige Behinderung erhält man eine Entschädigung von 1000 $ pro Monat.

Agent Orange hatte auch verheerende negative Auswirkungen auf die vietnamesische Bevölkerung und die Umwelt. Eine epidemiologische Studie, ähnlich der an den US-Veteranen, wurde aber bis heute nicht durchgeführt. Stattdessen konzentrieren sich die Anstrengungen darauf, eine weitere Exposition durch die Sanierung sogenannter *Hot Spots* der Dioxinbelastung zu verhindern. Ein solches punktuelles Dioxinproblem wird durch eine 2006 erschienene Zusammenfassung von Bodenuntersuchungen über zwölf Jahre gestützt. Während der größte Teil des Landes nicht kontaminiert ist oder der Grad der Verschmutzung unter den Grenzen internationaler Richtlinien liegt, stellen manche ehemalige Militärbasen und Flugfelder ein ernsthaftes Problem dar. Eine Schätzung ergab, dass etwa 10 000 m^2 Bodenfläche saniert werden müssten. Dies entspricht etwa der Größe eines großen Fußballfeldes. 2012 beteiligten sich die USA zum ersten Mal an der Dekontaminierung des Bodens. Die Arbeiten erfolgten um den ehemaligen US-Stützpunkt Da Nang, der als einer der damaligen Hauptumschlagplätze für *Agent Orange* besonders stark kontaminiert ist.

Eine Gruppe vietnamesischer Opfer hatte gegen die amerikanischen Hersteller von *Agent Orange* Klage eingereicht, die jedoch im März 2005 abgewiesen wurde. Nach Ansicht des Richters war der Einsatz von *Agent Orange* keine chemische Kriegsführung und damit auch kein Verstoß gegen internationales Recht. Gegen diese Entscheidung wurde Berufung eingelegt.

Laut Angaben des Vietnamesischen Roten Kreuzes von 2002 leiden etwa eine Mio. Vietnamesen an den Spätfolgen von *Agent Orange* [3], vor allem an Fehlbildungen und Immunschwächen. Viele vietnamesische Neugeborene kommen auch drei Generationen nach dem Einsatz von *Agent Orange* noch mit schweren Fehlbildungen zur Welt. Auch Krebs zählt vermutlich zu den Spätfolgen.

8.2.4
Der Times Beach-Skandal in Missouri

In den 1960er- und frühen 1970er-Jahren betrieb die Northeastern Pharma and Chemical Company (NEPACCO) in Verona im US-Bundesstaat Missouri eine Anlage zur Herstellung des Desinfektionsmittels Hexachlorophen. Teile der Anlage waren während des Vietnamkriegs zur Herstellung von 2,4,5-Trichloressigsäure, einem Inhaltsstoff von *Agent Orange*, genutzt worden Die Ausgangsstoffe für diesen Prozess waren 2,4,5-Trichlorphenol und Formaldehyd. Die hergestellte Hexachlorophenmenge erreichte in der Anlage bald 450 t/Jahr. Unglücklicherweise war das Ausgangsmaterial zur Herstellung des Desinfektionsmittels mit 2,3,7,8-TCDD verunreinigt. Somit war es erforderlich, das produzierte Hexachlorophen vor dem Verkauf zu reinigen. Der Abfall aus diesem Reinigungsprozess mit einer relativ hohen Belastung von 2,3,7,8-TCDD wurde in einem Auffangbehälter im NEPACCO-Werk in Verona gespeichert. Wegen seiner Neurotoxizität beschränkte die US Food and Drug Administration (FDA) die Verwendung von Hexachlorophen 1971. In Deutschland ist der Einsatz von Hexachlorophen in Kosmetika seit 1985 verboten.

Hexachlorophen

Etwa zu dieser Zeit erhielt das Entsorgungsunternehmen von Russell Bliss einen Entsorgungsvertrag mit der NEPACCO, um die sogenannten Destillationsrückstände aus den Produktionstanks zu recyceln. Bliss betrieb ein kleines Unternehmen, das Altöl aus Garagen und von Flughäfen und Militärbasen sammelte. Das Altöl lagerte er dann in vier großen Tanks in seiner Firma zwischen. Neben dem Weiterverkauf des gesammelten Altöls verdiente er sein Geld damit, das Altöl auf unbefestigte Straßen zu sprühen, um so den Staub zu binden. Ebenso versprühte er Ölabfälle in Pferdeställen und Rennbahnen, um das Aufwirbeln von Staub zu verhindern. Das Öl, das er normalerweise verwendete, war in der Regel ausschließlich Motoröl von Autos und Lastwagen. Offenbar erkannte aber niemand, dass es sich bei den öligen Destillationsrückständen der NEPACCO um Chemieabfälle handelte. Als Folge davon wurden etwa 70 000 L dieses mit Dioxinen verunreinigten Rückstands in den Tanks der Entsorgungsfirma mit dem normalen Altöl gemischt. Nach Angaben der NEPACCO wurde die Entsorgungsfirma gewarnt, dass die Rückstände gefährlich seien. Bliss und seine Mitarbeiter bestanden aber darauf, dass sie nicht gewarnt worden seien. Die 2,3,7,8-TCDD-Konzentration in den öligen Destillationsrückständen betrug etwa 300 ppm.

Am 26. Mai 1971 versprühte die Entsorgungsfirma Altöl in dem Reitstall *Shenandoah Stables*, um die Aufwirbelung von Staub zu verhindern. Am folgenden Tag erkrankten die Pferde, von denen am Ende 75 starben oder eingeschläfert werden mussten. Innerhalb einer Woche wurden kleine Vögel tot in der Reitarena gefunden. Im Verlauf von zwei Wochen wurde das gleiche Öl in der *Bubbling Springs*-Reitarena und in den *Timberline Stables* versprüht. An beiden Orten traten innerhalb kurzer Zeit die gleichen Probleme auf. Der Boden in diesen drei Reitarenen wurde abgetragen, aber die Krankheitssymptome der Pferde blieben zurück. Von der *Bubbling Springs*-Reitarena wurden etwa 25–30 Lkw-Ladungen kontaminierter Boden entfernt und zu einigen privaten Baustellen gebracht, sodass der kontaminierte Boden noch weiter im Bundesstaat Missouri verteilt wurde.

Schließlich wurden Proben aus den Reitarenen durch die US Centers for Disease Control and Prevention (CDC) untersucht. In den Proben wurden 2,4,5-Trichlorphenol, Hexachlorophen und 2,3,7,8-TCDD identifiziert. Im Jahr 1974 lokalisierte die CDC schließlich die Quelle der Verunreinigungen in der NEPACCO-Anlage in Verona, die zu diesem Zeitpunkt allerdings bereits in den Besitz der Firma Syntex Agribusiness übergegangen war. Zu der Zeit waren immer noch mehrere Tausend Liter des Chemieabfalls in der Anlage vorhanden. Schätzungen ergaben, dass der ölhaltige Abfall etwa 8 kg 2,3,7,8-TCDD enthielt.

Als bekannt wurde, dass das Entsorgungsunternehmen zwischen 1972 und 1976 auf den unbefestigten Straßen von Times Beach, Missouri und auf anderen unbefestigten Straßen im gesamten Bundesstaat Missouri Öl versprüht hatte, um den Staub zu binden, war klar, dass Missouri ein Dioxinproblem hatte.

Nach einem bürokratischen Gerangel um die Zuständigkeiten begannen schließlich die Landesregierung des Bundesstaates Missouri und die US-EPA gemeinsam, die räumliche Ausdehnung des Problems vollständig zu erfassen und Notfallpläne für die Beseitigung der Dioxinbelastung zu erstellen. Bald darauf veröffentlichte die US-EPA eine Liste von 38 Dioxinaltlasten in Missouri, darunter auch Times Beach. Ende des Jahres 1982 empfahl das Gesundheitsministerium, die Stadt komplett zu evakuieren. Im Februar 1983 kündigte die US-EPA an, die gesamte Stadt für 33 Mio. $ aufzukaufen. Im April 1986 stimmte schließlich der Stadtrat zu und die Evakuierung wurde bis Ende 1986 abgeschlossen. Das gesamte Gelände ging in das Eigentum des Staates Missouri über. Zwischen März 1996 und Juni 1997 wurden dann etwa 265 000 t dioxinbelasteter Boden und auch Bauschutt aus Times Beach und anderen Orten von Missouri in einer speziellen Verbrennungsanlage verbrannt. Ende der 1990er-Jahre wurde die Sanierung abgeschlossen und die Stadt Times Beach dann im Jahr 2001 von der Superfund-Liste gestrichen.

Neben der Bodensanierung mussten auch die mit 2,3,7,8-TCDD kontaminierten Rückstände im Tank der ehemaligen NEPACCO-Niederlassung bzw. der Fa. Syntex kontrolliert entsorgt werden. Die Firma sorgte zunächst dafür, dass der Tank durch Zäune und eine Auffangwanne aus Beton entsprechend gesichert wurde. Es wurde eine Verbrennung der Abfälle in Minnesota in Erwägung gezogen, aber aufgebrachte Bürger in Iowa verhinderten mit der Nationalgarde den Transport der Chemieabfälle durch ihren Bundesstaat. Stattdessen entwickelte ein Entsorgungsunternehmen ein neues Verfahren zum Abbau von 2,3,7,8-TCDD durch direkte UV-Fotolyse. Das Verfahren wurde 1979 erfolgreich getestet, und die UV-Bestrahlung der Abfälle begann im Mai 1980. Bereits nach 13 Wochen, also im August 1980, waren alle Abfälle entsprechend behandelt und das 2,3,7,8-TCDD fast vollständig zerstört worden.

Der Times Beach-Skandal gehört noch heute zu den kostspieligsten und umfangreichsten Sanierungsfällen in den USA.

8.2.5
Der Störfall von Seveso, Italien

Mitte der 1970er-Jahre betrieb die Schweizer Roche AG eine kleine chemische Produktionsanlage unter dem Namen Industrie Chimiche Meda Società Anonima (ICMESA) in der norditalienischen Stadt Meda. Neben anderen Produkten wurde in dieser Fabrik 2,4,5-Trichlorphenol, ein Vorprodukt für das Desinfektionsmittel Hexachlorophen, durch die Reaktion von 1,2,4,5-Tetrachlorbenzol mit NaOH hergestellt. Am 10. Juli 1976, einem Samstag, begann die chemische Reaktion in einem Kessel gegen 12:30 Uhr zunächst langsam, dann mit schnellem Druck- und Temperaturanstieg und endete schließlich in einer Explosion. Um 12:37 Uhr löste ein Sicherheitsventil infolge von Überdruck aus und der Kessel entlud sich über eine Abblasstation in die Umwelt. Ein Auffangreservoir gab es nicht. Über eine halbe Stunde lang wurde abgeblasen. Durch den vorherrschenden Wind wurde die Abgaswolke in südöstlicher Richtung transportiert und vergiftete ein 1 km × 6 km großes, dicht bevölkertes Gebiet insbesondere der Gemeinde Seveso.

Am 11. Juli 1976 informierte ICMESA die lokalen Behörden über den Austritt einer Abgaswolke „die eventuell toxische Substanzen enthalten könne". Der Betriebsleiter bat, die lokalen Behörden um die Warnung der Bevölkerung des betroffenen Gebietes. Gleichzeitig wurden Bodenproben entnommen und zur Analyse an die Hauptniederlassung der Roche AG nach Basel in die Schweiz geschickt. Am nächsten Tag wurden die Anwohner gewarnt, Gemüse aus ihren Gärten zu essen. Innerhalb weniger Tage starben weit mehr als 1000 Hühner und Kaninchen, und die Roche AG informierte die ICMESA-Betriebsleitung, dass die Bodenproben Spuren von 2,3,7,8-TCDD enthielten. Am nächsten Tag erklärten die Bürgermeister von Seveso und Meda das Gebiet südlich der ICMESA-Anlage zur kontaminierten Gefahrenzone, und es wurden Warnschilder und Zäune aufgestellt.

Bis zum 16. Juli 1976 wurden mehrere Kinder aufgrund starker Hautreaktionen, vermutlich Chlorakne, ins Krankenhaus eingeliefert. Der Bürgermeister von Seveso informiert eine Zeitung über diese Katastrophe, und am 19. Juli erschienen die ersten Artikel in der nationalen Presse und im Fernsehen. Etwa zu dieser Zeit ordneten die Behörden die Schließung der ICMESA-Fabrik an, und alle Gebäude auf dem Werksgelände wurden versiegelt. Erst am 20. Juli, also zehn Tage nach dem Unfall, teilte die Roche AG den italienischen Behörden offiziell mit, dass 2,3,7,8-TCDD in den Bodenproben gefunden worden war. Diese Nachricht wurde in Norditalien mit großer Bestürzung aufgenommen. Am nächsten Tag wurden der technische Direktor und der Produktionsleiter der ICMESA verhaftet. Die Roche AG stellte dann am 23. Juli 1976 eine vorläufige Karte mit der Ausbreitung der Substanz zur Verfügung und riet den Behörden, den Bereich in unmittelbarer Nähe der Produktionsanlage zu sperren und die dort lebenden Menschen sofort zu evakuieren.

Am 24. Juli 1976 – zwei Wochen nach dem Unfall – trafen sich verschiedene Behördenvertreter, Wissenschaftler und Industrievertreter. Als Ergebnis dieses Treffens wurde ein Team verschiedener italienischer Forschungseinrichtungen mit der Entwicklung einer Probenahme und verlässlicher Analyseverfahren beauftragt. Dieses Team empfahl auch, die sofortige Evakuierung der in unmittelbarer Nähe der Produktionsanlage lebenden Menschen. Am 26. Juli wurden 230 Personen evakuiert und bis Ende Juli 1976 lagen mehr als 1000 2,3,7,8-TCDD Messungen von Böden und der Vegetation vor. Mithilfe dieser Daten konnte der am stärksten kontaminierte Bereich (siehe Abb. 8.4, Zone A) genau festgelegt werden. Die Zone A umfasst eine Fläche von rund 900 000 m^2. Aus diesem Bereich

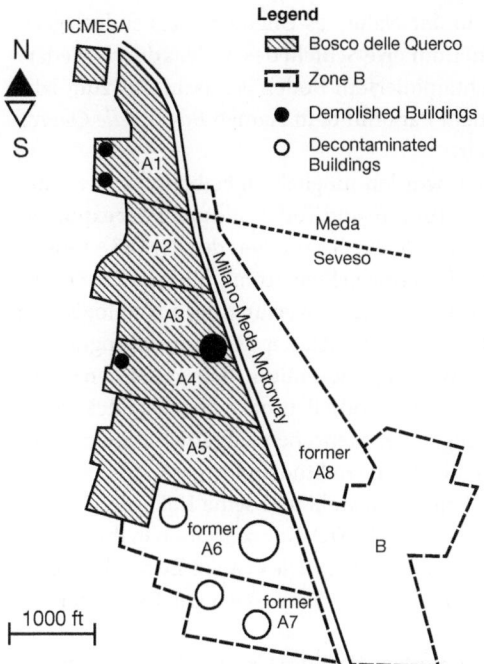

Abb. 8.4 Karte der mit Dioxin kontaminierten Zonen in Seveso, Italien. In der Zone A (schraffiert) war der Boden mit 2,3,7,8-TCDD-Konzentrationen von mehr als 50 µg/m^2 belastet. In der Zone B (weiß) lagen die 2,3,7,8-TCDD-Konzentrationen im Boden im Bereich von 5–50 µg/m^2.

wurden rund 730 Menschen evakuiert. Schätzungen ergaben, dass der Boden in der Zone A mit mehr als 2 kg 2,3,7,8-TCDD kontaminiert worden war.

Nach weiteren Bodenuntersuchungen wurde dann im August 1976 die Zone B definiert (Abb. 8.4). Interessanterweise ist die Grenze zwischen den Zonen A und B die Autobahn Mailand – Meda. In der Zone B lebten über 4600 Menschen, die allerdings nicht evakuiert wurden. Sie wurden aber gebeten, bestimmte Sicherheitsauflagen zu beachten. Landwirtschaftliche Produkte aus der Zone B durften nicht verzehrt werden und ihre Kinder wurden in Schulen außerhalb der Gefahrenzone geschickt. Darüber hinaus wurden viele Unternehmen in der Zone B für mehrere Jahre geschlossen. Zusammen mit der Konzernleitung der Roche AG versuchte die italienische Regierung, einen Dekontaminationsplan für das verseuchte Gebiet zu erarbeiten. Die Roche AG verpflichtete sich, grundsätzlich für alle Schäden und die Kosten der Dekontaminationsarbeiten aufzukommen. Die Dekontamination der beiden Gebiete begann dann im Herbst 1976.

Bis zum Sommer 1977 waren die ersten Sanierungsmaßnahmen beendet. Einige Betriebe und Schulen waren wieder nutzbar. Viele Gebäude waren jedoch so stark belastet, dass nur deren Abbruch in Frage kam. In der Zone A wurden die oberen 40 cm des Bodens komplett entfernt und die kontaminierte ICMESA-Anlage und mehrere kontaminierte Häuser wurden abgerissen. Der abgetragene Boden und der Bauschutt wurde in zwei neuen speziellen Gefahrstoffdeponien mit 300 000 m³ Fassungsvermögen in der Nähe des Unglücksortes endgelagert. Danach wurde in der Zone B die kontaminierte Schicht des Bodens durch wiederholtes Pflügen einfach mit nicht kontaminiertem Boden gemischt. Bis zum Jahr 1987 wurde dann die Zone A zu einem Park mit dem Namen *Bosco delle Querce* (Wald der Steineichen) umgewandelt.

Mithilfe epidemiologischer Studien wurden mögliche metabolische Veränderungen, Fehlgeburten, Missbildungen, Tumore und Todesfälle unter der exponierten Bevölkerung untersucht. Ebenso wurde die Gesundheit der ICMESA-Mitarbeiter und der Arbeiter in den Entgiftungsprojekten streng überwacht. Ein internationales Expertengremium wurde mit der Bewertung der toxikologischen und epidemiologischen Daten und den Ergebnissen der Monitoringprogramme beauftragt. Im Jahr 1984 berichtete das Expertengremium, dass außer den dokumentierten etwa 200 Fällen von Chlorakne unmittelbar nach dem Unglück, keine weiteren gesundheitlichen Schädigungen bei Menschen aufgetreten seien. Dennoch wurden die langfristigen epidemiologischen Studien fortgesetzt.

In einer dieser Studien berichten Paulo Mocarelli und seine Kollegen [10, 11], dass Väter, die im Jahr 1976 eine hohe 2,3,7,8-TCDD-Konzentration in ihrem Blut hatten, vermehrt weibliche Nachkommen zeugten. Dies ist ein Beispiel für eine subtile biologische Wirkung, die erst mehr als 20 Jahre nach der Exposition erkannt wurde.

Es ist an dieser Stelle aber auch anzumerken, dass der Unfall in Seveso nicht nur gesundheitliche, sondern auch erhebliche negative wirtschaftliche Auswirkungen auf die Bevölkerung hatte. In Europa war der Begriff *in Seveso hergestellt* so negativ besetzt, dass Produkte aus der Region nicht mehr gekauft wurden. In der Folge dieser Ablehnung verloren viele Menschen in Seveso ihre Arbeitsplätze. Ebenso gab es erhebliche Einbußen beim Wert von Immobilien. Diese wirtschaftlichen Effekte waren so real wie die Auswirkungen auf die Gesundheit und verlangten die gleiche Aufmerksamkeit. Diese individuellen und sozialen Einbußen wurden über einen Notfallplan aufgefangen.

8.2.6
Kieselrot

Während des Zweiten Weltkriegs wurden in Marsberg, einem kleinen Ort im nordöstlichen Teil des Sauerlandes, Kupferschiefervorkommen abgebaut und das vorhandene Kupfer nach einem speziellen Verfahren aufgeschlossen. Bei diesem Verfahren blieben große Mengen einer rötlichen Schlacke zurück, die auf Halden deponiert wurde. In den Jahren 1955–1968 wurden ca. 800 000 t dieser Schlacke verwertet und unter dem Namen *Marsberger Kieselrot* als Belag für Sport- und Spielplätze oder für den Straßenbau, insbesondere nach Nordrhein-Westfalen, Bremen, Hessen und Niedersachsen, aber auch nach Frankreich, Belgien, Holland und Dänemark verkauft.

Erst mehr als 30 Jahre später fielen bei Bodenuntersuchungen in Bremen extrem hohe Dioxinkonzentrationen in der Nähe von Sport- und Spielplätzen auf, deren Belag aus Kieselrot bestand. Die Verunreinigung der Schlacke mit organischen Chlorverbindungen wurde vermutlich durch den Röstprozess des Kupferschiefers verursacht, der bei vergleichsweise niedrigen Temperaturen stattfand. Neben Dioxinen wurden in der Schlacke Chlorbenzole, Chlorphenole, polychlorierte Biphenyle und polychlorierte Naphthaline nachgewiesen. Charakteristisch für Kieselrot ist der hohe Anteil chlorierter Dibenzofurankongenere.

Nach eingehenden Untersuchungen wurden deutschlandweit etwa 1400 Sport- und Kinderspielplätze gesperrt. Eine Studie zeigte, dass trotz der extrem hohen PCDD/F-Konzentrationen in Kieselrot nur ein sehr geringer Transfer zum Menschen besteht [6]. Obwohl man bei üblicher Nutzung der Sport- und Spielflächen nicht zweifelsfrei von einer nennenswerten zusätzlichen PCDD/F-Aufnahme ausgehen konnte, wurden die kontaminierten Anlagen inzwischen zum größten Teil saniert.

8.2.7
Verbrennungsprozesse als Quelle von Dioxinen

Alle oben beschriebenen Vorfälle waren letztendlich das Ergebnis von Dioxinverunreinigungen in kommerziellen chemischen Produkten, insbesondere chlorierten Phenolen. Aber im Jahr 1977 wiesen Olie und Kollegen Dioxine auch in Flugasche industrieller Verbrennungsprozesse nach [7]. Im Jahr 1980 publizierten Bumb und Kollegen von der Dow Chemical Company ihren berühmten Aufsatz mit dem Titel *Trace chemistries of fire: A source of chlorinated dioxins*, in dem sie nachwiesen, dass Dioxine in Partikeln aus der Verbrennung der meisten Arten organischem Materials vorhanden waren [8]. Dies schloss die Verbrennung kommunaler Abfälle und Chemikalien mit ein und war eine sehr wichtige Entdeckung. Das Vorhandensein von Dioxinen in einer Probe konnte nun nicht länger nur der chemischen Industrie angelastet werden. In der Tat wurde diskutiert, dass uns Dioxine seit der Nutzbarmachung des Feuers durch den Menschen begleitet haben.

Es schien aber zwingend erforderlich, diese Hypothese einer experimentellen wissenschaftlichen Überprüfung zu unterziehen. In den 1980er-Jahren begann das Labor von Ronald Hites mit dieser Überprüfung. Es wurde die folgende Hypothese aufgestellt: Chlorierte Dioxine und Furane entstehen bei der Verbrennung und werden in die Atmosphäre emittiert. Abhängig von der Umgebungstemperatur sind einige dieser Verbindungen an Partikeln adsorbiert, und einige sind dagegen in der Gasphase zu finden. In beiden Fällen werden diese Verbindungen in der Atmosphäre über eine unbekannte Entfernung transportiert und auf verschiedenen Wegen deponiert. Partikel werden mit ihren adsorbierten Verbindungen trocken und nass (durch Niederschläge) deponiert. Verbindungen in der Gasphase werden ausschließlich ausgewaschen.

Diese Hypothese sollte durch Messung von Dioxinen und Furanen in der Umwelt getestet werden. Dazu wurde in einem ersten Schritt die Historie chlorierter Dioxine und Furane in der Atmosphäre beleuchtet. Sollten diese Verbindungen wirklich unsere stetigen Begleiter in der Umwelt seit der Nutzbarmachung des Feuers durch den Menschen gewesen sein? Da sich durch direkte Probenahme in der Atmosphäre nur deren gegenwärtiger Zustand erfassen lässt, sollte durch die Untersuchung von Sedimenten in Seen Rückschlüsse auf das Vorkommen chlorierter Dioxine und Furane in der Vergangenheit gezogen werden. Dieses Vorgehen basiert auf dem schnellen Transport von Material von der Oberfläche zum Grund eines Sees und der Kumulation von Sediment am Boden. Somit zeichnet das Sediment die atmosphärische Deposition auf.

Es wurden dann Sedimentkerne aus mehreren Seen in 0,5–1 cm dicke Scheiben geschnitten und jede Schicht mithilfe der Massenspektrometrie auf ihren Gehalt an Tetrachlor- bis zu den Octachlordibenzo-p-Dioxinen und Dibenzofuranen untersucht. Durch die Untersuchung radioaktiver Isotope in den Sedimentkernen konnte man zudem feststellen, wann eine bestimmte Sedimentschicht zuletzt Kontakt mit der Atmosphäre hatte.

Es wurden mehrere Sedimentkerne aus den Großen Seen in Nordamerika und aus einigen Alpenseen in Europa untersucht. Die wichtigsten Erkenntnisse ergaben sich aber aus den Untersuchungen im Siskiwit-See auf der Isle Royale. Diese Insel liegt im nördlichen Teil des Oberen Sees nahe der Grenze zu Kanada. Die Isle Royale ist ein selten besuchter US-Nationalpark. Es gibt dort keine Straßen oder Ortschaften. Die Insel ist eine richtige Wildnis und ein Biosphärenreservat. Der Siskiwit-See ist der größte See auf der Isle Royale. Sein Wasserspiegel liegt etwa 15 m über dem des Oberen Sees. Aufgrund dieser Randbedingungen kann man annehmen, dass Dioxine und Furane nur durch Deposition aus der Atmosphäre in den See gelangen können.

Die gemessenen Dioxin- und Furankonzentrationen in diesem Bohrkern wurden überwiegend von Octachlorodibenzo-p-dioxin bestimmt. 2,3,7,8-TCDD war dagegen nur in geringer Konzentration vorhanden. Am zweithäufigsten wurden heptachlorierte Dioxine und Furane beobachtet. Dagegen wurden in den Bodenproben aus Missouri und Seveso 2,3,7,8-TCDD am häufigsten beobachtet. In den Sedimentschichten vor dem Jahr 1935 lag die Dioxin- und Furankonzentrationen nahe an der Nachweisgrenze. Ab diesem Zeitpunkt jedoch stieg die Konzentration an und erreichte etwa 1970 ihr Maximum, um danach wieder abzunehmen. Aus diesen Daten wurde geschlossen, dass Dioxin- und Furankonzentrationen in der Atmosphäre ab etwa 1935 angestiegen sind und seit etwa 1970 deutlich zurückgehen.

Was geschah um das Jahr 1935 und führte zu einer Emission von Dioxinen? Offenbar war es nicht die Nutzbarmachung des Feuers! Zu dieser Zeit fanden aber große Veränderungen in der chemischen Industrie statt. Vor dem Zeitraum 1940–1945 verkaufte die chemische Industrie große Mengen anorganischer Produkte. Dann wurden neue Produkte, z. B. Kunststoffe, zu einem wichtigen Teil der chemischen Industrie. Einige dieser Produkte waren Organochlorverbindungen, wie z. B. chlorierte Phenole. Beim Verbrennen von Abfällen, die diese Chemikalien enthielten, wurden dann Dioxine und Furane produziert und in die Atmosphäre emittiert. Von dort gelangten sie dann durch Deposition ins Wasser und dann letztlich in die Sedimente. Es bleibt noch anzumerken, dass die Kohleverbrennung nicht für den beobachteten Konzentrationsverlauf verantwortlich war. Denn diese war für den Zeitraum 1910–1980 nahezu konstant.

In fast allen Sedimentkernen wurde für das Jahr 1970 die maximale Dioxinkonzentration bestimmt. Dies deutet darauf hin, dass Abgasreinigungsvorrichtungen, die seit Beginn der 1970er-Jahre installiert wurden, nicht nur herkömmliche Luftschadstoffe, sondern auch Dioxine und Furane wirksam aus dem Abgas entfernen. Nachfolgende Arbeiten im Labor von Ronald Hites an einem anderen, etwa 15 Jahre später entnommenen Satz von Sedimentkernen aus dem Siskiwit-See, bestätigten diese Aussagen. An der Oberfläche der Sedimentkerne war die Dioxinkonzentration auf etwa die Hälfte des Maximalwertes von 1970 gesunken. Dies deutet darauf hin, dass die Dioxinemissionen noch weiter abgenommen haben.

8.2.8
Dioxin – Neubeurteilung

In der Mitte der 1980er-Jahre war es klar ersichtlich, dass Dioxine aus der Anwendung chlorierter Phenole und aus der Verbrennung ein großes Problem für die öffentliche Gesundheit waren, sodass in mehreren Ländern die Umweltbehörden aktiv wurden. Im Jahr 1994 wurde von der US-EPA ein Bericht mit dem Titel „Dioxin Neubewertung" erstellt und vom Beratungsgremium der US-EPA überprüft. Dieser Bericht enthielt detaillierte Bewertungen der wissenschaftlichen Literatur und präsentierte eine umfassende Beurteilung der Dioxinquellen, der Exposition und der gesundheitlichen Auswirkungen. Dieser Bericht verschwand dann für etwa 15 Jahre in den Akten der US-EPA, obwohl Teile des Berichtes in der wissenschaftlichen Fachliteratur veröffentlicht wurden. Ein offizieller Entwurf dieses Berichts wurde erst im Jahr 2010 veröffentlicht.

Als Folge dieser Verzögerung wurde in den USA nur wenige Vorschriften zur Begrenzung der Dioxinemissionen erlassen. Trotzdem haben sich in den vergangenen Jahren die Dinge verändert. Die fortgesetzte Reduktion der Partikelemission aus großen Verbrennungsanlagen, die Eliminierung der Verbrennung chemischer Abfälle und die weitgehende Einstellung des Geschäftes mit chlorierten Phenolen durch große Teile der chemischen Industrie haben dazu geführt, dass inzwischen deutlich geringere Mengen an Dioxinen in die Umwelt gelangen. Diese fast beiläufige Verringerung der Dioxinemissionen hatte aber eine deutliche Wirkung. Die Abb. 8.5 zeigt die durchschnittliche TCDD-Konzentration in Menschen aus den USA, Kanada, Deutschland und Frankreich als Funktion der Zeit ab dem Jahr 1972. Die TCDD-Konzentration ist um etwa einen Faktor 7 über einen Zeitraum von 25 Jahren gesunken. Dieser Rückgang ist enorm und man könnte ihn fast eine unbeabsichtigte oder zufällige Regulierungsmaßnahme nennen.

8.2.9
Dioxin – Schlussfolgerungen

Aufgrund der akuten Toxizität der Dioxine erlangten die in diesem Abschnitt skizzierten Umweltprobleme in der Öffentlichkeit große Aufmerksamkeit. Sie trugen damit zur Schärfung des Umweltbewusstseins der Bevölkerung und dem Wunsch nach einer Umwelt frei von Umweltgiften bei. In gewissem Sinne waren Dioxine

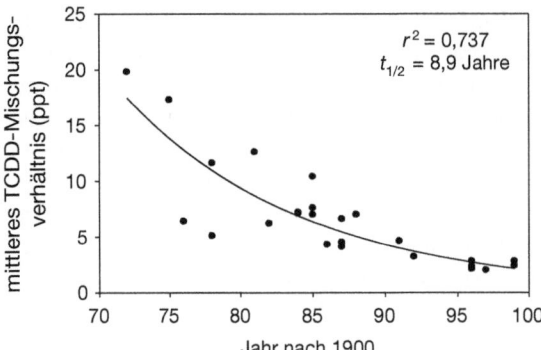

Abb. 8.5 TCDD-Mischungsverhältnis in menschlichem Gewebe und Serum als Funktion der Zeit der Probenahme.

ein Katalysator für die Umweltpolitik. Dioxine selbst wurden noch nicht ausreichend geregelt, aber sie haben zu Verordnungen für andere Chemikalien geführt.

8.3 Bromierte Flammschutzmittel

Bromierte Flammschutzmittel (brominated flame retardants, BFR) werden vielen kommerziellen Produkte hinzugefügt, um ihre Entflammbarkeit, z. B. bei Kontakt mit einem Funken oder einer glimmenden Zigarette, zu reduzieren. In vielen Ländern gibt es Vorschriften, dass bestimmte Produkte wie Matratzen und Möbel schwer entflammbar sein müssen. Um diese Auflagen zu erfüllen, verwenden die Hersteller verschiedene Typen von Flammschutzmitteln. Zum Beispiel werden BFRs zu Polyurethanschaum in Möbeln oder in Teppichböden oder Möbelstoffen für Wohnungen und Büros verwendet. Hier retten Flammschutzmittel durch die Verringerung der Entflammbarkeit solcher Stoffe Leben. Aber einige dieser Substanzen oder deren Abbauprodukte sind potenziell giftig und sind inzwischen in der Umwelt ubiquitär. Die Geschichte beginnt in den 1970er-Jahren im US-Bundesstaat Michigan und dauert bis heute an.

8.3.1 Polybromierte Biphenyle

Die Michigan Chemical Corporation betrieb in St. Louis im US-Bundesstaat Michigan ein Werk an einem aufgestauten Abschnitt des Pine River. Die Firma produzierte dort verschiedene Produkte aus Sole, die aus Brunnen unter der Stadt gefördert wurde. Die anionischen Komponenten der Salzlake enthielten Bromid, das in elementares Brom umgewandelt wurde. Durch Bromierung wurden dann aus Biphenyl polybromierte Biphenyle (PBB) produziert. Diese PBB-Mischung wurde unter dem Handelsnamen FireMaster BP-6, ein braunes wachsartiges Material, und FireMaster FF-1 vertrieben. FireMaster FF-1, ein weißes Pulver, wurde aus FireMaster BP-6 durch Zugabe von Calciumsilikat hergestellt. Die Herstellung von PBB in der Anlage begann 1970 und wurde im Jahr 1974 eingestellt. Während dieser Zeit waren etwa 2500–5000 t produziert worden. FireMaster bestand zum großen Teil aus dem Kongener 2,2′,4,4′,5,5′-Hexabrombiphenyl, PBB-153.

PBB-153

In der gleichen Anlage wurden aus den kationischen Bestandteilen der Salzlösung auch andere nützliche Produkte hergestellt. Dazu gehörte auch Magnesiumoxid (MgO), das als Nahrungsergänzung für Milchkühe verwendet wurde. Dieses weiße Pulver wurde von der Michigan Chemical Corp. unter dem Handelsnamen NutriMaster vermarktet. Irgendwann im Mai 1973 gab es einen Mangel der farbcodierten gedruckten Papiertüten, in denen FireMaster und NutriMaster (man beachte die Ähnlichkeit der Namen!) verpackt wurden. Es kam wie es kommen musste. Etwa 100–300 kg FireMaster wurden mit der Aufschrift „NutriMaster" an einen Futtermittelhersteller verschickt und dort einem Futter für Milchkühe beigemischt.

Bis zum Spätsommer des Jahres 1973 war das kontaminierte Futtermittel durch den Futtermittelhersteller sowohl direkt als auch über den Fachhandel an Milchviehbetriebe verschickt und an Milchkühe verfüttert worden. Ende September 1973 war klar, dass die Kühe durch den Verzehr des Futtermittels krank wurden. Die Milchproduktion ging deutlich zurück, die Hufe der Tiere wuchsen unnatürlich nach und sie waren in der Regel unterernährt. Im April 1974 wurde schließlich PBB und dessen Persistenz als Ursache der gesundheitlichen Probleme des Milchviehs identifiziert. Bis Ende Mai 1974 konnten dann alle Milchkühe mit einer PBB-Verunreinigung von mehr als 5 ppm identifiziert und unter Quarantäne gestellt werden. Der Bundesstaat Michigan veranlasste die Keulung von ca. 30 000 Kühen. Die Entsorgung der toten Tiere erfolgte unter strengen Auflagen als Sondermüll.

Während dieser Zeit hatten aber bereits einige Bauernfamilien Milch der kontaminierten Kühe getrunken oder deren Fleisch verzehrt, sodass die Familien erheblich mit PBB kontaminiert wurden. Im Laufe der Zeit wurde die gesamte Milch im Bundesstaat Michigan mit PBB belastet, sodass praktisch jeder Einwohner in Michigan bis zu einem gewissen Grad mit PBB verunreinigt wurde. Die Produktion von FireMaster wurde in Michigan im November 1974 gestoppt. Die Michigan Chemical Corp. wurde von der Velsicol Chemical Corp. übernommen und die Anlage in St. Louis endgültig im Jahre 1978 geschlossen. Die Produktionsanlage wurde demontiert und das Werksgelände sowie die örtliche Gemeindedeponie, die während PBB-Produktion verwendet worden war, wurden zu Altlasten erklärt. Zu diesem Zeitpunkt waren das ehemalige Werksgelände und der benachbarte aufgestaute Pine River mit etwa 1 t PBB belastet. Auf der örtlichen Gemeindedeponie betrug die Kontamination sogar 80 t PBB. Auch nach einer ersten Sanierung im Zeitraum 1982–1985 sind beide Altlasten noch immer mit PBB kontaminiert, sodass die Sanierung fortgesetzt werden muss.

Zahlreiche Studien wurden durchgeführt, um den Grad der Kontamination der Arbeiter der Michigan Chemical Corp., der Milchbauern und die allgemeine Belastung der Bevölkerung des Bundesstaates Michigan zu quantifizieren. Erwartungsgemäß zeigten die Produktionsarbeiter der Michigan Chemie Corp. mit ca. 100 ng/g die höchsten PBB-Konzentration in ihrem Blut. Im Blut der Milchbauern wurden etwa 25 ng/g gemessen. Die Belastung im Blut der Bevölkerung lag durchschnittlich bei 1–2 ng/g. Es gab mehrere Versuche herauszufinden, ob das Blut von Farmerfamilien, deren Betriebe unter Quarantäne gestellt worden waren, stärker belastet war, als von Farmerfamilien ohne Quarantäne. Zwar gab es Unterschiede, diese betrugen aber in der Regel nur den Faktor 2. Mit Ausnahme der oberen Halbinsel des Bundesstaates wurde die Bevölkerung Michigans stärker mit PBB belastet als die Einwohner der Nachbarstaaten Wisconsin und Ohio. Dort war die Kontamination etwa zehnmal geringer.

Die PBB-Belastung der Einwohner und der Umwelt wurde seit der Zeit des Unfalls sporadisch kontrolliert. Nach einer anfänglichen Abnahme ist die Belastung in den letzten 25 Jahren kaum zurückgegangen. Dies ist ein eindeutiger Beleg für die Persistenz von PBB und seiner sehr langsamen Abbaugeschwindigkeit.

8.3.2
Polybromierte Diphenylether

Nach dem Verbot von PBB [9] verwendete die Industrie stattdessen nun polybromierte Diphenylether (PBDE) als Flammschutzmittel. Das häufigste PBDE-Kongener war 2,2',4,4'-Tetrabromdiphenylether (PBDE-47):

PBDE-47

Die Strukturen der PBDEs unterscheiden sich von denen der PBBs nur durch das Sauerstoffatom zwischen den aromatischen Ringen. Dieser Unterschied in der Struktur war aber ausreichend, PBDEs erfolgreich zu vermarkten. Bis zum Jahr 2001 wurden weltweit pro Jahr etwa 70 000 t dieser Substanzen verkauft. Es verwundert nicht, dass PBDEs inzwischen in der Umwelt und im Menschen ubiquitär anzutreffen sind.

Inzwischen findet man weltweit PBDEs in Mischungsverhältnissen von 1–10 ppm in Meeressäugern, in Vogeleiern aus Kanada und Schweden sowie in Fischen aus Europa und Nordamerika. Eine große Anzahl menschlicher Proben (Gewebe, Blut oder Milch) wurde auf PBDEs analysiert. Die Konzentrationen

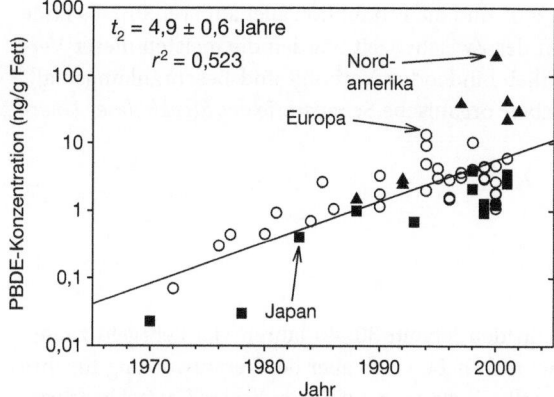

Abb. 8.6 PBDE-Konzentrationen im menschlichen Blut, Milch und Gewebe als Funktion des Jahres der Probenahme. Die unterschiedlichen Symbole zeigen Orte der Probenahme.

im Fettgewebe von Menschen, die beruflich nicht exponiert waren, reichten von weniger als 0,03 ng/g in japanischen Proben aus dem Jahr 1970 und mehr als 190 ng/g für Milchproben aus Austin und Denver in den USA aus dem Jahr 2000. Tatsächlich haben sich die PBDE-Konzentrationen in Menschen in den letzten 30 Jahren etwa alle fünf Jahre verdoppelt, siehe Abb. 8.6.

Es ist zu erkennen, dass der Anstieg unabhängig vom Ort der Probenahme und der Art der Probe ist. Die Daten zeigen außerdem deutlich, dass die PBDE-Konzentrationen in Nordamerika immer oberhalb der Regressionsgeraden (in den letzten Jahren um den Faktor von mehr als 10!) und dass die PBDE-Konzentrationen aus Japan in der Regel unterhalb der Regressionsgeraden (in der Regel etwa um den Faktor 5) liegen. Diese Beobachtung legt nahe, dass die Menschen in Nordamerika höheren PBDE-Konzentrationen als die Europäer ausgesetzt und dass die Japaner weniger als die Europäer exponiert sind. PBDEs wurden in Nordamerika viel häufiger eingesetzt als in Europa und Japan.

Vermutlich sind PBDEs endokrine Disruptoren und bewirken Veränderungen im Hormonsystem von Lebewesen. Darüber hinaus reagieren sie in der Umwelt mit OH-Radikalen und absorbieren das Sonnenlicht. Die PBDEs mit höherem Molekulargewicht sind besonders leicht zu fotolysieren und verlieren dabei Brom- und Wasserstoffatome. Dadurch entstehen bromierte Dibenzofurane, die vermutlich ähnlich toxisch sind wie ihre chlorierten Analoga.

Nachdem die Ergebnisse der PBDE-Konzentrationsmessungen in Mensch und Umwelt in der wissenschaftlichen Literatur veröffentlicht worden waren und auch durch die Medien bekannt gemacht wurden, beschloss die Industrie, die Produktion und den Verkauf von PBDEs einzustellen und auf alternative bromierte Flammschutzmittel umzusteigen. So wurde die Produktion der PBDEs mit niedrigerem Molekulargewicht bis 2005 und die Produktion aller anderen PBDEs Ende des Jahres 2013 eingestellt. In der Zwischenzeit wurden die meisten dieser Verbindungen in die völkerrechtlich bindenden Verbots- und Beschränkungsmaßnahmen für bestimmte langlebige organische Schadstoffe des *Stockholmer Übereinkommens* aufgenommen.

8.4
Lehren

Die chemische Industrie hat in den letzten 30–40 Jahren viel Lehrgeld zahlen müssen. Die meisten Unternehmen haben sich aber der Verantwortung für ihre Produkte und die Umwelt gestellt. Blickt man auf die in diesem Kapitel beschriebenen Ereignisse zurück, kann man einige allgemeine Schlussfolgerungen ziehen.

Im Nachhinein ist es klar, dass die meisten der beschriebenen Fälle vermeidbar gewesen wären. Viele dieser Ereignisse wurden durch chemische Produkte verursacht, die chemisch extrem stabil waren. Eigentlich hätte es von Anfang an klar sein müssen, dass die Produktion von 1 Mio. t PCB zu langfristigen ökologischen Problemen führt. Die Anwendung von Produkten, in denen Persistenz, Lipophilie und Toxizität (wie bei Dioxinen) kombiniert wurden, führte zu gravierenden Umweltproblemen. Wenn ein Problem auftrat, war die Industrie häufig langsam im Ergreifen notwendiger Maßnahmen und neigte auch dazu, das Ausmaß des Problems herunterzuspielen. In einigen wenigen Fällen ignorierte ein Unternehmen das Problem und ließ die lokalen, staatlichen und bundesstaatlichen Regierungsbehörden mit den Folgen allein.

In der Rückschau war es in den USA fast immer so: Wurde ein chemisches Produkt in der Umwelt nachgewiesen, verlangte die Industrie zunächst den Nachweis, dass diese Substanz überhaupt toxisch ist. Erst danach war man dann dazu bereit, etwas zu unternehmen. In Europa und Kanada war man dagegen mehr um Vorsorge bemüht, frei nach dem Motto: „Wir wollen nicht, dass unsere Produkte in Eisbären zu finden sind. Also stellen wir die Produktion ein".

In den 1970er- und 1980er-Jahren waren die Regierungsstellen oft zu wenig vorbereitet, um mit den angesprochenen Umweltkatastrophen umzugehen und hatten daher auch nicht das Vertrauen der Öffentlichkeit. Einige Agenturen waren zu langsam, um eine Führungsrolle zu übernehmen, vielleicht wegen der bereits damals herrschenden Haushaltsprobleme. Die Untätigkeit von Regierungsstellen führte dann zu einer Ausbreitung der Schadstoffe, und aus Bequemlichkeit wurden auch manchmal die Zonen, in denen eine Kontamination beobachtet wurde, manipuliert. Die Behörden vor Ort waren zudem mitunter auch den Interessen der Industrie und deren Mitarbeiter gegenüber zu nachgiebig. Und so geschah es auch, dass anfänglich für manche Stoffe unbedenkliche Konzentrationen viel zu hoch angesetzt wurden.

Die Wissenschaft ist aber auch nicht schuldlos. Oft konnten Wissenschaftler harte Fakten nicht fristgerecht vorlegen, die aber für eine Bewertung des Risikos und für eine Entscheidung der Behörden notwendig waren. Wenn Ergebnisse vorlagen, standen diese dann aber manchmal den Betroffenen nicht zur Verfügung. Außerdem war es für die Wissenschaftler manchmal schwierig, die Ergebnisse in der Öffentlichkeit verständlich zu kommunizieren. Die gebotene wissenschaftliche Vorsicht wurde gelegentlich als Unentschlossenheit interpretiert, und neutrale wissenschaftliche Stellungnahmen entwickelten sich einfach zu langsam. Dies galt vor allem für die Effekte auf die menschliche Gesundheit, deren Bewertung oftmals 20–30 Jahre in Anspruch nahm. Es ist wahrscheinlich fair zu sagen, dass akute Auswirkungen auf die Gesundheit häufig überschätzt wurden, dagegen aber chronische Auswirkungen auf die Gesundheit nicht gut untersucht worden sind. Inzwischen sind große Summen für Umweltsanierungen ausgegeben worden, aber es gibt noch wenig wissenschaftliche Beweise, dass diese Maßnahmen wirklich dem Schutz der menschlichen Gesundheit gedient haben.

Häufig waren die wirtschaftlichen, psychischen und emotionalen Auswirkungen die größten Probleme. Die betroffenen Menschen verloren ihre Häuser und ihre Lebensgrundlage.

Trotz aller Fortschritte, die in Nordamerika und weiten Teilen Europas in den letzten Jahrzehnten gemacht wurden, dürfen wir jedoch nicht vergessen, dass ein Großteil der Weltbevölkerung Umweltgefahren fast schutzlos ausgeliefert ist. Obwohl bei uns die Konzentrationen vieler Schadstoffe wie PCBs, Dioxine und Flammschutzmittel in der Umwelt weiter abnehmen, stellen sie in den Schwellen- und Entwicklungsländern immer noch ein großes Problem dar. So führt z. B. Elektronikschrott in einigen ländlichen Gebieten Chinas zu lokalen Kontaminationen mit bromierten Diphenylethern.

Literatur

1 De Voogt, P. und Brinkman, U.A.T. (1989) Production, properties, and usage of polychlorinated biphenyls, in *Halogenated Biphenyls, Terphenyls, Naphthalenes, Dibenzodioxins and Related Products*, 2. Aufl. (Hrsg. R.D. Kimbrough and A.A. Jensen), Elsevier, Amsterdam.

2 Brown, M.P., Werner, M.B., Slone, R.J. und Simpson, K.W. (1985) Polychlorinated biphenyls in the Hudson River, *Environmental Science and Technology*, **19**, 656–661.

3 Kuratsune, M. et al. (1996) *Yusho: A Human Disaster Caused by PCBs and Related Compounds*, Kyushu University Press, Fukuoka, Japan.

4 Rogan, W.J. (1989) Yu-Cheng, in *Halogenated Biphenyls, Terphenyls, Naphthalenes, Dibenzodioxins and Related Products*, 2. Aufl. (Hrsg. R.D. Kimbrough und A.A. Jensen), Elsevier, Amsterdam.

5 Levy, A.A., Rains, H.C. und Smiles, S. (1931) CCCCLII. – The rearrangement of hydroxy-sulphones. Part I, *Journal of the Chemical Society*, 3264–3269.

6 Wittsiepe, J., Ewers, U. und Selenka, F. (1995) PCDD/F-Belastung nach Exposition gegenüber „Kieselrot", *DECHEMA-Fachgespräche Umweltschutz: Kriterien zur Beurteilung organischer Bodenkontaminationen: Dioxine und Phthalate*, S. 409–430, Frankfurt.

7 Olie, K., Vermeulen, P.L. und Hutzinger, O. (1977) Chlorodibenzo-*p*-dioxins and chlorodibenzofurans are trace components of fly ash and flue gas of some municipal incinerators in the Netherlands. *Chemosphere*, **6**, 455–459.

8 Bumb, R.R. et al. (1980) Trace chemistries of fire: A source of chlorinated dioxins, *Science*, **210**, 385–389.

9 Hites, R.A. (2004) Polybrominated diphenyl ethers in the environment and in people: A meta-analysis of concentrations. *Environmental Science and Technology*, **38**, 945–956.

10 Mocarelli, P., Brambilla, P., Gerthoux, P.M., Patterson Jr, D.G. und Needham, L.L. (1996) Change in sex ratio with exposure to dioxin. *The Lancet*, **348**, 409.

11 Mocarelli, P., Gerthoux, P.M., Ferrari, E., Patterson, D.G., Kieszak, S.M., Brambilla, P., Vincoli, N., Signorini, S., Tramacere, P., Carreri, V., Sampson, E.J., Turner, W.E. und Needham, L.L. (2000) Paternal concentrations of dioxin and sex ratio offspring. *The Lancet*, **355**, 1858–1863.

Anhang A
Eine kurze Einführung in die Struktur und Nomenklatur organischer Verbindungen

Üblicherweise lernt man die Namen und Strukturen organischer Verbindungen in den ersten Wochen eines typischen, grundständigen Chemiestudiengangs im Fach Organische Chemie. Leider hat nicht jeder, der sich für Umweltwissenschaften interessiert, einen solchen Kurs belegt. Deshalb werden in diesem Anhang die wichtigsten Strukturen organischer Verbindungen und die Systematik der Namensgebung skizziert.

Zunächst müssen wir uns daran erinnern, dass Kohlenstoffatome immer vier Bindungen eingehen können oder mit anderen Worten, die Wertigkeit von Kohlenstoff ist 4. Die einfachste organische Verbindung aus Kohlenstoff und Wasserstoff ist Methan mit der Struktur

$$\begin{array}{c} H \\ | \\ H-C-H \\ | \\ H \end{array}$$

In einer Strukturformel stellt jede Linie eine kovalente Bindung dar. Diese besteht aus einem Elektronenpaar zwischen den beiden miteinander verknüpften Atomen. In der Regel ist es bei den meisten organischen Verbindungen zu zeitaufwendig, alle Kohlenstoff-Wasserstoff-Bindungen zu zeichnen, sodass die Struktur von Methan auch als CH_4 geschrieben wird. Dies spart Zeit und Platz. Wenn ein Kohlenstoffatom mit drei Wasserstoffatomen und einer anderen organischen Struktureinheit verbunden ist, bezeichnen wir diese Kohlenstoffeinheit als Methylgruppe oder auch $-CH_3$.

Kohlenstoffatome können auch mit anderen Kohlenstoffatomen verbunden werden. Die einfachste dieser Verbindungen ist Ethan mit der Strukturformel

$$\begin{array}{c} H \; H \\ | \; | \\ H-C-C-H \\ | \; | \\ H \; H \end{array}$$

Die Verbindung kann man dann auch als CH_3CH_3 oder C_2H_6 schreiben. Da es nur eine Möglichkeit gibt, zwei Kohlenstoffatome mit insgesamt sechs Wasserstoffatomen zu verknüpfen, sind die beiden Notationen CH_3CH_3 und C_2H_6 hier identisch. Aus dieser Verbindung leitet sich durch Abspaltung eines H-Atoms eine Struktureinheit ab, die man Ethylgruppe nennt. Dieses Strukturelement kann man als $-CH_2CH_3$ oder auch als $-C_2H_5$ schreiben.

Umweltchemie, 1. Auflage. Ronald A. Hites, Jonathan D. Raff und Peter Wiesen.
© 2017 WILEY-VCH Verlag GmbH & Co. KGaA. Published 2017 by WILEY-VCH Verlag GmbH & Co. KGaA.

Verbindet man drei Kohlenstoffatome miteinander und sättigt alle anderen Valenzen mit Wasserstoffatomen, spricht man von Propan

```
    H H H
    | | |
H – C–C–C – H
    | | |
    H H H
```

Diese Verbindung wird in der Regel als $CH_3CH_2CH_3$ oder auch als C_3H_8 geschrieben. Durch Abspaltung eines H-Atoms leitet sich eine Struktureinheit ab, die man nun auf zwei verschiedene Arten mit einer anderen Substanz verknüpfen kann. Geschieht die Verknüpfung an einem der beiden endständigen Kohlenstoffatome, handelt es sich um eine *n*-Propylgruppe ($-CH_2CH_2CH_3$). Erfolgt die Verknüpfung dagegen am Kohlenstoffatom in der Mitte, spricht man von einer Isopropylgruppe ($-CH(CH_3)_2$).

Wenn wir nun vier Kohlenstoffatome miteinander verbinden und alle Valenzen mit Wasserstoffatomen sättigen, können wir zwei Verbindungen mit unterschiedlicher Struktur aber gleicher Summenformel zeichnen:

```
    H H H H              H H H
    | | | |              | | |
H – C–C–C–C – H     H – C–C–C – H
    | | | |              | | |
    H H H H              H C H
                         H | H
                           H
```

Die Struktur auf der linken Seite ist linear und heißt *n*-Butan. Das *n* steht hier für normal. Die Struktur auf der rechten Seite ist dagegen verzweigt und heißt Isobutan (*i*-Butan) Beide Substanzen haben mit C_4H_{10} die gleiche Summenformel, die aber nichts über die Struktur aussagt. Um Platz zu sparen, werden die beiden Strukturen auch als $CH_3CH_2CH_2CH_3$ bzw. $CH_3CH(CH_3)CH_3$ geschrieben. Die CH_3-Gruppe in Klammern zeigt die Verzweigung in der Kohlenstoffkette an. Mit zunehmender Zahl der Kohlenstoffatome steigt die Anzahl der möglichen Strukturen – sogenannte Isomere – stark an.

Zahl der Kohlenstoffatome	Zahl möglicher Isomere
1	1
2	1
3	1
4	2
5	3
6	5
7	9
8	18
9	35
10	75
15	4 347
20	366 319
25	36 797 588
30	4 111 846 763
40	62 491 178 805 831

Wir können das Zeichnen chemischer Strukturen noch weiter vereinfachen, indem wir weitgehend auf Atomsymbole in der Strukturformel verzichten und nur die C–C-Bindungen darstellen. Beispielsweise können *n*-Butan und *i*-Butan auch wie folgt dargestellt werden

 und

In dieser Schreibweise befinden sich die Kohlenstoffatome an den Enden der Linien oder dort, wo Linien sich treffen. Die Wasserstoffatome werden dann einfach weggelassen.

Die Systematik der Namensgebung für Verbindungen mit mehr als vier Kohlenstoffatomen und der maximal möglichen Anzahl von Wasserstoffatomen – sogenannte gesättigte Kohlenwasserstoffe – ist relativ einfach. Der Name der Verbindung ergibt sich dann aus einem lateinischen Präfix, an den die Endung *-an* angehängt wird. Die folgende Tabelle zeigt die Präfixe bezogen auf die entsprechende Zahl der Kohlenstoffatome.

Präfix (Vorsilbe)	Zahl der Kohlenstoffatome
Penta-	5
Hexa-	6
Hepta-	7
Octa-	8
Nona-	9
Deca-	10

Die Familie dieser Kohlenwasserstoffe nennt man auch Alkane. Die Alkane sind Teil der Familie der sogenannten *aliphatischen Kohlenwasserstoffe*. Dies sind Verbindungen, die ausschließlich aus Kohlenstoff und Wasserstoff zusammengesetzt und nicht *aromatisch* sind. Zu dieser Familie gehören neben den geradkettigen Alkanen (*n*-Alkane), Alkane mit einer Verzweigung in der Kohlenstoffkette (*iso*-Alkane) und zyklische Alkane (*Cycloalkane*).

Kohlenstoffatome können miteinander auch durch eine Doppelbindung verbunden werden. Eine solche Doppelbindung ist kürzer und stärker als eine Einfachbindung. Die einfachste Verbindung ist *Ethen* oder *Ethylen* mit der folgenden Struktur:

$$\begin{array}{c}HH\\ C=C\\ HH\end{array}$$

Diese Verbindung wird auch als CH_2CH_2 oder als C_2H_4 geschrieben. Wenn drei Kohlenstoffatome miteinander verbunden sind, spricht man von Propen oder Propylen. Die Strukturformel ist:

```
H       H
 \      |
  C=C—C—H     oder     /\/
 /    |  |
H     H  H
```

Diese Verbindung schreibt man auch als CH_2CHCH_3. Analog ergibt sich dann auch eine Verbindung mit vier Kohlenstoffatomen und einer Doppelbindung. Hier muss man allerdings beachten, dass die Zahl möglicher Isomere mit der Zahl der Kohlenstoffatome sehr schnell zunimmt. Die Namen dieser Verbindungen enden alle auf *-en*. Wir bezeichnen die Familie dieser Verbindungen als Alkene. Sie gehören zur Gruppe der *ungesättigten Kohlenwasserstoffe*, die aber auch Teil der Familie der *aliphatischen Kohlenwasserstoffe* sind. Hat eine Verbindung mehr als eine Kohlenstoff-Kohlenstoff-Doppelbindung, bezeichnet man diese z. B. als *-dien* (zwei Doppelbindungen) oder *-trien* (drei Doppelbindungen).

Kohlenstoffatome können miteinander auch durch eine Dreifachbindung verbunden werden. Eine solche Dreifachbindung ist nochmals kürzer als eine Doppelbindung. Die einfachste Verbindung ist Ethin oder Acetylen mit folgender Struktur:

H—C≡C—H

Acetylen ist der einfachste Vertreter in der homologen Reihe der *Alkine*, die ebenfalls zu den *aliphatischen Kohlenwasserstoffen* gehören. Hat eine Verbindung mehr als eine Kohlenstoff-Kohlenstoff-Dreifachbindung, bezeichnet man diese z. B. als *-diin* (zwei Dreifachbindungen) oder *-triin* (drei Dreifachbindungen).

Kohlenstoffatome können aber auch so miteinander verbunden werden, dass sich ein Kohlenstoffring bildet. Eine Ringstruktur aus sechs Kohlenstoffatomen heißt dann *Cyclohexan*. *Cyclohexan* gehört zu der Gruppe der bereits erwähnten *Cycloalkane*, die ebenfalls Teil der Familie der *aliphatischen Kohlenwasserstoffe* sind:

Das Zeichnen der linken Struktur ist viel zu zeitaufwendig. Daher werden auch hier die Wasserstoffatome weggelassen und die Struktur rechts verwendet. Man beachte, dass die Struktur von Cyclohexan nicht planar ist. Aufgrund der Struktur spricht man auch von einer *Sesselform*. Die Wasserstoffatome befinden sich jeweils oberhalb und unterhalb der Kohlenstoffatome. Dies wird in der linken Strukturformel durch die gestrichelten Linien bzw. die schwarzen Dreiecke angedeutet.

Eine etwas ungewöhnliche Struktur, die aber in der Umweltchemie häufig vorkommt, ist die *Norbornanstruktur*:

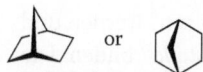

Dies ist ein Sechsring, in dem zwei sich gegenüberliegende Kohlenstoffatome durch eine $-CH_2-$ Einheit verbunden sind. Eine solche Verbindung wir auch als *bizyklische* Verbindung bezeichnet. Der systematische Name dieser Verbindung lautet Bicyclo[2.2.1]heptan, ohne dass wir hier beschreiben, wie dieser Name entsprechend der IUPAC-Regeln abgeleitet wird.

Die geläufigste zyklische Verbindung in der organischen Chemie heißt *Benzol*. Dieser Name lässt keinerlei Rückschluss auf die Struktur der Verbindung zu. Die Struktur von Benzol ist:

Beachten Sie die alternierenden Doppel- und Einfachbindungen zwischen den Kohlenstoffatomen. Chemiker nennen diese Anordnung *konjugiert*. Diese Anordnung der Kohlenstoffatome ist sehr stabil. Tatsächlich sind alle Kohlenstoffatome im Benzol identisch, und einige Elektronen bilden eine Ladungswolke oberhalb und unterhalb der Ebene des Kohlenstoffrings. Dieses Phänomen wird als *Elektronendelokalisierung* bezeichnet. Die Struktur von Benzol ist sehr symmetrisch und kann wie folgt dargestellt werden:

Diese Strukturen sind alle exakt gleich. In der vereinfachten Schreibweise wird der Kohlenstoffring heute als Sechseck und die Elektronenwolke als ein Kreis dargestellt (Struktur ganz rechts). Man nennt diese Strukturen auch *mesomere* Grenzstrukturen. Benzol ist die einfachste der sogenannten *aromatischen Verbindungen*. Ihr Name leitet sich vom aromatischen Geruch der zuerst entdeckten Verbindungen dieser Stoffklasse ab. Trotz seines angenehmen, aromatischen Geruchs sollte man nicht an Benzol schnüffeln – es verursacht Leberkrebs. Im Gegensatz zu Cyclohexan ist Benzol planar; alle Kohlenstoffatome und die Wasserstoffatome liegen somit in einer Ebene.

Eine weitere interessante, zyklische Verbindung ist Cyclopentan. In der Umweltchemie interessieren wir uns aber mehr für Cyclopentan mit zwei Doppelbindungen, eine Verbindung, die man folgerichtig als Cyclopentadien bezeichnet:

Auch in dieser Verbindung liegen zwei konjugierte Doppelbindungen vor, da sie durch eine Einfachbindung getrennt sind.

Gruppen sechs- und fünfgliedriger Ringe können „verschmolzen" werden und so eine ganze Reihe *polyzyklischer aromatischer Kohlenwasserstoffe*[1] bilden. Die einfachste dieser Verbindungen ist *Naphthalin*:

Ein weiterer wichtiger polyzyklischer aromatischer Kohlenwasserstoff ist *Phenanthren*:

Diese und andere PAKs entstehen in Verbrennungsprozessen und erzeugen in einem komplexen Mechanismus Ruß. Wir können auch Strukturelemente der Alkane mit Benzol und anderen aromatischen Kohlenwasserstoffen kombinieren. Die einfachste derartige Verbindung ist die, in der eine Methylgruppe mit einem Kohlenstoffatom im Benzol verknüpft wird:

Die Verbindung hat einen sogenannten Trivialnamen[2] und wird als *Toluol* bezeichnet. Manchmal wird die Verbindung auch als auch Toluen, Methylbenzol oder Phenylmethan bezeichnet. Die richtige Bezeichnung nach IUPAC-Nomenklatur ist Methylbenzen. Dieser Name wird aber praktisch nicht verwendet. Durch Abspaltung eines Wasserstoffatoms wird aus Benzol ein sogenannter *Phenyl*rest. Verbindet man zwei Phenylreste mit Methan unter Abspaltung von zwei Wasserstoffatomen, dann erhält man eine Verbindung, die man folgerichtig als Diphenylmethan bezeichnet.

In der Struktur rechts ist angedeutet, dass die beiden Wasserstoffatome jeweils oberhalb (schwarzes Dreieck) und unterhalb (gestrichelt) der Ebene der Benzolringe liegen. Neben Kohlenstoff und Wasserstoff gibt es noch weitere Elemente, die in der organischen Chemie wichtig sind. Dazu gehören Stickstoff (N), Sau-

---

1) Polyzyklische aromatische Kohlenwasserstoffe werden oft als PAK abgekürzt, im Englischen als PAH = polycyclic aromatic hydrocarbon.
2) Der Trivialname einer chemischen Verbindung lässt sich nicht nach einer vorgegebenen Regel ableiten, die von der IUPAC (International Union of Pure and Applied Chemistry) aufgestellt werden. Weitere Trivialnamen für chemische Verbindungen sind z. B. Methan, Ethan, Propan, Butan, Formaldehyd, Methanol etc. Die Summen- und Strukturformel solcher Verbindungen muss man leider auswendig lernen.

erstoff (O), Schwefel (S), Chlor (Cl), Brom (Br), Fluor (F) und gelegentlich auch Phosphor (P). Die Halogene (F, Cl, Br und I) können sich nur mit einem anderen Atom verbinden – sie sind einwertig –, sodass sie keine Ketten oder Ringe bilden können. So lässt sich aber in Kohlenwasserstoffen jeweils ein Wasserstoffatom durch ein Halogenatom ersetzen. Zum Beispiel ist Dichlormethan (CH_2Cl_2) ein gängiges Lösemittel und Brombenzol ist genau das, was man erwartet, nämlich:

Etwas komplizierter wird es, wenn zwei Substituenten (in unserem Beispiel zwei Bromatome) mit einem Benzolring verbunden werden, da diese Atome (oder auch Atomgruppen) entweder nebeneinander, getrennt durch ein Kohlenstoffatom oder einander gegenüber platziert werden können. Entsprechend den verschiedenen Anordnungen spricht man von *ortho*, *meta* und *para*. So erhält man drei verschiedene Verbindungen, mit unterschiedlichen chemischen Eigenschaften, wenn man zwei Bromatome mit Benzol verbindet:

Häufig werden *ortho*, *meta* und *para* auch als *o*, *m* und *p* abgekürzt. Oder man gibt die genaue Stelle an, an der in unserem Beispiel die Bromatome zu finden sind. Aus *o*-Dibrombenzol wird dann 1,2-Dibrombenzol, aus *m*-Dibrombenzol wird 1,3-Dibrombenzol und aus *p*-Dibrombenzol wird 1,4-Dibrombenzol. Das richtige Durchzählen der Kohlenstoffatome wird bei komplexen Molekülen extrem wichtig.

In der Verbindung Dichlordiphenyltrichlorethan – besser bekannt unter dem Namen DDT – muss man die Position der beiden Chloratome an den aromatischen Ringen angeben. In der IUPAC-Nomenklatur hat diese Verbindung dann die Bezeichnung 1,1,1-Trichlor-2,2-bis(4-chlorphenyl)ethan.

Bisher haben wir über Kohlenwasserstoffe und deren halogenierte Derivate gesprochen. Ein wichtiger Teil der organischen Chemie konzentriert sich auf sogenannte *funktionelle Gruppen*. Diese erhöhen üblicherweise die Reaktivität der Moleküle und eröffnen interessante Reaktionswege. Damit bestimmen diese funktionellen Gruppen häufig auch die Abbaubarkeit von Verbindungen in der Umwelt. Allgemein gilt, dass eine Verbindung umso langsamer in der Umwelt abgebaut wird, je weniger funktionelle Gruppen sie enthält. Schauen wir uns nun zunächst funktionelle Gruppen an, die Sauerstoffatome enthalten.

Chemiker nennen Sauerstoff zweiwertig. Somit gehen von Sauerstoff immer zwei Bindungen aus. Ein Alkohol ist eine Klasse von Verbindungen, in denen eine OH-Gruppe mit einem Kohlenstoffatom verbunden ist. Der Name Alkohol wird häufig auch als Synonym für Ethylalkohol oder Ethanol verwendet. Dieser auch Weingeist genannte Alkohol ist in alkoholischen Getränken enthalten. Er leitet sich vom Ethan ab, indem man ein Wasserstoffatom durch eine OH-Gruppe ersetzt. Somit kann man Ethanol auch als C_2H_5OH oder CH_3CH_2OH schreiben. Ein weiterer bekannter Alkohol ist Methanol (CH_3OH), der sich vom Methan ableitet. Methanol – oder auch Holzgeist genannt – ist ungenießbar. Der Genuss von Methanol führt zur Erblindung oder sogar zum Tod. Die Namen von Alkoholen enden praktisch immer auf -ol. Verknüpft man eine OH-Gruppe mit Benzol, so erhält man Phenol:

Phenol ist aber kein Alkohol, auch wenn der Name dies vermuten lässt. Phenol hat deutlich andere Eigenschaften als Alkohole. Phenol wurde früher unter dem Namen *Karbol* oder *Karbolsäure* als Desinfektionsmittel verwendet. Wegen seiner toxischen und vermutlich mutagenen Eigenschaften ist dies heute aber nicht mehr so.

Verbindet man zwei Kohlenstoffatome über ein Sauerstoffatom miteinander, so erhält man einen *Ether*, wie z. B. *Diethylether* ($C_2H_5OC_2H_5$). Diese Verbindung, die man fälschlicherweise auch nur *Äther* nennt, ist deswegen so bekannt, weil sie früher häufig als Anästhetikum verwendet wurde.

Eine weitere wichtige funktionelle Gruppe ist die *Methoxy*gruppe, die als CH_3O- oder $-OCH_3$ geschrieben wird. Verbindet man eine solche Gruppe mit einer Methylgruppe, so erhält man *Dimethylether* (CH_3OCH_3).

Wenn eine Phenylgruppe über ein Sauerstoffatom mit einer anderen Struktureinheit verbunden ist, wird diese Gruppe dann *Phenoxy*gruppe genannt und manchmal als PhO– geschrieben.

Ein ganz spezieller Ether ist ein dreigliedriger Ring mit einem Sauerstoff- und zwei Kohlenstoffatomen. Eine solche Verbindung nennt man auch *Epoxid*. Das einfachste Epoxid ist

Man könnte meinen, dass man diese Verbindung Ethylepoxid nennt; tatsächlich ist sie unter dem Namen Ethylenoxid bekannt. Der IUPAC-Name lautet 1,2-Epoxyethan. Andere Namen für die Verbindung sind Oxiran, Dimethylenoxid oder Oxacyclopropan.

Sind in einer Substanz zwei Sauerstoffatome miteinander verbunden (–O–O–), dann erhält man ein *Peroxid*. Beispielsweise nennt man CH_3OOCH_3 Dimethylperoxid. Ersetzt man in der Verbindung eine Methylgruppe durch ein Wasserstoffatom, dann erhalten wir CH_3OOH oder Methylhydroperoxid. Solche Verbindungen spielen in der Atmosphäre eine wichtige Rolle.

Eine weitere sehr wichtige funktionelle Gruppe ist die *Carbonylgruppe*. In einer Carbonylgruppe ist ein Sauerstoffatom mit einer Doppelbindung an ein Kohlenstoffatom gebunden. Solche Verbindungen nennt man auch *Ketone*. Ein gängiges Keton ist Aceton:

Aceton kann man auch als CH_3COCH_3 schreiben. Die Namen der Ketone enden immer auf *-on*. Beachten Sie, dass wir bei solchen Verbindungen üblicherweise das Sauerstoffatom in Klammern schreiben. Damit wird angedeutet, dass das Sauerstoffatom zu einer Carbonylgruppe gehört und es sich nicht um einen Ether handelt.

Eine Carbonylgruppe mit einem Kohlenstoffatom an der einen Seite und einem Wasserstoffatom an der anderen Seite wird als *Aldehyd* bezeichnet. Aldehyde sind üblicherweise sehr reaktiv und sind wichtige Verbindungen in der Chemie unserer Atmosphäre. Zwei andere einfache Aldehyde sind Acetaldehyd (Molekül links) und Benzaldehyd (Molekül rechts). Üblicherweise enden die Namen dieser Verbindungen fast immer auf *-aldehyd* oder *-al*.

Wenn eine Carbonylgruppe und eine OH-Gruppe mit einem Kohlenstoffatom verbunden sind, erhält man eine *Carbonsäure*. Die einfachste Carbonsäure leitet sich vom Methan ab und heißt Ameisensäure (HCOOH). Eine weitere bekannte Carbonsäure ist Essigsäure, die in der Regel als CH_3COOH geschrieben wird und der Hauptwirkstoff in Essig ist. Carbonsäuren sind Säuren, weil sie unter Abgabe eines H^+-Ions dissoziieren können:

Wie andere Säuren bilden sie auch Salze, die wiederum von der entsprechenden Carbonsäure abgeleitet, spezielle Namen tragen. Die Salze der Ameisensäure nennt man Formiate, die der Essigsäure Acetate. Carbonsäuren reagieren unter Wasserabspaltung mit Alkoholen zu Estern. Zum Beispiel reagieren Ethanol und Essigsäure zu Ethylacetat, das wir auch als $CH_3C(O)OCH_2CH_3$ schreiben können:

Essigsäure   Ethanol   Essigsäureethylester

Viele Ester haben ein angenehmes Aroma. Der Ethylester der übelriechenden Buttersäure – Buttersäureethylester oder Butansäureethylester – hat einen charakteristischen Ananasgeruch. Dagegen riecht Isoamylacetat intensiv nach Bananen:

Die Namensgebung bei Estern erfolgt oftmals so, dass an den Namen der Carbonsäure die vom Alkohol abgeleitete Gruppe und dann der Begriff Ester angehängt wird, wie in einem der oberen Beispiele zu erkennen ist. Leider ist dies aber nicht immer so, wie man beim Isoamylacetat erkennt. Carbonsäureester sind in der Natur als Fruchtester (ätherische Öle), Wachse, tierische und pflanzliche Fette und Öle von großer Bedeutung.

Es gibt auch funktionelle Gruppen, die ein Stickstoffatom enthalten, das drei Bindungen eingehen kann. Chemiker sagen deshalb Stickstoff ist dreiwertig. Eine einfache stickstoffhaltige funktionelle Gruppe ist die *Aminogruppe*, $-NH_2$. Verbindungen mit einer NH_2-Gruppe nennt man Amine. Diese Substanzen kann man auch als organische Abkömmlinge des Ammoniak (NH_3) bezeichnen. Ein einfaches Amin ist Ethylamin, $CH_3CH_2NH_2$. In Aminen kann das Stickstoffatom auch mit zwei oder drei organischen Gruppen verbunden sein. Man spricht dann von primären, sekundären oder tertiären Aminen. Bei sekundären und tertiären Aminen bildet der größte Alkylrest den namensgebenden Stamm. Die anderen an das N-Atom gebundenen Gruppen werden durch ein ihrem Namen vorangestelltes N gekennzeichnet. Ein Beispiel ist $C_2H_5NHCH_3$, das man auch *N*-Methylethylamin nennt. Ein *N,N*-disubstituiertes Amin ist $CH_3CH_2N(CH_3)_2$, das man richtig als *N,N*-Dimethylethylamin bezeichnet.

Die Substanz Metamphetamin (IUPAC-Name: (*S*)-*N*-Methyl-1-phenylpropan-2-amin) erlangte unter dem Trivialnamen Crystal Meth in der jüngeren Vergangenheit traurige Berühmtheit als preiswerte Droge mit aufputschender Wirkung und hohem Suchtpotenzial:

Wenn die Aminogruppe mit einem Benzolring verbunden ist, nennt man die Verbindung nicht Phenylamin, sondern Anilin:

Amine können auch mit einer Carbonylgruppe verbunden werden. Solche Verbindungen heißen *Amide* und besitzen eine $CONH_2$-Gruppe. Ein gängiges Amid ist Acetamid, das Amid der Essigsäure, das als Lösemittel verwendet wird:

Eine weitere sehr wichtige Stoffklasse sind sogenannte *Aminosäuren*, die neben einer Carbonsäuregruppe (Carboxylgruppe, –COOH) auch eine Aminogruppe oder eine substituierte Aminogruppe enthalten. Aminosäuren können über eine amidartige Bindung, die man auch Peptidbindung oder Amidbindung nennt, verbunden werden. Die Verknüpfung von Aminosäuren kann praktisch beliebig oft wiederholt werden. Dadurch entstehen zunächst Dipeptide, dann Tripeptide, Tetrapeptide, Polypeptide und schließlich Proteine – aus Aminosäuren aufgebaute Makromoleküle, die man umgangssprachlich auch Eiweiße nennt. Ein sehr einfaches Beispiel einer Peptidbindung zwischen den Aminosäuren Histidin und Glycin unter Bildung eines Dipeptids zeigt die folgende Reaktionsgleichung:

Eine verwandte funktionelle Gruppe ist die *Nitro*gruppe, $-NO_2$. Einfache Nitroverbindungen sind Nitromethan (CH_3NO_2) oder Nitroethan ($CH_3CH_2NO_2$). Verbindungen mit mehreren Nitrogruppen neigen dazu, instabil zu werden. Ein bekanntes Beispiel ist Trinitrotoluol (TNT), einer der wichtigsten Sprengstoffe:

Eine weitere bekannte funktionelle Gruppe mit einem Stickstoffatom ist die Cyano- oder Nitrilgruppe. In einer Nitrilgruppe (–CN) findet man eine Stickstoff-Kohlenstoff-Dreifachbindung, wie z. B. in dem gängigen Lösemittel Acetonitril:

$N \equiv C - CH_3$

Diese Verbindung wird in der Regel aber nur als CH_3CN geschrieben. Diese Verbindungen erhalten ihre Namen üblicherweise indem an den Namen der Ausgangsverbindung die Endung „*-nitril*" angehängt oder die Vorsilbe „*Cyan-*" mit entsprechender Positionsbezeichnung vorangestellt wird.

In der Umweltchemie sind phosphorbasierte Ester von großer Bedeutung, da diese häufig als Insektizide eingesetzt werden. Phosphor hat die Hauptwertigkeit drei, kann aber z. B. in der Phosphorsäure auch fünfwertig sein. Dies liegt daran, dass Elemente ab der 3. Periode im Periodensystem der Elemente nicht mehr streng der Oktettregel[3] folgen müssen. Die Phosphatester leiten sich von der Phosphorsäure ab und werden auch als Phosphorsäureester bezeichnet.

Die einfachste Form eines Phosphorsäureesters zeigt die folgende Struktur:

$$\begin{array}{c} \text{OCH}_3 \\ | \\ \text{H}_3\text{CO}-\text{P}-\text{OCH}_3 \\ \| \\ \text{O} \end{array}$$

Diese wird als Trimethylphosphat oder Phosphorsäuretrimethylester bezeichnet. Die an die Sauerstoffatome gebundenen Gruppen müssen aber nicht alle gleich sein. Beispielsweise könnte eine der Gruppen eine Phenylgruppe sein, wodurch wir eine Verbindung erhalten, die als Dimethylphenylphosphat oder auch Phosphorsäuredimethylphenylester bezeichnet wird:

$$\begin{array}{c} \text{OCH}_3 \\ | \\ \text{H}_3\text{CO}-\text{P}=\text{O} \\ | \\ \text{O}-\text{C}_6\text{H}_5 \end{array}$$

Es gibt viele klassische Pestizide, in denen die Sauerstoff-Phosphor-Doppelbindung durch eine Schwefel-Phosphor-Doppelbindung ersetzt wird. Diese Verbindungen werden als Thiophosphate bezeichnet, wobei die Silbe *Thio-* uns an die Gegenwart von Schwefel erinnert. Ein typisches Beispiel ist

$$\begin{array}{c} \text{OCH}_3 \\ | \\ \text{H}_3\text{CO}-\text{P}=\text{S} \\ | \\ \text{O}-\text{C}_6\text{H}_5 \end{array}$$

Diese Verbindung nennt man Dimethylphenylcarbinol-thiophosphat.

Ersetzt man nun in dieser Verbindung ein weiteres Sauerstoffatom durch ein Schwefelatom, dann erhält man sogenannte Dithiophosphate. Ein Beispiel ist:

$$\begin{array}{c} \text{OCH}_3 \\ | \\ \text{H}_3\text{CO}-\text{P}=\text{S} \\ | \\ \text{S}-\text{C}_6\text{H}_5 \end{array}$$

Diese Verbindung wird als Dimethylphenylcarbinol-dithiophosphat bezeichnet.

---

3) Die Oktettregel oder Acht-Elektronen-Regel ist eine klassische Regel der Chemie. Nach dieser Regel streben Elemente ab der 2. Periode des Periodensystems der Elemente in Molekülen maximal acht äußere Elektronen (Valenzelektronen) bzw. vier Elektronenpaare an. Dies entspricht einer Elektronenkonfiguration, wie man sie bei Edelgasen antrifft.

In den folgenden Tabellen sind die gebräuchlichsten funktionellen Gruppen und die entsprechenden Vor- und Nachsilben zusammengestellt.

Vorsilbe (Präfix)	Funktionelle Gruppe
Methyl-	CH_3-
Ethyl-	CH_3CH_2-
n-Propyl	$CH_3CH_2CH_2-$
iso-Propyl-	$(CH_3)_2CH-$
n-Butyl-	$CH_3CH_2CH_2CH_2-$
Chlor-	$Cl-$
Brom-	$Br-$
Fluor-	$F-$
Phenyl-	(Phenylring)
Cyan-	$-CN$
Nitro-	$-NO_2$

Nachsilbe (Suffix)	Funktionelle Gruppe
-ol	$-OH$
-at	$-C(=O)-O-$
-on	$-C(=O)-$
-aldehyd oder -al	$-CH=O$
-säure	$-C(=O)-OH$
-amin	$-NH_2$
-amid	$-C(=O)-NH_2$
-nitril	$-CN$

Anhang B
Lösungen zu den Übungsaufgaben

Kapitel 1

1.1 $1{,}78 \times 10^{-8}$ cm $= 1{,}78$ Å
1.2   18 ppb
1.3   ~1 kg
1.4   103 µg/m^3
1.5   3,9 g
1.6 $3{,}4 \times 10^4$ t
1.7   2,1 t/Tag
1.8   0,14 t
1.9   ~100 g
1.10 $3{,}8 \times 10^6$ Moleküle cm^{-3}
1.11 Nein (notwendig wären etwa 2000 Bäume)
1.12 ~100 Jahre
1.13 $3{,}2 \times 10^7$ t CO$_2$ durch das Verbrennen der Reifen; der gegenwärtige Gesamteintrag von CO$_2$ beträgt dagegen $3{,}1 \times 10^{12}$ t
1.14 ~70 000 laut Statistischem Bundesamt
1.15 1 ppth $\approx$ 10 000 Tropfen; 1 ppm $\approx$ ~10 Tropfen; 1 ppb $\approx$ 0,01 Tropfen
1.16 10^{15} Moleküle/cm^2
1.17 eine Kantenlänge von ca. 100 m; die Fläche wäre etwa 10^9 km^2 groß

Kapitel 2

2.1   ~ 10^6 Reifen; 1/200
2.2   ~ 3×10^8 Moleküle
2.3   80 kg; 2,1 Jahre
2.4   0,48 ng/L
2.5   160 mg/Jahr
2.6   ~15 Jahre
2.7   0,1–1 ppm, unter der Annahme, dass ein Fisch 1 kg und ein Bär 1000 kg wiegt

Umweltchemie, 1. Auflage. Ronald A. Hites, Jonathan D. Raff und Peter Wiesen.
© 2017 WILEY-VCH Verlag GmbH & Co. KGaA. Published 2017 by WILEY-VCH Verlag GmbH & Co. KGaA.

2.8	2,1 h
2.9	91 %
2.10	680 m^3
2.11	1. April 2020
2.12	0,60 Jahre
2.13	0,18 Jahre
2.14	8,4 Jahre; 0,88 ppt
2.15	0,20 Jahre
2.16	0,19 Jahr^{-1}
2.17	1,7 Jahre
2.18	V_s = 0,47 mg/min, K_s = 0,082 %
2.19	C_0 = 16,5 ppm, k = 0,145 Jahr^{-1}; C_{max} = 0,819 ppm, k = 1,00 Jahr^{-1}; V_s = 598 mmol/(L s), K_s = 7,61 mmol/L; C_0 = 23,9 ppq, k = 0,0966 Jahr^{-1}; C_{max} = 58,0 ppm, k = 0,0674 Woche^{-1}; C_{max} = 8,01 ppm, k = 0,196 Jahr^{-1}
2.20	1995,8; 1997,8; 1,91 ppm; 1,26 ppm; 0,309 ppm; 0,202 ppm; 83,8 %; 84,0 %; 0,150 Jahr^{-1}; 0,180 Jahr^{-1}; 4,63 Jahre; 3,86 Jahre; im Literaturzitat wird eine Abnahme von 67,6 % angegeben

Kapitel 3

3.1	266; 40; 480 kJ/mol
3.2	244; 684; 578; 493; 285 nm; Stratosphäre, Troposphäre, Troposphäre, Troposphäre; Stratosphäre
3.3	2950 ppm
3.4	~4 Tage
3.5	10^{18,72}; 10^{17,00} Moleküle cm^{-3}
3.6	11 Tage
3.7	51 s
3.8	3,6 ppb/h
3.9	2200 Tg
3.10	1380 Tg/Jahr
3.11	55 ppb
3.12	160 ppb
3.13	1,7 s
3.14	~4 ppm
3.15	$9,0 \times 10^9$ Moleküle cm^{-3}
3.16	10^{4,73} Moleküle cm^{-3} s^{-1}; 10^{5,78} Moleküle cm^{-3} s^{-1}; 2,7 Tage
3.17	Der Verlust auf der Haut macht 99 % aus
3.18	1 %, 24 %

Kapitel 4

4.1 +0,79 K
4.2 290,73 K
4.3 −3,88 K
4.4 400–600 nm; 16 700–25 000 cm^{-1}
4.5 9800
4.6 Nein, er hat gelogen. Hätte er die Wahrheit gesagt, dann hätte die erwartete Konzentration bei 50 µg/L gelegen.
4.7 −3,1 K
4.8 +0,0095
4.9 $2,2 \times 10^{11}$ kg/Jahr
4.10 Siehe Lehrbücher der Physikalischen Chemie
4.11 89 %
4.12 CH_3F, CO, NO
4.13 7,2 m; 75 m
4.14 Für den Zusammenhang zwischen Baumringdicke und Temperatur erhält man $r^2 = 0,81$
4.15 0,61; 0,94
4.16 max. C_2H_5OH Konz. 2,93 %
4.17 0,0017 mM^{-1} h^{-1}
4.18 Siehe Lehrbücher der Physikalischen Chemie

Kapitel 5

5.1 7,56; 8,34; 10,33
5.2 3,91
5.3 9,6 ppm
5.4 7,7 mg/L
5.5 8,13
5.6 8,16
5.7 $9,8 \times 10^{-7}$ M; $7,6 \times 10^{-5}$ M
5.8 $\Delta = -0,076$ pH-Einheiten
5.9 59 ng
5.10 180 ng/L
5.11 377 mg/L
5.12 98 ppm
5.13 1,1 Tg/Jahr
5.14 2,1 ppb; 0,83 ppb
 0,4 h^{-1}
5.16 $1,7 \times 10^7$ Moleküle/cm^3
5.17 7,6 mg/L
5.18 Es werden zusätzlich 1,1 mg/L O_2 benötigt

Kapitel 6

- 6.1   4,1 cm^3
- 6.2   2,7 kg; 30 mg
- 6.3   Ja
- 6.4   6 mg
- 6.5   31 Tage
- 6.6   21 ppb; 15 Tage; 69 Tage
- 6.7   2,1 ng cm^{-2} Jahr^{-1}
- 6.8   5,54; 2400 ppm
- 6.9 $1{,}64 \times 10^7$ Moleküle cm^{-3} s^{-1}; 104 s
- 6.10   185 kg/Jahr
- 6.11 $r^2 = 0{,}991$ (ohne Ausreißer)
- 6.12   1,34 ng cm^{-2} Jahr^{-1}
- 6.13   2,2 ng/L
- 6.14   ~300 m
- 6.15   ~3×10^4 Atome

Kapitel 7

- 7.1   1,2 ppm
- 7.2   Die Verbindung würde um den Faktor 48 lipophiler
- 7.3   4,23; 3,62; 3,25; 3,01; 2,64; 2,27
- 7.4   17 µmol/L
- 7.5 $-0{,}016$ ng m^{-2} s^{-1}
- 7.6 $9{,}6 \times 10^{-4}$ cm s^{-1}; 6,3 m s^{-1},
- 7.7   0,72; 1,85 cm h^{-1}; 740 ng m^{-2} h^{-1}; 97 Tage; 600 ng m^{-2} h^{-1}
- 7.8 3×10^{10} m^3 Jahr^{-1}; 16 ng cm^{-2} Jahr^{-1}
- 7.9   0,0022
- 7.10   290 ppm; 1,8 h; 69 ppm
- 7.11   48 ng/g = 48 ppb
- 7.12   26-mal höher für das Pentachlorkongener
- 7.13 6×10^5
- 7.14   14 µg
- 7.15   0,39 t/Jahr
- 7.16   190 ppm; 2,9 Tage; 40 ppm
- 7.17   238 kg/Jahr; 2,6 ng/L; 4,91
- 7.18   2,4 Jahre
- 7.19   181 mmol/kg; 0,035 L µmol^{-1}

Anhang C
Periodensystem der Elemente

Umweltchemie, 1. Auflage. Ronald A. Hites, Jonathan D. Raff und Peter Wiesen.
© 2017 WILEY-VCH Verlag GmbH & Co. KGaA. Published 2017 by WILEY-VCH Verlag GmbH & Co. KGaA.

C Periodensystem der Elemente

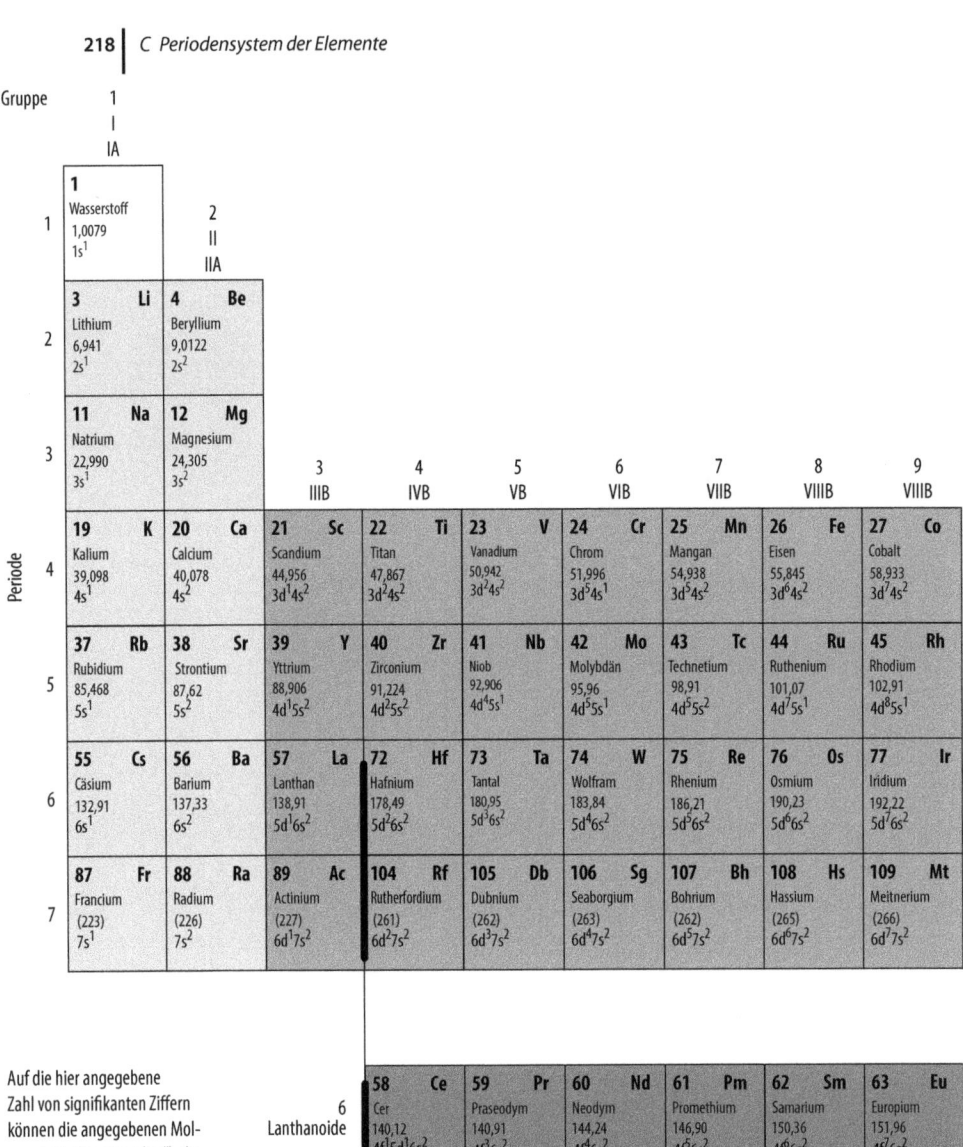

C Periodensystem der Elemente

			13 III IIIA	14 IV IVA	15 V VA	16 VI VIA	17 VII VIIA	18 VIII VIIA
								2 He Helium 4,0026 $1s^2$
			5 B Bor 10,811 $2s^22p^1$	6 C Kohlenstoff 12,011 $2s^22p^2$	7 N Stickstoff 14,007 $2s^22p^3$	8 O Sauerstoff 15,999 $2s^22p^4$	9 F Fluor 18,988 $2s^22p^5$	10 Ne Neon 20,180 $2s^22p^6$
10 VIIIB	11 IB	12 IIB	13 Al Aluminium 26,982 $3s^23p^1$	14 Si Silicium 28,086 $3s^23p^2$	15 P Phosphor 30,974 $3s^23p^3$	16 S Schwefel 32,065 $3s^23p^4$	17 Cl Chlor 35,453 $3s^23p^5$	18 Ar Argon 39,948 $3s^23p^6$
28 Ni Nickel 58,693 $3d^84s^2$	29 Cu Kupfer 63,546 $3d^{10}4s^1$	30 Zn Zink 65,38 $3d^{10}4s^2$	31 Ga Gallium 69,723 $4s^24p^1$	32 Ge Germanium 72,64 $4s^24p^2$	33 As Arsen 74,922 $4s^24p^3$	34 Se Selen 78,96 $4s^24p^4$	35 Br Brom 79,904 $4s^24p^5$	36 Kr Krypton 83,798 $4s^24p^6$
46 Pd Palladium 106,42 $4d^{10}$	47 Ag Silber 107,87 $4d^{10}5s^1$	48 Cd Cadmium 112,41 $4d^{10}5s^2$	49 In Indium 114,82 $5s^25p^1$	50 Sn Zinn 118,71 $5s^25p^2$	51 Sb Antimon 121,76 $5s^25p^3$	52 Te Tellur 127,60 $5s^25p^4$	53 I Iod 126,90 $5s^25p^5$	54 Xe Xenon 131,29 $5s^25p^6$
78 Pt Platin 195,08 $5d^96s^1$	79 Au Gold 196,97 $5d^{10}6s^1$	80 Hg Quecksilber 200,59 $5d^{10}6s^2$	81 Tl Thallium 204,38 $6s^26p^1$	82 Pb Blei 207,2 $6s^26p^2$	83 Bi Bismut 208,98 $6s^26p^3$	84 Po Polonium 209,98 $6s^26p^4$	85 At Astat (210) $6s^26p^5$	86 Rn Radon (222) $6s^26p^6$
110 Ds Darmstadtium (269) $6d^87s^2$	111 Rg Röntgenium (272) $6d^97s^2$	112	113	114	115	116	117	118

64 Gd Gadolinium 157,25 $4f^75d^16s^2$	65 Tb Terbium 158,93 $4f^96s^2$	66 Dy Dysprosium 162,50 $4f^{10}6s^2$	67 Ho Holmium 164,93 $4f^{11}6s^2$	68 Er Erbium 167,26 $4f^{12}6s^2$	69 Tm Thulium 168,93 $4f^{13}6s^2$	70 Yb Ytterbium 173,05 $4f^{14}6s^2$	71 Lu Lutetium 174,97 $5d^16s^2$
96 Cm Curium (247,10) $5f^76d^17s^2$	97 Bk Berkelium (247,10) $5f^97s^2$	98 Cf Californium (251,10) $5f^{10}7s^2$	99 Es Einsteinium (254,10) $5f^{11}7s^2$	100 Fm Fermium (257,10) $5f^{12}7s^2$	101 Md Mendelevium (258) $5f^{13}7s^2$	102 No Nobelium (259) $5f^{14}7s^2$	103 Lr Lawrencium (260) $6d^17s^2$

Stichwortverzeichnis

A

Absorptionsquerschnitt 50, 52
Acetaldehyd 137
Acetochlor 133
Aceton 207
Acetonitril 209
Acetylen 202
Adsorption 151
Aerosole 73, 85
Agent Orange 181
Albedo 79, 84
Aldehyd 67, 207
Aldrin 125
Alkane 201
Alkohol 206
Alkylperoxyradikale 66
Alkylradikale 66
Altöl 184
Ambush 130
Ameisensäure 207
Amide 208
Aminogruppe 208
Aminosäure 209
Ammoniak 104, 106
Amylase 44
Anilin 208
Anion 111
Apex 129
Aroclor 169
Arrhenius-Gleichung 56
Atmosphäre 6
– Chemie 47
– Oxidantien 53
Atomgewicht 9
Atrazin 132
August'sche Dampfdruckformel 147
Ausgleichsgerade 31
Avogadro-Konstante 6

B

Becquerel 29
Beladung 14, 19
Benzo[a]pyren (BaP) 23
Benzol 203
Benzolring 205
Bestand 14
Bicarbonat 99, 105
Bioakkumulation 150
Bioakkumulationsfaktor (BAF) 151
Biomagnifizierung 151
Biota 145
Biphenyle, polybromierte (PBB) 192
Biphenyle, polychlorierte (PCB) 167
– dioxinähnliche 168
– koplanare 168
– Nomenklatur 168
Bisulfit 105
Blei 22, 119, 138
Bleitetraethyl 139
Boden 157
Boltzmann-Konstante 77
Boyle-Gesetz 7
Bromatom 205
Bromierung 192
Butan 200
Buttersäure 208

C

Calciumbicarbonat 107
Calciumcarbonat 106, 110
Carbamate 128
Carbaryl 129
Carboanhydrase 40
Carbofuran 129
Carbonat 99
Carbonsäure 207
Carbonylgruppe 207
Carbonylsulfid 16

Chapman-Mechanismus 57
Chapman-Reaktionen 61
Chlor in der Stratosphäre 60
Chloracetamide 133
Chlorakne 175, 188
Chlor-Alkali-Elektrolyse 136
Chloratom 58, 123, 168
Chlorchemie 179
Chlordan 124
Chlorpyrifos 128
Chlorthalonil 135
Cl/OCl-Zyklus 58
Clausius-Clapeyron'sche Gleichung 147
Climate Engineering 86
CO_2-Gleichgewicht 97
Curaterr 129
Curie 29
Cyclohexan 202
Cyclohexanring 123
Cyclopentadien 203
Cyclopentan 203

D

Dampfdruck 145, 146
Dekontamination 187
Deposition
– nasse 23
– trockene 24
Depositionsgeschwindigkeit 22
Destillation, globale 146
Dibenzofuran
– bromiertes 195
– Kongenere 189
– polychloriertes (PCDF) 176, 179
Dibenzo-p-Dioxine, polychlorierte 179
Dibrombenzol 205
Dichlordiphenyldichlorethen (DDE) 122
Dichlordiphenyltrichlorethan (DDT) 121, 150, 205
Dichlormethan 205
Dichlorphenoxyessigsäure 131, 182
Dichlorvos 126
Dicofol 44
Dieldrin 125
Dieselkraftstoff 163
Dimethylether 206
Dioxin 35, 140
– Neubeurteilung 191
– Nomenklatur 179
– Verbrennungsprozesse 189
Diphenylether, polybromierte (PBDE) 45, 165, 194
Diphenylmethananaloga 121

Dipol 80
Dipolmoment 80
Distickstoffoxid 57
Dithiophosphate 210
Dobson-Einheit (DU) 71
Durchflussmenge 19
Dursban 128

E

Edukt 38
Einheitenumrechnung 1
Eisbohrkern 77
Elektronendelokalisierung 203
Elektroneutralität 100
Elementarreaktion 36
Endrin 125
Energiebilanz der Erde 82
Envio-PCB-Skandal 177
Enzym 39
Enzymkinetik 40
Enzym-Substrat-Komplex 38
Epoxid 206
Erdatmosphäre
– Dichte 7
– Masse 7
– trockene 6
– Volumen 8
Erdgas 115
Essigsäure 207
Ethan 67, 115, 199
Ethanol 206
Ethen 201
Ether 206
Ethin 202
Ethylalkohol 206
Ethylamin 208
Ethylen 201
Ethylenoxid 206
Euler'sche Zahl 26, 97
Evapotranspiration 85
Excel-„Solver"-Funktion 34
Exponentialfunktion 32
Extinktionskoeffizient, molarer 50

F

Faktor, präexponentieller 56
Fehler, statistischer 31
FireMaster FF-1 193
Flammschutzmittel, bromierte (BFR) 192
Flüssigkeit, dielektrische 171
Fluorchlorkohlenwasserstoff (FCKW) 59, 61, 83
Fluss 22

Flussdichte 21, 153
Formaldehyd 183
Fotolyse 156
– direkte 156
– indirekte 156
Fotolysefrequenz 51
Fotolysegeschwindigkeitskonstante 53
Fotosmog 65
Freon 59
Fungizide 134
Furadan 129
Furane 175, 189

G
Gaschromatograf 140
Gasgesetz, ideales 5
Geo-Engineering 86
Geosmin 20
Geradengleichung 28
Geschwindigkeitskonstante 19, 21, 25, 30
– pseudo-erster Ordnung 37
Glyphosat 126
Goldamalgam 136
Grashüpfereffekt 146
Grenzstruktur, mesomere 203
Größenordnung einer physikalischen Größe 3

H
Halbwertszeit 29
Heliothermometer 76
Hemisphäre
– nördliche 49
– südliche 49
Henry-Konstante 98, 101, 148
– dimensionslose 148, 153
Heptachlor 124
Heptachlorepoxid 125
Hexabrombiphenyl 193
Hexachlorbenzol (HCB) 134
Hexachlorcyclohexan 122
Hexachlorcyclopentadien (HCCPD) 123
Hexachlordibenzo-*p*-dioxin 181
Hexachlorophen 183–185
Hutmachersyndrom 135
Hydroperoxyradikale 67
Hydroxylradikale 35, 156

I
Infrarot (IR)-Strahlung 80
Insektizid, phosphorbasiertes 126
Isomerie 122
Isoplethe 68

K
Kältemittel 59
Kation 111
Kepone (Chlordecon) 125
Keton 207
Kieselrot 188
Kinetik
– chemische 13, 35
– der Chapman-Reaktionen 61
– der Reaktionen in der Atmosphäre 54
Klimaproxy 92
Klimawandel 75, 90
Körper, schwarzer 79
Kohlendioxid 9, 82
Kohlenstoffatom 199
Kohlenstoffoxisulfid (COS) 16
Kohlenwasserstoff 66
– aliphatischer 201, 202
– gesättigter 201
– polyzyklischer aromatischer 204
– ungesättigter 202
Kongenere 168
Kurvenlineal 30

L
Lachgas 83, 92
Ladungsausgleich 100
Ladungsbilanz 102
Ladungsbilanzgleichung 111
Lambert-Beer'sches Gesetz 50
Langmuir-Adsorptionsisotherme 164
Lebensdauer 14
– einer Chemikalie 35
Leckrate 14
Licht 49
Lichtabsorption 50
Lindan 123, 159
Lipophilie 146, 149
Löslichkeitsprodukt 106
Logarithmus 25, 27
Lorsban 128
Loschmidt-Konstante 6

M
Magnesiumoxid 193
Malaoxon 128
Malathion 128
Marsberger Kieselrot 188
Massebilanz 13
– im nicht stationären Zustand 24
– quasistationäre 13
Massebilanzgleichung 39
Meeresspiegel 90

Membranverfahren 136
Messdaten, reale 30
Metamphetamin 208
Methan 15, 38, 58, 82, 199
Methanol 206
Methopren 129
Methoxychlor 122, 150
Methoxygruppe 206
Methylbenzen 204
Michaelis-Konstante 40
Michaelis-Menten-Gleichung 40
Michaelis-Menten-Kinetik 38
Minamata-Übereinkommen 137
Mirex 125
Mol 6
Molekül 51
– schwingungsangeregtes 81
Molekulargewicht 6

N
Nachkommastelle 3
Nanopartikel 143
Naphthalin 36, 152, 204
Neurotoxin 135
Nicht-Methan-Kohlenwasserstoffe 66
Niederschlagshöhe 23
Nitrat 156
Nitrifikation 106
Nitrilgruppe 209
Nitrit 156
Nitroanilin 131
Nitrogruppe 209
NO/NO_2-Zyklus 57
Norbornanstruktur 202
NutriMaster 193

O
Oberflächengewässer 106
Oberflächentemperatur der Erde 78
Ångström (Å) 2
Ångström, Anders 2
Octachlorodibenzo-p-dioxin 190
Octanol 157
Octanol-Wasser-Verteilungskoeffizient 149
Ödemkrankheit 180
Öl-Krankheit 176
Öl-Symptom 176
OH/OOH-Zyklus 58
Oktettregel 210
Oxidationsmittel, atmosphärisches 53
Oxychlordan 124
Ozeane 109
– pH-Wert 110

Ozon 54, 83
– Isoplethe 67
– stratosphärisches 49, 56
Ozonkonzentration 64
– quasistationäre 65
Ozonloch 60, 73
Ozonschicht 56

P
Para-Dichlorbenzol (DCB) 153
Paraoxon (E600) 127
Parathion (E605) 127
Pascal 116
Pendimethalin 131
Pentachloramylen 114
Pentachlordibenzofuran 176
Pentachlorphenol (PCP) 134
Permethrin 130
Peroxid 206
Peroxyacetylnitrat (PAN) 67
Persistenz 119
Pestizid 119, 120, 142
Phasenübergang Wasser-Luft 152
Phenanthren 204
Phenole 181, 206
– chlorierte 189
Phenoxyessigsäure 130
Phenoxygruppe 206
Phenylrest 204
Phosphat 126
Phosphor 209
Phosphordithioate
   (Dithiophosphorsäureester) 128
Phosphorsäure 210
Phosphorsäuretrimethylester 210
Phosphorthioate 127
Phosphorverbindung, organische 121
Photon 50
Phycoerythrobilin 91
Pitts, J. 47
Planck'sches Strahlungsgesetz 77, 94
Planck'sches Wirkungsquantum 49, 77
Produktbildung 25
Promethium-147 29
Propan 200
Propanil 133
Propen 201
Proportionalitätskonstante 25
Propylen 201
Propylgruppe 200

Q
Quantenausbeute 52
Quantenmechanik 80

Quasistationaritätsprinzip 54, 62
Quecksilber 119, 135
– Toxizität 135
Quecksilbersäule 7

R
Radioaktivität 30
Reaktionen
– erster Ordnung 35
– zweiter Ordnung 36
Reaktionsgeschwindigkeitskonstante 36
Regen
– reiner 98
– saurer 97
– verschmutzter 101
Regressionsgerade 31
Reisöl 176
Ruß 88

S
Salzgehalt des Meerwassers 110
Sankt-Florians-Prinzip 174
Sauerstoff 15, 206
Sauerstoffatom 53
Schadstoffe, persistente organische (POP) 159, 167
Schadstoffkonzentration 24
Schätzung 3, 5
Schwefel 3
Schwefeldioxid 10
Schwefelhexafluorid 115
Schwefelsäure 104
Schwingungsenergie 57
Sediment 157
Sedimentkern 190
Seinfeld, J. 47
Sesselform 202
SI-Einheitensystem (Système international d'unités) 1
Simazin 132
Smiles-Umlagerung 181
Smog 64
– fotochemischer (oxidierender) 65
– reduzierender 64
Solar Radiation Management (SRM) 86
Solarkonstante 79, 84
Sonnenflecken 84
Spektrum, elektromagnetisches 49, 78
Sprung 130
Spurengas 16, 97
Standardzustand eines Stoffes 106
Steady-State-Konzentration 20, 27
Stefan-Boltzmann-Gesetz 78

Stereoisomere 126
Stickoxydul 57
Stickstoff 208
Stockholmer Übereinkommen 119
Stöchiometrie 9
Störfall von Seveso 185
Strahler, schwarzer 77
Strahlungsantrieb 87
Strahlungsbilanz der Erde 82, 85
Stratopause 47
Stratosphäre 47, 51
Substratkonzentration 40
Sulfataerosole 86
Sulfation 103

T
Teilchenzahldichte 70
Temperatur 56
Temperaturanstieg 76
Tetrabromdiphenylether 194
Tetrabromxylol (TBX) 163
Tetrachlorbenzol 91, 185
Tetrachlorkohlenstoff 93
Tetrahydrocannabinol 115
Thiophosphate 210
Times Beach-Skandal 183
Toluol 162, 204
Toxaphen 142
Toxic Substances Control Act (TOSCA) 169
Tracergas 115
Transformationsprozess, chemischer/biochemischer 156
Treflan 160
Treibgas 60
Treibhauseffekt 75, 81
Treibhausgas 15, 75, 81, 89
Treibhauspotenzial 88
Triazine 132, 160
Trichlorbenzol 160
Trichloressigsäure 183
Trichlorethan (TCE) 161
Trichlorphenol 180, 183–185
Trichlorphenoxyessigsäure 130, 182
Trichlorphenoxypropionsäure 130
Trifluralin 131, 160
Trimethylphosphat 210
Trinitrobenzolsulfonsäure 164
Trinitrotoluol 209
Tropopause 47
Troposphäre 47, 71

U
Umrechnen von Einheiten 1
Umrechnungsfaktor 2

Umweltchemie 13
Umweltkompartiment 13, 26
Umweltsystem 13
UV-Fotolyse 185

V
Verbindung
– anorganische 120
– aromatische 203
– bizyklische 203
– chlorierte organische 121
– organische 145
– – Struktur 199
Verbrauch der Edukte 28
Verdampfungsenthalpie 147
Verdopplungszeit 26
Versauerung der Meere 109
Verteilungskoeffizient 148
Vertikalwinkel 52
Verweilzeit 14
Vorrat 14
Vulkanausbruch 86

W
Wärme, latente 84
Wärmestrahlung 78
Wasserdampf 83
Wasserlöslichkeit 147
Wasserstoffperoxid 70
Wellenzahl 80
Welle-Teilchen-Dualismus 49
wiensches Verschiebungsgesetz 78, 94
Wolken 85
– polare stratosphärische 60

Y
Yu-Cheng-Krankheit 175
Yushō-Krankheit 175

Z
Zinnoberrot 135